$$\sin^2\theta + \cos^2\theta = 1$$
$$\sin\theta = \sqrt{1-\cos^2\theta}$$
$$\cos\theta = \sqrt{1-\sin^2\theta}$$
$$\cos 2\theta = \cos^2\theta - \sin^2\theta = 1-2\sin^2\theta$$
$$= 1-2(1-\cos^2\theta) = 2\cos^2\theta - 1$$
$$\sin 2\theta = 2\sin\theta\cos\theta$$

$\Delta < 0.5$ 〔rad〕のとき

$$\sin\Delta \fallingdotseq \Delta$$
$$\cos\Delta \fallingdotseq 1$$
$$\tan\Delta \fallingdotseq \Delta$$

三角関数の数値

θ〔°〕	0	30	45	60	90
θ〔rad〕	0	$\dfrac{\pi}{6}$	$\dfrac{\pi}{4}$	$\dfrac{\pi}{3}$	$\dfrac{\pi}{2}$
$\sin\theta$	0	$\dfrac{1}{2}$	$\dfrac{1}{\sqrt{2}}$	$\dfrac{\sqrt{3}}{2}$	1
$\cos\theta$	1	$\dfrac{\sqrt{3}}{2}$	$\dfrac{1}{\sqrt{2}}$	$\dfrac{1}{2}$	0
$\tan\theta$	0	$\dfrac{1}{\sqrt{3}}$	1	$\sqrt{3}$	∞

$$\pi \fallingdotseq 3.1416$$
$$\frac{1}{\pi} \fallingdotseq 0.318 \fallingdotseq 0.32$$
$$\frac{1}{2\pi} \fallingdotseq 0.159 \fallingdotseq 0.16$$

[8] 面積

半径 r の円の面積
$$S = \pi r^2$$
半径 r の球の表面積
$$S = 4\pi r^2$$

[9] 微分

$$\frac{d}{dx}x^n = nx^{n-1}$$
$$\frac{d}{dx}1 = 0$$
$$\frac{d}{dx}x^2 = 2x$$
$$\frac{d}{dx}e^{ax} = ae^{ax}$$
$$\frac{d}{dx}\log_e x = x^{-1} = \frac{1}{x}$$

$$\frac{d}{d\theta}\sin\theta = \cos\theta$$
$$\frac{d}{d\theta}\cos\theta = -\sin\theta$$

$y = f\{u(x)\}$ において関数を $f(x)$ とすると
合成関数の微分

$$\frac{dy}{dx} = \frac{dy}{du}\cdot\frac{du}{dx}$$
$$\frac{d}{dt}\cos\omega t = -\omega\sin\omega t$$

…… x の関数とすると

y の微分 y'

$$y' = \frac{u'v - uv'}{v^2}$$

[10] 積分（積分定数は省略）

$$\int x^n dx = \frac{x^{n+1}}{n+1}$$
$$\int 1 dx = x$$
$$\int x\, dx = \frac{x^2}{2}$$
$$\int x^{-1} dx = \log_e x$$
$$\int \frac{1}{a-x} dx = -\log_e(a-x)$$
$$\int e^{ax} dx = \frac{1}{a}e^{ax}$$
$$\int \sin\theta d\theta = -\cos\theta$$
$$\int \cos\theta d\theta = \sin\theta$$
$$\int \cos 2\theta d\theta = \frac{\sin 2\theta}{2}$$
$$\int_0^\pi \sin\theta d\theta = 2$$
$$\int_0^{2\pi} \sin\theta d\theta = 0$$
$$\int \sin\omega t dt = -\frac{1}{\omega}\cos\omega t$$

[11] 単位の接頭語

記号	T	G	M	k	c	m	μ	n	p
数値	10^{12}	10^9	10^6	10^3	10^{-2}	10^{-3}	10^{-6}	10^{-9}	10^{-12}

第一級 陸上無線 技術士試験

やさしく学ぶ

無線工学A【改訂3版】

松井章典
吉川忠久 ・共著

Ohmsha

まえがき

　無線従事者とは，「無線設備の操作またはその監督を行う者であって，総務大臣の免許を受けたもの」と電波法で定義されています．

　無線従事者には，無線技術士，無線通信士，特殊無線技士，アマチュア無線技士の資格がありますが，第一級陸上無線技術士（一陸技）は，陸上に開設する放送局，航空局，固定局等の無線局の無線設備の操作またはその監督を行う無線従事者として必要な資格であり，陸上に開設したすべての無線局の無線設備の技術操作を行うことができる資格です．

　また，無線通信の分野では携帯電話などの移動通信を行う無線局，あるいは放送の分野においてはデジタル化や多局化により無線局の数が著しく伸びています．これらの無線局の無線設備を国の検査に代わって保守点検を実施しているのが登録点検事業者です．登録点検事業者の点検員として無線従事者の資格が必要となり，無線従事者の免許を受けるためには国家試験に合格しなければなりません．

　本書は，やさしく学習して第一級陸上無線技術士（一陸技）の国家試験に合格できることを目指しました．

　一陸技の国家試験科目は，「無線工学の基礎」，「無線工学A」，「無線工学B」，「法規」の4科目があります．国家試験の出題範囲は大学卒業レベルの内容ですので，試験問題を解くには，かなりの専門的な知識が要求されます．

　本書で学習する「無線工学A」の国家試験では，無線設備の理論と構造，無線設備のための測定，およびそれらの運用について出題されます．本書では次の分野に分類しました．

　1章　変調と復調
　2章　デジタル伝送
　3章　送信機
　4章　受信機
　5章　通信システム
　6章　デジタル放送
　7章　電源
　8章　無線設備に関する測定

　これらの科目を学習するには，一般にはたくさんの参考書を学習しなければな

りませんが，これまでに出題された問題の種類はそれほど多くはありません．

そこで，本書は1冊で国家試験問題を解くのに必要な内容をひととおり学習することができるように，学習内容を試験に出題された問題の範囲に絞って，その範囲をやさしく学習することができるような構成としました．また，専門科目を学習したことがない方でも学習しやすいように，基礎的な内容も解説しました．

国家試験で合格点をとるための近道は，これまでに出題された問題をよく理解することです．本書は各分野の出題状況に応じて内容と練習問題を選定して構成しています．また，改訂2版が発行されてから約4年半が経過し，国家試験に新しい傾向の問題も出題されています．

改訂3版では，最新の国家試験問題の出題状況に応じて，掲載した問題を削除および追加しました．それに合わせて，本文の内容を充実させるとともに，国家試験問題の解説についても見直しを行い，わかりにくい部分や計算過程についての解説を増やしました．

また，各問題にある★印は出題頻度を表しています．★★★は数期おきに出題されている問題，★★はより長い期に出題される問題です．合格ラインを目指す方はここまでしっかり解けるようにしておきましょう．★は出題頻度が低い問題ですが，出題される可能性は十分にありますので，一通り学習することをお勧めします．

国家試験の出題では，いつも同じ問題が出題されるわけではなく，内容の一部が異なる類題が多く出題されています．類題が解けるようになるためには，解説や練習問題の解き方を学習して実力をつけてください．

特に，国家試験問題を解くときに注意することをキャラクターがコメントして，図やイラストによって視覚的にも印象づけられるようにしました．

練習問題の計算過程については，解答を導く途中の計算を詳細に記述してありますが，読むだけでは実際の試験で解答することはできません．自ら計算してください．

本書を繰り返して学習することが，合格への近道です．そのために，何度も読んでいただけるように，やさしく学べることを目指しました．

本書で楽しく学習して，一陸技の資格を取得されることを願っています．

2022年3月

筆者しるす

目 次

8 章　無線設備に関する測定

変調と復調

この章から **1~3問** 出題

【合格へのワンポイントアドバイス】

この分野は，アナログ変調と復調に関する内容が出題されます．近年，アナログ変調に関する問題数が減って，デジタル変調と復調の問題が増えてきています．AM変調に関しては理論式を誘導する問題が出題されますので，式の展開や必要な三角関数の公式に注意して学習してください．

1.1 変調回路

!要点
● 振幅変調は搬送波の振幅を信号波の振幅に応じて変化させる
● 振幅変調波は搬送波，上側波，下側波の周波数成分が発生する
● 角度変調は信号波の振幅に応じて，搬送波の位相角を変化させる
● 平衡変調器は搬送波を抑圧した振幅変調波を作る

1.1.1 振幅変調

搬送波の振幅を信号波の振幅に応じて変化させる変調方式を**振幅変調**（AM：Amplitude Modulation）といい，その波形を**図 1.1** に示します.

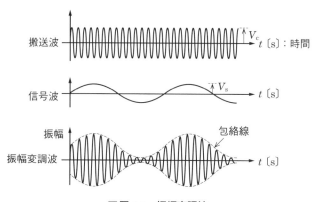

■図 1.1 振幅変調波

搬送波 $v_c = V_c \cos \omega_c t$ 〔V〕を信号波 $v_s = V_s \cos \omega_s t$ 〔V〕で振幅変調を行う場合は，搬送波 v_c の振幅を信号波 v_s の振幅で変化させます. その結果，搬送波の振幅の変化は $V_c + V_s \cos \omega_s t$ 〔V〕となります. 振幅変調波 v 〔V〕は次式で表されます.

$$v = (V_c + V_s \cos \omega_s t) \cos \omega_c t = V_c (1 + m \cos \omega_s t) \cos \omega_c t \text{〔V〕} \quad (1.1)$$

$$\omega_c = 2\pi f_c \text{〔rad/s〕} \quad (f_c : 搬送波周波数)$$

$$\omega_s = 2\pi f_s \text{〔rad/s〕} \quad (f_s : 信号周波数)$$

式（1.1）の m は**変調度**といい，$m = V_s / V_c$〔%〕で表されます. 変調度 m は，$0 \leq m \leq 1$ の範囲で動作させます.

 $m \geq 1$ の状態を過変調といい，ひずみが生じる.

式（1.1）を三角関数の公式を用いて展開すると，次式で表されます.

$$v = V_\mathrm{c} \cos \omega_\mathrm{c} t + mV_\mathrm{c} \cos \omega_\mathrm{s} t \cos \omega_\mathrm{c} t$$

$$\cos A \cos B = \frac{\cos (A + B) + \cos (A - B)}{2}$$

$$= V_\mathrm{c} \cos \omega_\mathrm{c} t + \frac{1}{2} mV_\mathrm{c} \cos (\omega_\mathrm{c} + \omega_\mathrm{s}) t + \frac{1}{2} mV_\mathrm{c} \cos (\omega_\mathrm{c} - \omega_\mathrm{s}) t \quad (1.2)$$

式（1.2）より，被変調波は三つの周波数成分を含んでおり，それらのスペクトルは**図 1.2** のようになります．

搬送波：$V_\mathrm{c} \cos \omega_\mathrm{c} t$

上側波：$\dfrac{1}{2} mV_\mathrm{c} \cos (\omega_\mathrm{c} + \omega_\mathrm{s}) t$

下側波：$\dfrac{1}{2} mV_\mathrm{c} \cos (\omega_\mathrm{c} - \omega_\mathrm{s}) t$

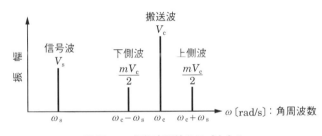

■図 1.2　振幅変調波のスペクトル

振幅変調波の電力は振幅の 2 乗になります．搬送波の電力を P_c とすると，上側波と下側波の電力はそれぞれ $P_\mathrm{c} \left(\dfrac{m}{2} \right)^2$ となります．

1.1.2　角度変調

角度変調は信号波の振幅に応じて，搬送波の位相角を変化させる変調方式です．角度変調には周波数変調と位相変調があります．

(1) 周波数変調（FM：Frequency Modulation）

周波数変調は，信号波の振幅に応じて搬送波の周波数を変化させる変調方式です．

搬送波：$v_\mathrm{c} = V_\mathrm{c} \sin \omega_\mathrm{c} t$ 〔V〕，$\omega_\mathrm{c} = 2 \pi f_\mathrm{c}$ 〔rad/s〕（f_c：搬送波周波数）

信号波：$v_\mathrm{s} = V_\mathrm{s} \cos \omega_\mathrm{s} t$ 〔V〕，$\omega_\mathrm{s} = 2 \pi f_\mathrm{s}$ 〔rad/s〕（f_s：信号周波数）

とし，搬送波を信号波の振幅に応じて周波数変調すると，被変調波の周波数 f_{FM}〔Hz〕は次式で表されます.

$$f_{FM} = f_c + k_{f0} v_s = f_c + k_{f0} V_s \cos \omega_s t \text{〔Hz〕} \tag{1.3}$$

k_{f0} は電圧を周波数に変換する係数です. $k_{f0} V_s$〔Hz〕は信号波の最大振幅 V_s のときの周波数偏移で，**最大周波数偏移**といいます. 周波数変調波（**図 1.3**）の角周波数 ω_{FM}〔rad/s〕は次式で表されます.

$$\omega_{FM} = \omega_c + k_f V_s \cos \omega_s t \text{〔rad/s〕}（k_f：比例定数） \tag{1.4}$$

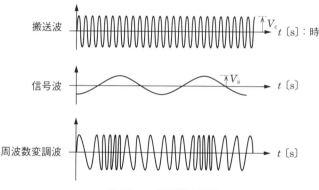

搬送波

信号波

周波数変調波

■図 1.3　周波数変調波

周波数変調波の位相角 θ〔rad〕は角周波数 ω_{FM}〔rad/s〕を時間で積分すると求めることができるので，周波数変調波 e_{FM}〔V〕は次式で表されます.

積分した変調信号で位相変調すれば周波数変調波が得られる.

$$e_{FM} = V_c \sin \left(\int \omega_{FM} \, dt \right)$$

$$= V_c \sin \left(\omega_c t + \frac{k_f V_s}{\omega_s} \sin \omega_s t + C_f \right) \text{〔V〕}（C_f \text{〔rad〕：積分定数}） \tag{1.5}$$

ここで，$\sin(m \sin \omega_s t)$ や $\cos(m \sin \omega_s t)$ の形が出てきます. これは，第 1 種のベッセル関数を用いて表され，m の変化で e_{FM} の値が変わることを意味します.

（2）位相変調（PM：Phase Modulation）

位相変調は，搬送波の位相を信号波の振幅に応じて変化させる変調方式のことをいいます.

搬送波：$v_c = V_c \sin \omega_c t$〔V〕, $\omega_c = 2\pi f_c$〔rad/s〕 (f_c：搬送波周波数)

信号波：$v_s = V_s \cos \omega_s t$〔V〕, $\omega_s = 2\pi f_s$〔rad/s〕 (f_s：信号周波数)

とし，搬送波を信号波の振幅に応じて位相変調すると，被変調波の位相角 ϕ_{PM}〔rad〕は次式で表されます．

微分した変調信号で周波数変調すれば位相変調波が得られる．

$$\phi_{PM} = \omega_c t + k_p V_s \cos \omega_s t + C_p \text{〔rad〕}$$

(k_p：比例定数, C_p〔rad〕：定数) $\qquad$ (1.6)

式 (1.6) より，位相変調波 e_{PM}〔V〕は次式で表されます．

$$e_{PM} = V_c \sin(\omega_c t + k_p V_s \cos \omega_s t + C_p) \text{〔V〕} \qquad (1.7)$$

式 (1.5) と式 (1.7) から，両者は本質的に同じものであることがわかります．

(3) 変調指数と占有周波数帯幅

FM 波の側波帯は搬送波を中心にして上下の周波数に無限に広がっていて，搬送波から遠くなるに従い振動しながら徐々に小さくなっていきます．占有周波数帯幅は「電波の全電力の 0.99 の電力が存在する周波数の幅」と規定されています（**図 1.4**）．

信号波の周波数を f_s〔kHz〕，最大周波数偏移を ΔF〔kHz〕とすると，周波数変調指数 m_f は次式で表されます．

$$m_f = \frac{\Delta F}{f_s} \qquad (1.8)$$

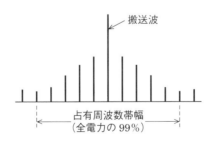

搬送波

占有周波数帯幅
（全電力の99%）

■図 1.4　FM の占有周波数帯幅

また，変調指数 m_f を変化させたときの搬送波の大きさは，0 次ベッセル関数 $J_0(m_f)$ によって求めることができます．つまり，m_f を変化させて $J_0(m_f)$ の値が最初に 0 になる値が m_f の値です．このとき，最大周波数偏移 ΔF_1 は

$$\Delta F_1 = m_f f_s \quad (f_s：信号波の周波数)$$

で表され，ΔF_1 が ΔF に変化したときの変調信号の振幅 v は

$$v = \frac{\Delta F}{\Delta F_1} \times v_1 \tag{1.9}$$

ただし，v_1 は ΔF_1 のときの振幅です．

で表されます．また，占有周波数帯幅 B は次式で表されます．

$$B = 2\,(\Delta F + f_{\mathrm{s}}) \tag{1.10}$$

1.1.3 平衡変調器

平衡変調器は振幅変調波の搬送波を除去し，側波帯成分のみを取り出す回路のことで，振幅変調のうちの SSB 送信に用いられます．

SSB（Single Side Band）は，片方の側波帯のみを伝送する変調方式．

図 1.5 に平衡変調回路の原理図を示します．同相の搬送波を振幅変調回路 A と振幅変調回路 B に供給し，信号波は振幅変調回路 B には π〔rad〕だけ位相を進めて供給します．

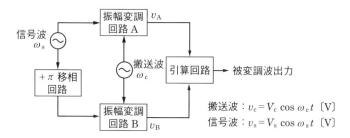

■図1.5　平衡変調器の原理図

図 1.5 のとき，振幅変調回路の出力 v_{A}，v_{B}〔V〕は次式で表されます．

振幅変調回路 A：

$$v_{\mathrm{A}} = (V_{\mathrm{c}} + V_{\mathrm{s}} \cos \omega_{\mathrm{s}} t) \cos \omega_{\mathrm{c}} t = V_{\mathrm{c}}\,(1 + m \cos \omega_{\mathrm{s}} t) \cos \omega_{\mathrm{c}} t \,\text{〔V〕} \tag{1.11}$$

振幅変調回路 B：

$$v_{\mathrm{B}} = (V_{\mathrm{c}} - V_{\mathrm{s}} \cos \omega_{\mathrm{s}} t) \cos \omega_{\mathrm{c}} t = V_{\mathrm{c}}\,(1 - m \cos \omega_{\mathrm{s}} t) \cos \omega_{\mathrm{c}} t \,\text{〔V〕} \tag{1.12}$$

ここで，m は変調度を表します．

振幅変調回路出力は，引算回路で差の成分が取り出されるので，引算回路出力

を v_o 〔V〕とすると，次式で表されます．

$$v_o = v_A - v_B = V_c \left(1 + m \cos \omega_s t\right) \cos \omega_c t - V_c \left(1 - m \cos \omega_s t\right) \cos \omega_c t$$

$$= 2V_c m \cos \omega_s t \cos \omega_c t$$

$$= V_c m \cos \left(\omega_c + \omega_s\right) t + V_c m \cos \left(\omega_c - \omega_s\right) t \ \text{〔V〕} \tag{1.13}$$

ここで，上側波：$V_c m \cos \left(\omega_c + \omega_s\right) t$，下側波：$V_c m \cos \left(\omega_c - \omega_s\right) t$ です．搬送波成分が除去され，側波帯成分のみが取り出されます．

図1.6 に SSB 送信機に用いられる平衡変調器を示します．

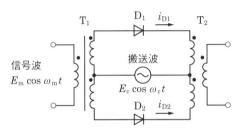

■図1.6　平衡変調回路

　搬送波はダイオード D_1，D_2 に**同位相**で加えられ，信号波は**逆位相**で加えられます．

　搬送波を $e_c = E_c \cos \omega_c t$ 〔V〕，信号波を $e_m = E_m \cos \omega_m t$ 〔V〕，ダイオード D_1 に加わる電圧を e_1 〔V〕，ダイオード D_2 に加わる電圧を e_2 〔V〕とすると，次式で表されます．

$$e_1 = e_c + e_m = E_c \cos \omega_c t + E_m \cos \omega_m t \ \text{〔V〕} \tag{1.14}$$

$$e_2 = e_c - e_m = E_c \cos \omega_c t - E_m \cos \omega_m t \ \text{〔V〕} \tag{1.15}$$

ダイオード D_1，D_2 に流れる電流を i_{D1} 〔A〕，i_{D2} 〔A〕とすると，与えられた条件より次式で表されます（a_0，a_1，a_2 は定数）．

$$i_{D1} = a_0 + a_1 e_1 + a_2 e_1^2 = a_0 + a_1 \left(e_c + e_m\right) + a_2 \left(e_c + e_m\right)^2 \tag{1.16}$$

$$i_{D2} = a_0 + a_1 e_2 + a_2 e_2^2 = a_0 + a_1 \left(e_c - e_m\right) + a_2 \left(e_c - e_m\right)^2 \tag{1.17}$$

出力変成器の2次側には $i_{D1} - i_{D2}$ に比例する電流が流れるので，次式で表されます．

$$i_{D1} - i_{D2} = a_0 + a_1 \left(e_c + e_m\right) + a_2 \left(e_c + e_m\right)^2 - \{a_0 + a_1 \left(e_c - e_m\right) + a_2 \left(e_c - e_m\right)^2\}$$

$$= 2a_1 e_m + a_2 \left(e_c^2 + 2e_c e_m + e_m^2\right) - a_2 \left(e_c^2 - 2e_c e_m + e_m^2\right)$$

$$= 2a_1 e_m + 4a_2 e_c e_m$$

$$= \boldsymbol{2a_1 E_m \cos \omega_m t + 4a_2 E_c E_m \cos \omega_c t \cos \omega_m t}$$

$$= 2a_1 E_m \cos \omega_m t + 2a_2 E_c E_m \{\cos(\omega_c t + \omega_m t) + \cos(\omega_c t - \omega_m t)\}$$

$$(1.18)$$

ここで，信号波成分：$2a_1 E_m \cos \omega_m t$，両側波帯成分：$2a_2 E_c E_m \{\cos(\omega_c t + \omega_m t) + \cos(\omega_c t - \omega_m t)\}$ です．

T_2 に高周波用変成器を用いると，2 次側には低周波の信号波成分は現れないので，**両側波帯**成分のみが出力されます．

問題 1 ★★★ → 1.1.1

次の記述は，振幅変調（A3E）波について述べたものである．このうち誤っているものを下の番号から選べ．ただし，搬送波を $A \cos \omega t$〔V〕，単一正弦波の変調信号を $B \cos pt$〔V〕とし，A は搬送波，B は変調信号の振幅〔V〕を，ω は搬送波，p は変調信号の角周波数〔rad/s〕を表すものとし，$A \geq B$ とする．

1 A3E 波 e は，$e = A \cos \omega t + B \cos pt \cos \omega t$〔V〕で表される．

2 変調度 m は，$m = (B/A) \times 100$〔％〕で表される．

3 変調をかけたときとかけないときとで，搬送波電力の値は変わらない．

4 変調度が 50〔％〕のとき，A3E 波の上側帯波と下側帯波の電力の値の和は，搬送波電力の値の 1/4 である．

5 変調度が 100〔％〕のとき，A3E 波の尖頭（ピーク）電力の値は，無変調時の搬送波電力の値の 4 倍である．

解説 搬送波の電力を P_c〔W〕とすると，A3E 波の上側波帯と下側波帯の電力の和 P_s〔W〕は次式で表されます．

$$P_s = P_c \left(\frac{m^2}{4} + \frac{m^2}{4} \right) \text{〔W〕} \qquad ①$$

$m = 50$〔％〕のとき，式①より側波帯電力 P_s〔W〕は $P_c/8$〔W〕となります．したがって，4 の「搬送波電力の値の **1/4**」ではなく，正しくは「搬送波電力の値の **1/8**」となります．

また，尖頭電力 P_p〔W〕は次式で表されます．

$$P_p = P_c (1 + m)^2 \text{〔W〕} \qquad ②$$

$m = 100$〔％〕のとき，式②より尖頭電力 P_p〔W〕は $4P_c$ となり，$m = 0$〔％〕（無変調時）の搬送波電力の値に対して 4 倍です．

答え▶▶▶4

問題 2 ★★　　　　　　　　　　　　　　　　　　　　　**➡ 1.1.1**

　次の記述は，振幅変調（A3E）波について述べたものである．　　内に入れるべき字句を下の番号から選べ．ただし，搬送波を $A \cos \omega t$〔V〕，単一正弦波の変調信号を $B \cos pt$〔V〕とし，A は搬送波，B は変調信号の振幅〔V〕を，ω は搬送波，p は変調信号の角周波数〔rad/s〕を表すものとし，$A \geqq B$ とする．

(1) A3E 波 e は，次式で表される．

　　　$e =$ 　ア　〔V〕 ……………………………………………………【1】

(2) 変調度 m は，次式で表される．

　　　$m =$ 　イ　 $\times 100$〔%〕

(3) 変調をかけたときとかけないときとで，搬送波の電力は 　ウ　．

(4) 変調度が 50〔%〕のとき，A3E 波の上側波帯と下側波帯の電力の和は，搬送波電力の 　エ　 である．

(5) 式【1】で表される A3E 波は，　オ　 つの周波数成分が含まれる．

　1　三　　2　$1/4$　　3　$A \cos \omega t + B \cos pt \cos \omega t$　　4　(A/B)　　5　変わらない
　6　二　　7　$1/8$　　8　$B \cos pt + A \cos pt \cos \omega t$　　9　(B/A)　　10　異なる

解説　A3E 波 e は搬送波の振幅を信号波で変調するので，次式で表されます．

$$e = A\left(1 + \frac{B}{A}\cos pt\right)\cos \omega t = \boldsymbol{A \cos \omega t + B \cos pt \cos \omega t}$$

　　　　　　　　　　　　　　　　　　　　　　　　　　　　　ア　の答え

$$= A \cos \omega t + Am \cos pt \cos \omega t$$

$$= A \cos \omega t + \frac{m}{2}A \cos(\omega + p)t + \frac{m}{2}A \cos(\omega - p)t \tag{①}$$

ただし，変調度 $m = \dfrac{\boldsymbol{B}}{\boldsymbol{A}} \times 100$〔%〕　　　　$\cos A \cos B = \dfrac{\cos(A+B)+\cos(A-B)}{2}$

　　　　　　　　イ　の答え

　式①の右辺の第1項が搬送波，第2項が上側波，第3項が下側波の電圧を表すので**三**つの周波数成分が含まれます．

　　　　　　　　　　　　　　　　　　　　　　オ　の答え

搬送波の電力は変調の有無に関係なく**変わりません**．

　　　　　　　　　　　　　　　　　　　ウ　の答え

　電圧の2乗と電力は比例するので，搬送波の電力を P_c〔W〕とすると，振幅変調波の全電力 P_{AM}〔W〕は次式で表されます．

$$P_{AM} = P_c\left(1 + \frac{m^2}{4} + \frac{m^2}{4}\right)〔W〕 \tag{②}$$

$m = 0.5$ とすると，上側波帯の電力と下側波帯の電力の和 P_s〔W〕は

$$P_s = \frac{m^2}{4} P_c + \frac{m^2}{4} P_c = \left(\frac{1}{2}\right)^2 \times \frac{1}{4} P_c + \left(\frac{1}{2}\right)^2 \times \frac{1}{4} P_c = \frac{1}{4} \times \frac{1}{4} \times P_c \times 2$$

$$= \frac{1}{8} P_c \text{〔W〕}$$

となります. ◀┈┈┈┈┈ ［ エ ］の答え

答え▶▶▶ アー3，イー9，ウー5，エー7，オー1

出題傾向 (4) について，$m = 20$〔%〕のときの問題も出題されています．その場合は
$$P_s = P_c \left(\frac{0.2^2}{4} + \frac{0.2^2}{4}\right) = \frac{1}{50} P_c \text{〔W〕}$$
となるので，P_s は搬送波電力 P_c の値の 1/50 となります．

問題 3 ★★   ➡ 1.1.1

単一正弦波で 100〔%〕変調された SSB（J3E）変調波の電力の値として，正しいものを下の番号から選べ．ただし，同じ搬送波と変調信号で，変調度の等しい AM（A3E）変調波を得たときの全電力を 240〔W〕とする．

1　40〔W〕　　2　60〔W〕　　3　80〔W〕　　4　100〔W〕　　5　120〔W〕

解説 変調度 $m = 1$ で振幅変調された搬送波の電力を P_c〔W〕，側波の電力を P_s〔W〕とすると，全電力 P_{AM}〔W〕は次式で表されます．

$$P_{AM} = P_c + P_s + P_s = P_c + 2P_s = P_c + 2 \times \frac{m^2}{4} P_c = \left(1 + \frac{m^2}{2}\right) P_c \text{〔W〕} \qquad ①$$

ここで，問題文で与えられた $P_{AM} = 240$ と $m = 1$ を式①に代入して

$$240 = \left(1 + \frac{1^2}{2}\right) P_c = 1.5 P_c$$

$$P_c = \frac{240}{1.5} = 160 \text{〔W〕}$$

$$P_s = \frac{P_{AM} - P_c}{2} = \frac{240 - 160}{2} = \mathbf{40} \text{〔W〕}$$

答え▶▶▶ 1

問題 4 ★★★ → 1.1.1

　AM（A3E）送信機において，搬送波を二つの単一正弦波で同時に振幅変調したときの電力の値として，正しいものを下の番号から選べ．ただし，搬送波の電力は 20〔kW〕とする．また，当該搬送波を一方の単一正弦波のみで変調したときの変調度は 30〔%〕であり，他方の単一正弦波のみで変調したときの電力は 21.6〔kW〕である．

1　24.0〔kW〕　　　2　23.5〔kW〕　　　3　23.0〔kW〕

4　22.5〔kW〕　　　5　22.0〔kW〕

解説　一方の単一正弦波で搬送波を変調度 $m_A = 0.3$ で振幅変調すると，二つの側波が発生します．搬送波の電力を P_c〔kW〕とすると，二つの側波の電力 P_{s1}〔kW〕は次式で表されます．

$$P_{s1} = P_c\left(\frac{m^2}{4} + \frac{m^2}{4}\right) = 20 \times \left(\frac{0.3^2}{4} + \frac{0.3^2}{4}\right) = 20 \times \left(\frac{9}{400} \times 2\right) = 0.9 \text{〔kW〕}$$

他方の単一正弦波で振幅変調したときの被変調波の電力を P_{AM2}〔kW〕とすると，側波の電力 P_{s2}〔kW〕は次式で表されます．

$$P_{s2} = P_{AM2} - P_c = 21.6 - 20 = 1.6 \text{〔kW〕}$$

二つの単一正弦波で同時に振幅変調したときの電力 P_{AM}〔kW〕は次式で表されます．

$$P_{AM} = P_C + P_{s1} + P_{s2} = 20 + 0.9 + 1.6 = \mathbf{22.5 \text{〔kW〕}}$$

答え ▶▶▶ 4

問題 5 ★★ → 1.1.2

　次の記述は，角度変調波について述べたものである．このうち誤っているものを下の番号から選べ．ただし，角度変調波の搬送波を $A \sin \omega_c t$〔V〕，変調信号を $B \cos \omega_s t$〔V〕および周波数変調波の瞬時角周波数を ω〔rad/s〕で表すものとする．

　また，k_f〔rad/(s・V)〕は電圧を角周波数に変換する係数，k_P〔rad/V〕は電圧を位相に変換する係数，C_1〔rad〕は積分定数，C_2〔rad〕は定数とする．

1　ω は，$\omega = \omega_c + k_f B \cos \omega_s t$〔rad/s〕で表される．

2　周波数変調波 e_{fm} は，$e_{fm} = A \sin\left(\int \omega dt\right) = A \sin\left(\omega_c t + \dfrac{k_f B}{\omega_s} \sin \omega_s t + C_1\right)$〔V〕

　で表される．

3　位相変調波の位相角 φ は，$\varphi = \omega_c t + k_P B \cos \omega_s t + C_2$〔rad〕で表される．

4　位相変調波 e_{pm} は，$e_{pm} = A \sin(\omega_c t + k_P B \cos \omega_s t + C_2)$〔V〕で表される．

5　変調信号を積分して周波数変調すれば，位相変調波が得られる．

解説 5 × 「変調信号を**積分**」ではなく，正しくは「変調信号を**微分**」です．な
お，変調信号を積分して位相変調すれば，周波数変調波が得られます．

答え▶▶▶ 5

問題 6 ★★★　　　　　　　　　　　　　　　　　　→ 1.1.2

　最大周波数偏移が入力信号のレベルに比例する FM（F3E）変調器に 400〔Hz〕
の正弦波を変調信号として入力し，その出力をスペクトルアナライザで観測した．
変調信号の振幅をゼロから徐々に大きくしたところ，1〔V〕で搬送波の振幅がゼ
ロとなった．

　図 1.7 に示す第 1 種ベッセル関数のグ
ラフを用いて，最大周波数偏移が 2 400
〔Hz〕となるときの変調信号の振幅の値
として，最も近いものを下の番号から選
べ．ただし，m_f は変調指数とする．

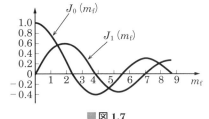

■図 1.7

1　1.4〔V〕

2　1.8〔V〕

3　2.1〔V〕

4　2.5〔V〕

5　3〔V〕

解説 　グラフより m_f を変化させて $J_0(m_f)$ の値が最初にゼロになるのは $m_f = 2.4$ の
ときになります．変調信号の振幅 1〔V〕のときの最大周波数偏移 ΔF_1〔Hz〕は，変調
指数を m_f，信号周波数を f_s〔Hz〕とすると式（1.8）より次式で表されます．

$$\Delta F_1 = m_f f_s = 2.4 \times 400 = 960 \, 〔\text{Hz}〕$$

最大周波数偏移 ΔF〔Hz〕が 2 400〔Hz〕となるときの変調信号の振幅 v〔V〕は，式
（1.9）より次式で表されます．

$$v = \frac{\Delta F}{\Delta F_1} \times 1 = \frac{2\,400}{960} = \mathbf{2.5}\,\mathbf{(V)}$$

答え▶▶▶ 4

問題 7 ★★★　　　　　　　　　　　　　　　　　　→ 1.1.2

　FM（F3E）波の占有周波数帯幅に含まれる側帯波の次数 n の最大値と占有周波
数帯幅 B〔kHz〕の組合せとして，正しいものを下の番号から選べ．ただし，変調
信号を周波数が 15〔kHz〕の単一正弦波とし，最大周波数偏移を 45〔kHz〕とする．
また，m を変調指数としたときの第 1 種ベッセル関数 $J_n(m)$ の 2 乗値 $J_n^2(m)$ は

表 1.1 に示す値とし, $n = 0$ は搬送波を表すものとする.

	n	B
1	4	120
2	4	60
3	3	60
4	3	75
5	3	120

■表 1.1

$J_n^2(m)$ n	$J_n^2(1)$	$J_n^2(2)$	$J_n^2(3)$	$J_n^2(4)$
0	0.5855	0.0501	0.0676	0.1577
1	0.1936	0.3326	0.1150	0.0044
2	0.0132	0.1245	0.2363	0.1326
3	0.0004	0.0166	0.0955	0.1850
4	0	0.0012	0.0174	0.0790
5	0	0	0.0019	0.0174

解説 変調指数 m は式 (1.8) より以下の値となります.

$$m = \frac{\Delta F}{f_s} = \frac{45}{15} = 3$$

占有周波数帯幅は電波の全電力の 0.99 の電力が存在する周波数の幅なので, $m = 3$ のときの $J_n^2(3)$ から搬送波 $J_0^2(3)$ と n 次の側波 $2 \times J_n^2(3)$ の数値の和を求めていくと

$$P_1 = J_0^2(3) + 2J_1^2(3) = 0.0676 + 2 \times 0.1150 = 0.2976$$
$$P_2 = P_1 + 2J_2^2(3) = 0.2976 + 2 \times 0.2363 = 0.7702$$
$$P_3 = P_2 + 2J_3^2(3) = 0.7702 + 2 \times 0.0955 = 0.9612$$
$$P_4 = P_3 + 2J_4^2(3) = 0.9612 + 2 \times 0.0174 = 0.9960$$

となるので, 次数の最大値 $n = 4$ となります.

占有周波数帯幅 B は次式で表されます.

$$B = 2(\Delta F + f_s) = 2(m + 1)f_s = 2(45 + 15) = \mathbf{120}\ \mathbf{(kHz)}$$

答え ▶ ▶ ▶ 1

問題 8 ★★　　　　　　　　　　　　　　　　　　→ 1.1.3

次の記述は, SSB (J3E) 送信機に用いられる平衡変調器で搬送波抑圧振幅変調波を得る原理について述べたものである. ◻︎ 内に入れるべき字句の正しい組合せを下の番号から選べ. ただし, 同じ記号の ◻︎ 内には, 同じ字句が入るものとする. また, ダイオード D_1 および D_2 の特性は等しく, E_m 〔V〕および E_c 〔V〕をそれぞれ信号波および搬送波の振幅とし, ω_m 〔rad/s〕および ω_c 〔rad/s〕をそれぞれ信号波および搬送波の角周波数とする.

(1) 図1.8に示す平衡変調器において，信号波 $E_m \cos \omega_m t$ 〔V〕は，巻線比 1：2 のセンタータップ付き変成器 T_1 を経て，D_1 および D_2 にそれぞれ逆位相で加えられ，また，搬送波 $E_c \cos \omega_c t$ 〔V〕は，D_1 および D_2 に ［ A ］で加えられる．ただし，変成器 T_1 および T_2 の・（ドット）は，1次側と2次側の電圧が同極性であることを示す．

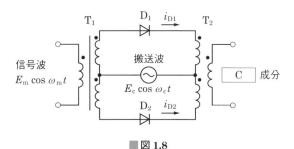

■図1.8

(2) D_1 の両端の電圧が $E_c \cos \omega_c t + E_m \cos \omega_m t$ 〔V〕のとき，D_2 の両端の電圧は $E_c \cos \omega_c t - E_m \cos \omega_m t$ 〔V〕である．また，D_1 または D_2 の両端の電圧が e 〔V〕のときに流れる電流 i_D が $i_D = a_0 + a_1 e + a_2 e^2$ 〔A〕（a_0, a_1, a_2 は定数）で表されるとき，変成器 T_2 の1次側に D_1 の電流 i_{D1} 〔A〕および D_2 の電流 i_{D2} 〔A〕が流れると，2次側には，次式で表される $i_{D1} - i_{D2}$ に比例する電流が流れる．

$$i_{D1} - i_{D2} = \boxed{\text{B}} \text{〔A〕} \quad\cdots\cdots\cdots\cdots\cdots\cdots\cdots\cdots\cdots\text{【1】}$$

式【1】より，$i_{D1} - i_{D2}$ には搬送波成分がなく，第1項の信号波成分および第2項の ［ C ］成分のみになる．

T_2 に高周波用変成器を用いると，その二次側には信号波成分は現れず，［ C ］成分のみが出力される．

	A	B	C
1	同位相	$2a_1 E_m \cos \omega_m t + 4a_2 E_c E_m \cos \omega_c t \cos \omega_m t$	単側波帯
2	同位相	$2a_1 E_c \cos \omega_m t + 4a_2 E_c E_m \cos \omega_c t \cos \omega_m t$	単側波帯
3	同位相	$2a_1 E_m \cos \omega_m t + 4a_2 E_c E_m \cos \omega_c t \cos \omega_m t$	両側波帯
4	逆位相	$2a_1 E_c \cos \omega_m t + 4a_2 E_c E_m \cos \omega_c t \cos \omega_m t$	両側波帯
5	逆位相	$2a_1 E_m \cos \omega_m t + 4a_2 E_c E_m \cos \omega_c t \cos \omega_m t$	単側波帯

答え▶▶▶3

1.2 復調回路（AM）

!要点
● 検波効率 ＝ $\dfrac{\text{復調された信号の振幅}}{\text{振幅変調波に含まれる信号の振幅}}$

● 斜めクリッピング歪み

1.2.1 直線検波回路（包絡線検波回路）

直線検波回路は，**図 1.9** のように AM 波をダイオードで整流し，コンデンサと抵抗で高周波成分を除去して信号波の包絡線を取り出す回路です．

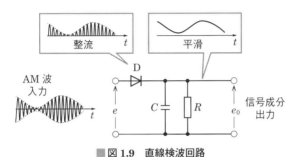

■図 1.9　直線検波回路

検波（復調）とは，変調信号からもとの信号を取り出すことをいいます．振幅変調波の検波効率 η〔%〕は，復調された信号の振幅を V_0〔V〕，振幅変調波に含まれる信号の振幅を V_s〔V〕とすると，次式で表されます．

$$\eta = \frac{V_0}{V_s} \times 100 \ \text{〔\%〕} \tag{1.19}$$

出力電圧 e_0 の実効値 E_e は，変調度 m（1.1.1 参照）と入力電圧 e の振幅値 E を用いて次式で表されます．

$$E_e = \frac{\eta m E}{\sqrt{2}} \tag{1.20}$$

C と R は**図 1.10** の一点鎖線に示すような**斜めクリッピング歪み**（ダイアゴナルクリッピング）が生じないように選ぶ必要があります．

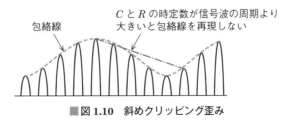

包絡線

C と R の時定数が信号波の周期より大きいと包絡線を再現しない

■図 1.10　斜めクリッピング歪み

図 1.9 の CR は平滑回路として動作します．時定数 τ は $\tau = CR$ で表されるので，τ は搬送波周期に対して十分大きく，信号波の周期より小さくします．

1.2.2　2 乗検波回路

2 乗検波回路に用いられるダイオードは，**図 1.11** のダイオードの電圧電流特性のうち，非直線特性が表れる部分の非線形部分を利用します．

振幅変調波 $e = E(1 + m \sin \omega_s t) \sin \omega_c t$ 〔V〕の 2 乗検波回路の出力電流 i〔A〕は，定数を k とすると次式で表されます．

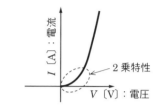

■図 1.11　ダイオードの電圧電流特性

$$i = ke^2 = k\{E(1 + m \sin \omega_s t) \sin \omega_c t\}^2 = kE^2(1 + m \sin \omega_s t)^2 \times \sin^2 \omega_c t$$

$$= kE^2(1 + 2m \sin \omega_s t + m^2 \sin^2 \omega_s t) \times \frac{1 - \cos 2\omega_c t}{2} \tag{1.21}$$

直流成分および低周波成分（信号波と信号波の高調波成分）i_a〔A〕は，次式で表されます．

$$i_a = \frac{kE^2}{2}(1 + 2m \sin \omega_s t + m^2 \sin^2 \omega_s t)$$

$$= \frac{kE^2}{2}\left(1 + 2m \sin \omega_s t + m^2 \frac{1 - \cos 2\omega_s t}{2}\right) \tag{1.22}$$

式（1.22）の（　）内の第 2 高調波成分と信号波成分より，ひずみ率 D〔%〕は次式で表されます．

$$D = \frac{\dfrac{m^2}{2}}{2m} \times 100 = \frac{m}{4} \times 100 \,〔\%〕 \tag{1.23}$$

$2m \sin \omega_s t$ の振幅が信号波成分
$\dfrac{m^2}{2} \cos 2\omega_s t$ の振幅が第 2 高調波成分

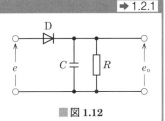

問題 ⑨ ★★　　　　　　　　　　　　　→ 1.2.1

図 1.12 に示す直線検波回路に AM（A3E）波 $e = E(1 + m \cos pt) \cos \omega t$〔V〕を加えたとき，復調出力電圧 e_o〔V〕の実効値として，最も近いものを下の番号から選べ．ただし，搬送波の振幅 E を 1〔V〕，変調度 $m \times 100$〔%〕の m の値を 0.4，検波効率を 0.7 とする．また，抵抗 R〔Ω〕とコンデンサ C〔F〕の時定数 CR〔s〕は，搬送波の角周波数 ω〔rad/s〕および変調信号の角周波数 p〔rad/s〕と $\omega \gg 1/(CR) \gg p$ の関係があるものとする．

■図 1.12

1　0.14〔V〕　　2　0.2〔V〕　　3　0.28〔V〕　　4　0.35〔V〕　　5　0.42〔V〕

解説　検波回路の出力電圧の実効値 E_e〔V〕は，検波効率 η を考慮すると次式で表されます．

実効値 E_e は最大値 E の $1/\sqrt{2}$

$$E_e = \frac{\eta m E}{\sqrt{2}} = \frac{0.7 \times 0.4 \times 1}{\sqrt{2}} \fallingdotseq \mathbf{0.2 \, (V)}$$

答え▶▶▶ 2

問題 ⑩ ★　　　　　　　　　　　　　　→ 1.2.1

図 1.13 に示す AM（A3E）受信機の復調部に用いられる包絡線検波器に振幅変調波 $e_i = E(1 + m \cos pt) \cos \omega t$〔V〕を加えたとき，検波効率が最も良く，かつ，復調出力電圧 e_0〔V〕に斜めクリッピングによるひずみの影響を低減するための条件式の組合せとして，正しいものを下の番号から選べ．ただし，振幅変調波の振幅を E〔V〕，変調度を $m \times 100$〔%〕，搬送波及び変調信号の角周波数をそれぞれ ω〔rad/s〕及び p〔rad/s〕とし，ダイオード D の順方向抵抗を r_d〔W〕とする．また，抵抗を R〔Ω〕，コンデンサの静電容量を C〔F〕とする．

1　$R \ll r_d,$　$1/\omega \ll CR$ 及び $CR \ll 1/p$

2　$R \ll r_d,$　$1/\omega \ll CR$ 及び $CR \gg 1/p$

3　$R \gg r_d,$　$1/\omega \ll CR$ 及び $CR \gg 1/p$

4　$R \gg r_d,$　$1/\omega \gg CR$ 及び $CR \gg 1/p$

5　$R \gg r_d,$　$1/\omega \ll CR$ 及び $CR \ll 1/p$

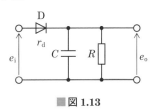

■図 1.13

解説 ダイオードの順方向抵抗 r_d による電圧降下の影響を軽減するため $R \gg r_d$ とします.

CR 回路はダイオードによって半波整流された搬送波成分を減衰させる平滑回路として動作するので,時定数 $\tau = CR$ を搬送波の周期 $2\pi/\omega$ に比較して,十分大きくしなければなりません.

$$\tau = CR \gg \frac{2\pi}{\omega} \quad \text{よって} \quad \frac{1}{\omega} \ll CR$$

また,時定数 $\tau = CR$ に比較して信号波の周期 $2\pi/p$ が十分小さくない場合,入力の信号波の変化が正確に再現されないようになり,斜めクリッピングひずみが発生するので

$$\tau = CR \ll \frac{2\pi}{p} \quad \text{よって} \quad CR \ll \frac{1}{p}$$

とします.

答え ▶ ▶ ▶ 5

問題 11 ★ ★ → 1.2.2

振幅変調波 $e = E(1 + m \sin pt) \sin \omega t$〔V〕を 2 乗検波器で検波し,帯域フィルタを通して得られた出力電流のひずみ率の値が 15〔%〕であった.e の変調度 $m \times 100$〔%〕の値として,正しいものを下の番号から選べ.ただし,$\omega \gg p$ とし,2 乗検波器の入出力特性は,$i = ke^2$〔A〕(k は定数)とする.また,出力電流の成分には,変調信号成分およびその第 2 高調波のみが含まれるものとする.

1 20〔%〕 2 40〔%〕 3 60〔%〕 4 80〔%〕 5 100〔%〕

解説 出力電流の成分に,変調信号成分および第 2 高調波のみが含まれているものとし,ひずみ率を D とすると,振幅変調波 e の変調度 m〔%〕は式(1.23)より次式で表されます.

$$m = 4D = 4 \times 0.15 = 0.6 = \mathbf{60}〔\%〕$$

答え ▶ ▶ ▶ 3

問題 12 ★★　　　　　　　　　　　　　　　　　　　　➡ 1.2.2

$e = A(1 + m \sin pt) \sin \omega t$〔V〕で表される振幅変調（A3E）波電圧を二乗検波器に入力したとき，出力の検波電流 i は，$i = ke^2$〔A〕で表すことができる．この検波電流 i に含まれる信号波の第 2 高調波成分の大きさを表す式として，正しいものを下の番号から選べ．ただし，A〔V〕は搬送波の振幅，m は，$m \times 100$〔%〕として e の変調度，p〔rad/s〕は信号波の角周波数，ω〔rad/s〕は搬送波の角周波数，k は定数を表すものとし，また，$\cos 2x = 1 - 2\sin^2 x$ である．

1　$kA^2 m^2/4$　　　2　$kA^2 m/4$　　　3　$kA^4 m/4$

4　$k^2 A^2 m/4$　　　5　$k^2 A^2 m^2/4$

解説　　振幅変調波 e の二乗検波器の出力電流 i〔A〕は次式で表されます．

$$i = ke^2 = k\{A(1 + m \sin pt) \sin \omega t\}^2$$

$$= kA^2 (1 + m \sin pt)^2 \times \sin^2 \omega t$$

$$= kA^2 (1 + 2m \sin pt + m^2 \sin^2 pt) \times \frac{1 - \cos 2\omega t}{2} \text{〔A〕} \qquad ①$$

式①において，直流成分および低周波成分（信号波と信号波の高調波成分）i_S〔A〕は次式で表されます．

$$i_S = \frac{kA^2}{2} (1 + 2m \sin pt + m^2 \sin^2 pt) \quad \cdots\cdots\cdots\cdots \text{第 2 高調波 } 2p \text{〔rad/s〕の部分}$$

$$= \frac{kA^2}{2} \left(1 + 2m \sin pt + m^2 \times \frac{1 - \cos 2pt}{2} \right) \text{〔A〕} \qquad ②$$

式②の第 2 高調波成分の大きさ I_2〔A〕は次式で表されます．

$$I_2 = \frac{kA^2}{2} \times \frac{m^2}{2} = \boldsymbol{\frac{kA^2 m^2}{4}} \text{〔A〕}$$

答え ▶▶▶ 1

出題傾向　出力電流のひずみ率から変調度を求める問題も出題されています．

1.3 復調回路（FM）

1.3.1 フォスターシーリー検波回路

図 1.14 にフォスターシーリー検波回路の原理図を示します．

フォスターシーリー検波回路は，共振回路にその共振周波数から偏移した入力
電圧を加えると周波数偏移に比例した復調出力が得られる特性を利用した検波回
路です．

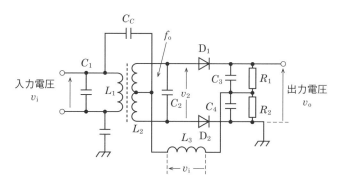

■**図 1.14 フォスターシーリー検波回路の原理図**

出力特性を**図 1.15** に示します．入力電圧の周波数を f〔Hz〕，L_2，C_2 で構成
された 2 次回路の共振周波数を f_0〔Hz〕とすると，①の動作点（$f = f_0$）では，
出力電圧がゼロになります．②の動作点（$f > f_0$）では，正方向の出力が得られ
ます．③の動作点（$f < f_0$）では，負方向の出力が得られます．

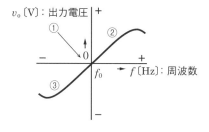

■**図 1.15 出力特性**

フォスターシーリー検波回路
は，レシオ検波回路に比べ感度
は高いが振幅制限作用がない．

1.3.2　レシオ検波回路

レシオ検波回路は，フォスターシーリー検波回路に振幅制限作用の動作が加わった検波回路です（**図1.16**）.

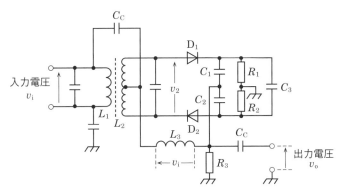

■**図1.16　レシオ検波回路の原理図**

フォスターシーリー検波回路との相違点は

- ダイオード D_2 が逆向き
- 大容量のコンデンサ C_3 が追加
- R_3 の両端から電圧を取り出している

です.

D_1，C_1，R_1，R_3 および D_2，C_2，R_2，R_3 は包絡線検波回路であり，C_1 および C_2 は電圧 v_1 と $v_2/2$ の波高値で充電され，この電圧は C_3 にも充電されます．$(R_1 + R_2) C_3$ の時定数を信号波の周期に比べ十分大きくしておくことで，振幅が変動した場合でも R_3 の両端電圧はほとんど変化しないので**振幅制限作用を持ちます**.

1.3.3　PLL 検波回路

PLL 検波回路の構成図を**図1.17**に示します.

位相検出器は，周波数変調波 e_{FM}〔V〕と電圧制御発振器出力 e_{VCO}〔V〕を分周

PLL（Phase Locked Loop）は位相同期ループ回路の略.

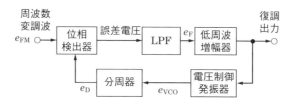

周波数変調波 e_{FM} ○→ 位相検出器 → 誤差電圧 → LPF → e_F → 低周波増幅器 → 復調出力 ○

分周器 e_D ← ← e_{VCO} ← 電圧制御発振器

■図1.17 PLL検波回路の構成図

器で分周した出力 e_D 〔V〕との位相が比較され，位相差に比例した誤差電圧を出力します．LPF（低域通過フィルタ）を通した低周波増幅器の出力電圧によって，e_{FM} と e_D の位相と周波数が等しくなるように，電圧制御発振器の発振出力を制御します．

ある時点で e_{FM} と e_D の周波数および位相が一致すると，フェーズロック状態になり周波数が安定します．このとき LPF の出力電圧はゼロになります．e_{FM} の周波数がロックレンジ内で変化するとき，LPF の出力 e_F 〔V〕の振幅は，e_{FM} の周波数偏移に比例して変化するため，低周波増幅器の出力から復調出力を得ることができます．

1.3.4 スレッショルドレベルと S/N 改善効果

(1) スレッショルドレベル

FM 受信機において，入力信号レベルを小さくしていくと，ある値から雑音が大きくなり S/N が急激に低下する現象が現れます．このときの入力信号レベルを**スレッショルドレベル**（閾値）といいます．

スレッショルド現象が生じるのは搬送波の振幅 V_c と連続性雑音の振幅 V_n が等しい場合です．熱雑音のピーク値は実効値の4倍の性質があり，V_c の実効値を V_{cr}，V_n の実効値を V_{nr} とすると次式で表されます．

$$V_c = \sqrt{2}\, V_{cr} \tag{1.24}$$

$$V_n = 4 V_{nr} \tag{1.25}$$

$V_c = V_n$ を実効値で表すと，$\sqrt{2}\, V_{cr} = 4 V_{nr}$ となります．

$V_{cr} = \dfrac{4}{\sqrt{2}} V_{nr}$ ですので，搬送波電力対雑音電力比 C/N は次式で表されます．

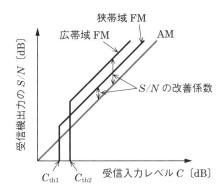

■図1.18　スレッショルドレベル

$$\frac{C}{N} = \frac{V_{\mathrm{cr}}{}^2}{V_{\mathrm{nr}}{}^2} = \frac{4^2}{(\sqrt{2})^2} = 8 \qquad 10\log_{10}8 \doteqdot 9\ \mathrm{dB}$$

このときの C がスレッショルドレベル C_{th}（狭帯域 FM では C_{th1}，広帯域 FM では C_{th2}）となるので，スレッショルド現象が生じる条件を考慮して次式で表されます．

$$C_{\mathrm{th}} = 8N = 8FkTB \tag{1.26}$$

ただし，N〔W〕：受信機出力の雑音電力の入力換算値，F：雑音指数，k：ボルツマン定数（1.381×10^{-23}〔J/K〕），T〔K〕：絶対温度，B〔Hz〕：等価雑音帯域幅

デシベルで表すと次式で表されます．

$$C_{\mathrm{th}} \doteqdot 10\log_{10}N + 9\ \text{〔dB〕} \tag{1.27}$$

(2) S/N 改善効果

FM では，**図1.18**のようにスレッショルドレベル以上の入力レベルがあれば，搬送波電力対雑音電力比（C/N）以上に受信機出力の信号対雑音比（S/N）が良好になります．この割合を**S/N改善係数**といいます．S/N 改善係数を I とし，（C/N）および（S/N）を真数とした場合，次式で表されます．

$$I = \frac{S/N}{C/N} = \frac{3m_{\mathrm{f}}{}^2 B}{2f_{\mathrm{p}}} = \frac{3\Delta f^2 B}{2f_{\mathrm{p}}{}^3} \tag{1.28}$$

ただし，m_{f}：変調指数，f_{p}〔Hz〕：最高変調周波数，B〔Hz〕：等価雑音帯域幅，Δf〔Hz〕：最大周波数偏移

問題 13 ★★　　　　　　　　　　　　　　　　　　　　　→ 1.3.3

　次の記述は，**図 1.19** に示す位相同期ループ（PLL）検波器の原理的な構成例において，周波数変調（FM）波の復調について述べたものである．□□□内に入れるべき字句を下の番号から選べ．なお，同じ記号の□□□内には，同じ字句が入るものとする．

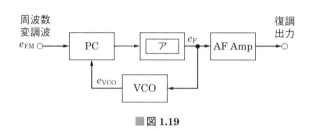

■図 1.19

(1) 位相比較器（PC）の出力は，□ア□を通して，周波数変調波 e_{FM} および電圧制御発振器（VCO）の出力 e_{VCO} との□イ□差に比例した□ウ□出力する．

(2) e_{FM} の周波数が PLL の周波数引込み範囲（キャプチャレンジ）内のとき，e_F は，e_{FM} と e_{VCO} の□イ□が一致するように，VCO を制御する．e_{FM} が無変調で，e_{FM} と e_{VCO} の□イ□が一致して PLL が同期（ロック）すると，□ア□の出力電圧 e_F の電圧は，□エ□になる．

(3) e_{FM} 周波数が同期保持範囲（ロックレンジ）内において変化すると，e_F の電圧は，e_{FM} の周波数偏移に□オ□して変化するので，低周波増幅器（AF Amp）を通して復調出力を得ることができる．

1　低域フィルタ（LPF）	2　反比例	3　零
4　位相	5　振幅	6　高域フィルタ（HPF）
7　比例	8　高周波成分 e_F を	9　誤差電圧 e_F を
10　最大		

答え▶▶▶ア－1，イ－4，ウ－9，エ－3，オ－7

問題 14 ★★ →1.3.4

次の記述は，周波数変調（FM）通信における S/N 改善効果について述べたものである． 内に入れるべき字句の正しい組合せを下の番号から選べ．ただし，Δf〔Hz〕は最大周波数偏移，B〔Hz〕は等価雑音帯域幅，f_p〔Hz〕は最高変調周波数，m_f は変調指数を示す．また，ここでの S/N 改善効果は，受信機の内部雑音以外の雑音を考慮しないものとする．なお，同じ記号の 内には，同じ字句が入るものとする．

(1) FM では， A レベル以上の搬送波入力レベルがあれば，受信機入力の搬送波電力対雑音電力比（C/N）以上に受信機出力の信号対雑音比（S/N）が良好になる．この良好となる割合を S/N 改善係数という．このことは，S/N 改善係数を I とすれば，I，（C/N）および（S/N）をそれぞれ真数とした場合，式【1】で表される．

B ……………………………………………………………… 【1】

(2) 例えば I が，$I = 3\Delta f^2 B/(2f_\mathrm{p}{}^3) = 3 \times$ C $\times B/(2f_\mathrm{p})$ で表せる FM 通信方式の場合，式【1】中の係数 3 は，復調後の雑音が約 4.8〔dB〕改善されることを示す．また， C は，変調指数に関する改善分である．また，$B/(2f_\mathrm{p})$ は，最高変調周波数の 2 倍に対する等価雑音帯域幅の比による改善分である．

	A	B	C
1	ブランキング	$S/N = (C/N) \times I$	m_f
2	スレッショルド	$S/N = (C/N) \times I$	$m_\mathrm{f}{}^2$
3	スレッショルド	$S/N = (C/N) + I$	$m_\mathrm{f}{}^2$
4	スレッショルド	$S/N = (C/N) + I$	m_f
5	ブランキング	$S/N = (C/N) + I$	$m_\mathrm{f}{}^2$

解説 FM 通信方式の改善係数 I は，変調指数 $m_\mathrm{f} = \dfrac{\Delta f}{f_\mathrm{p}}$ なので次式で表されます．

$$I = 3 \times \frac{\Delta f^2 B}{2f_\mathrm{p}{}^3} = 3 \times \boldsymbol{m_\mathrm{f}{}^2} \times \frac{B}{2f_\mathrm{p}}$$

C の答え

係数 3 の dB 値は $10 \log_{10} 3 \fallingdotseq 10 \times 0.48 = 4.8$〔dB〕となります．

答え▶▶▶ 2

問題 15 ★ → 1.3.4

単一通信路における周波数変調（FM）波の S/N 改善係数 I〔dB〕の値として，最も近いものを下の番号から選べ．ただし，変調指数を m_f，等価雑音帯域幅を B〔Hz〕，最高変調周波数を f_p〔Hz〕とすると，I（真数）は，$I = 3m_f^2 B/(2f_p)$ で表せるものとし，最大周波数偏移 f_d を 6〔kHz〕，B を 10〔kHz〕，f_p を 3〔kHz〕とする．また，$\log_{10} 2 = 0.3$ とする．

1　10〔dB〕　　2　13〔dB〕　　3　15〔dB〕　　4　20〔dB〕　　5　26〔dB〕

解説 信号波の最高変調周波数が f_p〔kHz〕，最大周波数偏移が ΔF〔kHz〕のとき，変調指数 m_f は次式で表されます．

$$m_f = \frac{\Delta F}{f_p} = \frac{6}{3} = 2$$

S/N 改善係数 I に題意の値を代入します．

$$I = \frac{3m_f^2 B}{2f_p} = \frac{3 \times 2^2 \times 10 \times 10^3}{2 \times 3 \times 10^3} = 20$$

デシベルに変換すると，S/N 改善係数 I〔dB〕は次式で表されます．

$$I = 10 \log_{10} 20 = 10 \log_{10} 2 + 10 \log_{10} 10 = 3 + 10 = \mathbf{13}\ \textbf{(dB)}$$

答え▶▶▶ 2

2章

デジタル伝送

この章から **5~6問** 出題

【合格へのワンポイントアドバイス】

近年，アナログ変調に関する問題が減り，デジタル変調に関する問題が増えてきています．デジタル変調の問題は内容が似た問題が多いので，違いを確認しながら学習してください．

2.1 PCM 通信方式

● 標本化は信号波に含まれる最高周波数の 2 倍以上の周波数で行う
● 量子化誤差は復調時に量子化雑音として表れる

2.1.1 PCM 通信方式の構成

PCM（Pulse Code Modulation：パルス符号変調）方式の構成図を**図 2.1** に示します.

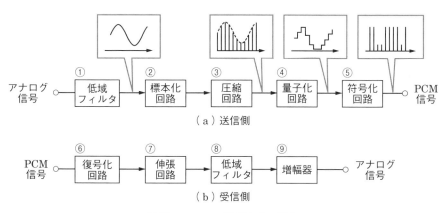

■図 2.1 PCM 通信方式の構成

送信側で入力されたアナログ信号は，①の低域フィルタによって雑音やひずみなどの高周波成分を除去します．次に②の標本化回路では，アナログ信号の振幅に応じた標本化パルス（PAM パルス）を作ります．PAM（Pulse Amplitude Modulation：パルス振幅変調）パルスは，雑音の影響を軽減するために③の圧縮回路で非直線圧縮が行われます．圧縮された PAM パルスは，④の量子化回路において量子化レベルで定められた階段的なパルス波形になります．量子化された PAM パルスは，⑤の符号化回路で PCM 信号（2 進パルスの組合せ）に変換されます．

受信側では，⑥の復号化回路で PCM 信号から PAM パルスに変換されます．PAM パ

標本化パルスはアナログ信号の振幅に対応したパルス振幅変調波に変換される.

パルス波形に含まれている高調波成分を除去すると，基本波成分のアナログ波形とすることができる.

ルスは圧縮されているため，⑦の伸張回路でもとのレベルに戻されます．このときの PAM パルスは送信側の標本化パルスに相当し，⑧の低域フィルタでアナログ信号になります．

2.1.2 標本化

標本化とは，一定の周期でアナログ信号の振幅を取り出すことをいい，アナログ信号を標本化したときの標本化回路の出力は，パルス振幅変調波（PAM 波）となります．標本化の周期 T（標本化周波数 f_s）は，標本化定理より信号の最高周波数 f_{max} の 2 倍以上の周波数が使われます．

標本化定理とは，信号波に含まれる最高周波数 f_{max} の 2 倍以上の周波数で標本化を行うと，この標本化パルス列からもとの信号波形を再現することができることを表す定理です．

標本化周波数：$2f_{max} \leq f_s$〔Hz〕

標本化周期：$T = \dfrac{1}{f_s} \leq \dfrac{1}{2f_{max}}$ 〔s〕

信号波に含まれる最高周波数の 2 倍以下で標本化を行うと，アナログ信号に復元するときに完全に再現できない．これによって発生する雑音を折り返し雑音という（図 2.3）．

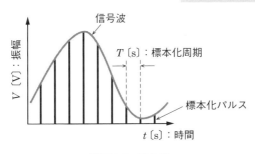

■図 2.2 標本化

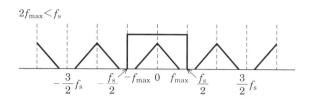

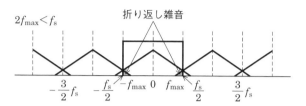

■図2.3　折り返し雑音

　例えば，標本化周波数 f_s が周波数 f_0 に対して $f_s = 2f_0$ の関係があり，入力信号の周波数が af_0（$a > 1$）のとき標本化された入力信号のスペクトルは**図2.4**のようになります．そして，標本化パルス列には，入力信号のほかに，$2f_0 \pm af_0$，$4f_0 \pm af_0$，$6f_0 \pm af_0$，…が現れます．

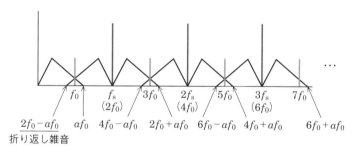

■図2.4　標本化スペクトル

2.1.3　量子化

　量子化とは，標本化された PAM パルスの振幅値を，何段階の数値（ステップ数）で置き換えるかを決め，階段状の波形を出力することです．ステップ数が多

量子化はステップ数に応じて値の丸め込みを行うため，量子化誤差が発生する．この誤差は復調したときに雑音として表れ，量子化雑音という．

いほど忠実度は良くなりますが，伝送効率が低下します．すなわち，量子化のステップ数は n ビットで 2^n となり，n が大きくなるほど出力信号波形が入力信号波形に忠実になることになります．

量子化する過程を表した図を**図 2.5** に示します．

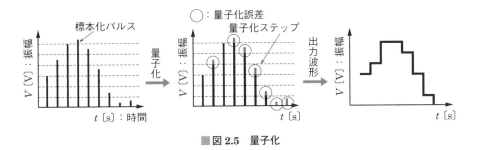

■図 2.5　量子化

信号対量子化雑音比は量子化ビット数を 1 ビット増やす（量子化ステップ数を 2 倍）ごとに，6〔dB〕改善されます．

補間雑音は量子化された信号をもとのアナログ信号に復元するときに用いる低域フィルタが理想的ではないために生じるひずみです．アパーチャ効果は標本化パルスが理想的なインパルスではなく，有限の幅を持つために生じるひずみです．

2.1.4　符号化

符号化とは，量子化された PAM パルスを符号列に変換することをいい，一般に 2 進符号が用いられます．**図 2.6** は符号化の一例です．

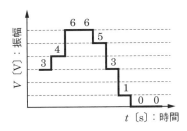

信号レベル	2 進符号	パルス列
3	0011	
4	0100	
6	0110	
5	0101	
3	0011	

■図 2.6　符号化

問題 1 ★★★ → 2.1.2

　次の記述は，パルス符号変調（PCM）において標本化に関連する誤差について述べたものである．□□□内に入れるべき字句の正しい組合せを下の番号から選べ．ただし，標本化回路の入力信号の最高周波数を $f_0 + \Delta f$〔Hz〕，標本化周波数を f_S〔Hz〕とする．

(1) 図は，標本化の操作における入力信号，標本化パルスおよび標本化された入力信号のスペクトルをそれぞれ示したものである．この操作は入力信号を変調信号とし，標本化パルスを搬送波としたときの両者の積として振幅変調することに相当する．

(2) f_S〔Hz〕が $2f_0$〔Hz〕のとき，標本化回路の入力信号の最高周波数が f_0〔Hz〕を超えると標本化による変調作用によって生じた側波帯が重なりあってしまい □ A □ が生ずる．f_0〔Hz〕を超える周波数成分が残っている場合，**図 2.9** に示すように，その残った周波数成分が f_0〔Hz〕を中心として □ B □ 周波数の方へ見掛け上，折り返された形となって，復調する際に，遮断周波数 f_0〔Hz〕の理想的な補間フィルタ（低域フィルタ（LPF））を通しても基本波部分のみを取り出すことが不可能となり，入力信号が完全に復元できなくなる．

(3) また，標本化パルスが理想的なインパルスでなく有限のパルス幅を持つとき，受信側でこれを理想的な低域フィルタ（LPF）を通しても入力信号が完全に復元できなくなる．一般的にこの影響をアパーチャ効果とよんでいる．アパーチャ効果が生ずると，標本化パルス列に含まれるアナログ信号の □ C □ が減衰する．

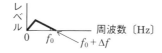

■**図 2.7　入力信号のスペクトル**

■**図 2.8　標本化パルス（インパルス列）のスペクトル**

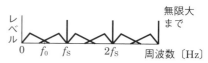

■**図 2.9　$f_S = 2f_0$ で標本化された入力信号のスペクトル**

	A	B	C
1	補間雑音	低い	低域の周波数成分
2	補間雑音	高い	高域の周波数成分
3	折り返し雑音	低い	低域の周波数成分
4	折り返し雑音	高い	低域の周波数成分
5	折り返し雑音	低い	高域の周波数成分

解説 (2) 最高周波数が f_0〔Hz〕を越えると**折り返し雑音**が発生します.

▲ ············· A の答え

図 2.9 の f_0〔Hz〕の位置を見ると,高い周波数成分が**低い周波数成分へ折り返された**形となっています.

▲ ············· B の答え

(3) アパーチャ効果は,標本化パルスのパルス幅が有限の値を持つために生ずるもので,アパーチャ効果が生ずると,標本化パルス列に含まれるアナログ信号の**高域の周波数成分**が減衰します.

C の答え ················· ▲

答え ▶▶▶ 5

問題 2 ★★★ ➡ 2.1.2

次の記述は,パルス符号変調(PCM)方式において生ずる雑音について述べたものである.このうち誤っているものを下の番号から選べ.

1 折り返し雑音は,入力信号の帯域制限が不十分なとき生ずる.

2 補間雑音を生じさせないためには,原理的に標本化パルス列の復調に理想的な特性の低域フィルタ(LPF)が必要である.

3 量子化ステップ数が増えれば量子化雑音による回線品質を表す信号対量子化雑音比(S/N_Q)の値は小さくなる.

4 周波数が 28〔kHz〕の単一正弦波を標本化周波数が 48〔kHz〕の標本化回路に入力し,その出力を 24〔kHz〕の理想的な低域フィルタ(LPF)に通したとき,原理的に低域フィルタ(LPF)の出力に生ずる折り返し雑音の周波数は,20〔kHz〕である.

5 アパーチャ効果は,標本化パルスのパルス幅が有限の値を持つために生ずる.アパーチャ効果が生ずると,標本化パルス列に含まれるアナログ信号の高域の周波数成分が減衰する.

解説 3　量子化ステップ数が増えれば量子化雑音による回線品質を表す信号対量子化雑音比（S/N_Q）の値は**大きく**なります。

48 − 28 = 20〔kHz〕から 24〔kHz〕の周波数に折り返し雑音が発生する。

4　周波数が 28〔kHz〕の単一正弦波を標本化周波数が 48〔kHz〕の標本化回路に入力し，その出力を 24〔kHz〕の理想的な低域フィルタ（LPF）に通したとき，原理的に低域フィルタ（LPF）の出力に生ずる折り返し雑音の周波数は**20〔kHz〕**となります。

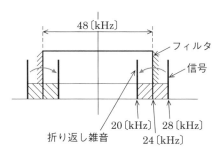

■図2.10　折り返し雑音

答え▶▶▶ 3

問題 3 ★★★　→2.1.2 →2.1.3

　次の記述は，パルス符号変調（PCM）方式における標本化および量子化について述べたものである。□内に入れるべき字句を下の番号から選べ。なお，同じ記号の□内には，同じ字句が入るものとする。

(1)　□ ア □雑音は，標本化回路へ入力する信号の周波数帯域の制限が不十分なとき生じる。例えば，標本化周波数が $2f_0$〔Hz〕の標本化回路に，周波数が $1.3f_0$〔Hz〕の単一正弦波を入力したとき，標本化回路の出力には，周波数が □ イ □〔Hz〕の □ ア □雑音が発生する。

(2)　標本化パルス列に含まれるアナログ信号の高域の周波数成分は，標本化パルスの衝撃係数（デューティレシオ）が □ ウ □なるほど減衰する。この現象をアパーチャ効果という。

(3)　標本化パルス列の復調の際に用いる低域フィルタ（LPF）で，帯域外の周波数成分を完全に除去しきれないと高周波成分が混入してきて □ エ □雑音となる。

(4)　均一量子化（直線量子化）を行ったときの信号対量子化雑音比（S/N_Q）は，量子化ステップ数を 2 倍にするごとに □ オ □〔dB〕大きくなる。

1 流合	2 補間	3 大きく	4 $0.7f_0$	5 3
6 折り返し	7 三角	8 小さく	9 $0.3f_0$	10 6

解説 (1) 周波数が $1.3f_0$〔Hz〕のアナログ信号を，$1/(2f_0)$〔s〕の周期で標本化して得たパルス列の周波数成分は，2.1.3 の $f_s = 2f_0$ に相当しますので，アナログ信号の $1.3f_0$〔Hz〕のほか，$2f_0 \pm 1.3f_0$，$4f_0 \pm 1.3f_0$，$6f_0 \pm 1.3f_0 \cdots$〔Hz〕になります．このパルス列を低域フィルタに加えたとき，$2f_0 - 1.3f_0 = \mathbf{0.7f_0}$〔Hz〕の成分は，低域フィ

▲·············· | イ |の答え

ルタの遮断周波数より低いため，**折り返し雑音**として出力されます．

▲·············· | ア |の答え

(3) 標本化パルス列の復調の際に用いる低域フィルタで，帯域外の周波数成分を完全に除去しきれないと高周波成分が混入して，**補間雑音**となります．補間とは，不連続な PAM パルスを元のアナログ信号に戻すことです．

◀·············· | エ |の答え

答え▶▶▶ア－6，イ－4，ウ－3，エ－2，オ－10

問題 4 ★★ ➡ 2.1.3

均一量子化を行うパルス符号変調（PCM）通信方式において，量子化のビット数を 3 ビットから 5 ビットにしたときの信号対量子化雑音比（S/N_Q）の改善量は 12 dB である．量子化のビット数が「5 ビットのときの量子化ステップ数」に対する「3 ビットのときの量子化ステップ数」の比の値として，正しいものを下の番号から選べ．

1 1/4 　 2 1/8 　 3 1/16 　 4 1/32 　 5 1/64

解説 5 ビットのときの量子化ステップ数は $2^5 = 32$，3 ビットのときの量子化ステップ数は $2^3 = 8$ となります．題意から，ステップの比は $\dfrac{8}{32} = \dfrac{1}{4}$ が求まります．

答え▶▶▶ 1

問題 5 ★★★　　　　　　　　　　　　　　　　　　　➡2.1.3

　次の記述は，パルス符号変調（PCM）方式の標本化，量子化および標本化パルス列の復調について述べたものである．　　　内に入れるべき字句を下の番号から選べ．

(1) 折り返し雑音を除去するため，標本化回路の　ア　段に低域フィルタを設ける．

(2) アパーチャ効果は，標本化パルスの　イ　が大きくなるほど標本化パルス列に含まれるアナログ信号の高域の周波数成分が減衰する現象である．

(3) 均一量子化を行ったときの信号電圧対量子化雑音電圧比（S/N）の大きさは，量子化ステップ数に　ウ　する．

(4) 規定の標本化周波数より大幅に高い周波数で標本化するオーバサンプリングを行って量子化すると，単位周波数当たりの量子化雑音電力は，　エ　なる．

(5) 標本化パルス列の復調に用いる低域フィルタが理想低域フィルタでないと　オ　を生じる．

1　出力	2　衝撃係数（デューティレシオ）		3　比例
4　大きく	5　補間雑音		6　入力
7　振幅	8　反比例	9　小さく	10　過負荷雑音

答え▶▶▶アー6，イー2，ウー3，エー9，オー5

2.2 デジタル変調

!要点
● PSK 変調では，搬送波の位相偏移の分割数を多くすると符号誤り率が大きくなる
● QAM は，搬送波の振幅と位相を変化させる

2.2.1 PSK 変調

PSK（Phase Shift Keying）**変調**は，搬送波の位相をデジタル信号（0,1）によって偏移させる変調方式のことをいいます．搬送波の位相を多くの位相偏移に分割すると，符号誤り率が大きくなるので，一般には二つの位相に偏移させた 2PSK 変調（BPSK）や 4PSK 変調（QPSK），8PSK 変調を使用します．位相配置を**図 2.11** に示します．

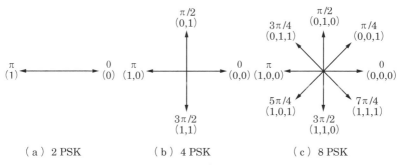

（a）2 PSK 　　　　　（b）4 PSK 　　　　　（c）8 PSK

■図 2.11　PSK 変調の位相配置

2.2.2 PSK 変調器

マイクロ波帯の PSK 変調器は，パルス信号によって導波管または伝送路長を切り換えることで搬送波の位相を変化させています．

（1）反射形変調器

反射形変調器の構造を**図 2.12** に示します．

パルス信号により，ダイオードスイッチの導通・遮断状態を切り換えます．**図 2.13**（a）のように導通状態ではダイオードの部分で反射され，遮断状態では導波管の底で反射します．図 2.13（b）の短絡導波管 l〔m〕の長さを $\lambda/4$〔m〕とすれば反射波は位相が π 異なるので（$0-\pi$）変調器，l〔m〕の長さを $\lambda/8$〔m〕とすれば反射波は位相が $\pi/2$ 異なるので（$0-\pi/2$）変調器となります．（$0-\pi$）変調器と（$0-\pi/2$）変調器を直列に接続すれば 4 相 PSK 変調器になります．

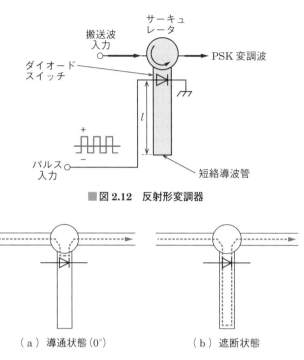

■図 2.12　反射形変調器

（a）導通状態（0°）　　　　　　（b）遮断状態

■図 2.13　反射形変調器のしくみ

2.2.3　4相PSK（QPSK）変調器の構成

（1）直列形変調器

　直列形変調器の構成図は**図 2.14**のようになります．直列形変調器はバイナリコード（自然2進符号）に対応しており，直列形は（0 − π）変調器と（0 − π/2）変調器を直列に接続します．入力パルスと位相の関係は**表 2.1**のようになります．

　パスレングス形変調器を**図 2.15**に示します．位相変調器1および位相変調器2は，サーキュレータ，ダイオードスイッチおよび短絡導波管で構成されています．

　2系列の入力パルス信号によってダイオードスイッチを導通（ON）または非導通（OFF）にすると，短絡導波管内の反射点が変わることによって反射波がサーキュレータに到達するまでの経路長が変化し，サーキュレータ出力の搬送波の位相を偏移させることができます．

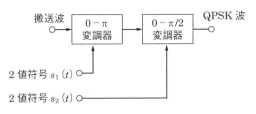

■図2.14 QPSK直列形変調器

■表2.1　入力パルスと位相の関係

入力パルス (バイナリコード)		位　相
$s_1(t)$	$s_2(t)$	
0	0	0
0	1	$\pi/2$
1	0	π
1	1	$3\pi/2$

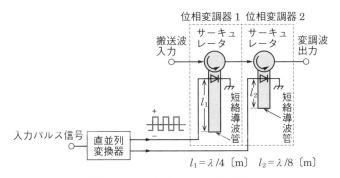

■図2.15　パスレングス形変調器

　二つの短絡導波管の管内波長をλ〔m〕とし，位相変調器1において$l_1=\lambda/4$〔m〕にすると，ダイオードスイッチのONまたはOFFによって出力の位相は，

管内波長とは，導波管内の電磁波分布により生じる電磁波の波長のことをいう．

0またはπ〔rad〕の値をとります．また，位相変調器2において$l_2=\lambda/8$〔m〕にすると，同様にダイオードスイッチのONまたはOFFによって出力の位相は，0または$\pi/2$〔rad〕の値をとります．

　したがって，位相変調器1および位相変調器2を直列に接続し，それぞれのダイオードスイッチのONまたはOFFを組み合わせることによって，位相が0，$\pi/2$，π，$3\pi/2$〔rad〕の値をとるQPSK信号を得ることができます（表2.1）．

(2) 並列形変調器

　並列形変調器はグレイコード（交番2進符号）に対応しています．並列形はBPSK変調器を並列に接続します．搬送波を分配器で二分し，一方は$\pi/2$移相器を通し，直交する二つの搬送波（I軸，Q軸）を作ります．

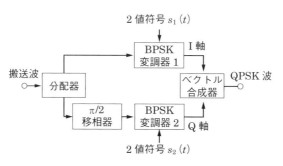

■図 2.16　QPSK 並列形変調器

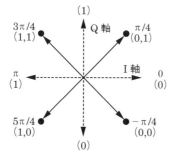

■図 2.17　QPSK の信号配置

■表 2.2　入力パルスと位相の関係

入力パルス （グレイコード）		位　相	
$s_1(t)$	$s_2(t)$	I 軸を基準	$(0, 0)$ を基準
0	0	$-\pi/4$	0
0	1	$\pi/4$	$\pi/2$
1	1	$3\pi/4$	π
1	0	$5\pi/4$	$3\pi/2$

　入力の搬送波 $\dot{e}_c = E_c \cos \omega t$〔V〕とすると，BPSK 変調器 1 で変調した被変調波 $\dot{e}_1$〔V〕は次式で表されます．

$$\dot{e}_1 = E_c \cos\{\omega t + \pi s_1(t)\} \ \text{〔V〕} \tag{2.1}$$

BPSK 変調器 2 で変調した被変調波 $\dot{e}_2$〔V〕は次式で表されます．

$$\dot{e}_2 = E_c \cos\left\{\omega t - \frac{\pi}{2} + \pi s_2(t)\right\} \ \text{〔V〕} \tag{2.2}$$

　入力パルス $s_1(t)$，$s_2(t)$ がともに 0 のときの出力 $\dot{e}_{10}$〔V〕，$\dot{e}_{20}$〔V〕は次式で表されます．

$$\dot{e}_{10} = E_c \cos \omega t \ \text{〔V〕} \tag{2.3}$$

$$\dot{e}_{20} = E_c \cos\left(\omega t - \frac{\pi}{2}\right) \ \text{〔V〕} \tag{2.4}$$

　$\dot{e}_{10}$ が I 軸，$\dot{e}_{20}$ が Q 軸に対応しますので，$(0, 0)$ のときの信号配置は**図 2.17** の $(0, 0)$ に位置します．他の入力については**表 2.2** に示します．

2.2.4 DPSK 変調

DPSK（Differential Phase Shift Keying）**変調**は，差動位相変調とも呼ばれます．

位相変調した信号波を送信しても，受信側ではどの符号を基準にすればよいか判定できないため，送信側で相対位相に情報を加えて送信する方式を **DPSK 方式**といいます．

送信側では和分演算（1 符号前の信号と現在の信号を加えた結果を利用）を行い，受信側では差分演算（現在の信号から 1 符号前の信号を引いた結果を利用）を行います．

2.2.5 OQPSK 変調，π/4 シフト QPSK

QPSK は 1 シンボルに 2 ビットを割り当てて伝送します．それによって BPSK に比べて伝送レート（帯域）が半分になります．つまり，伝送レートが等しいとき，QPSK は BPSK の 2 倍のデータが伝送できることになります．QPSK の信号偏移を**図 2.18**（a）に示します．原点（零点）から各シンボルまでの距離は信号の振幅に相当します．

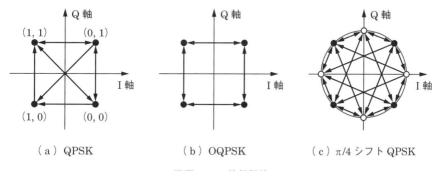

（a）QPSK （b）OQPSK （c）π/4 シフト QPSK

■**図 2.18　位相偏移**

QPSK では，位相偏移が最大で $\pm\pi$ となります．例えば，（0, 1）から（1, 0）へ偏移するときは零点を通るため，振幅が変動してしまいます．

OQPSK（Offset QPSK）では，直並列変換時に I チャンネルと Q チャンネル

のベースバンド信号を互いに1シンボル長の半分だけ時間的にオフセットすることで，位相の偏移量が最大±π/2となります．位相の偏移は図2.18（b）のようになり，零点を通らなくなります．

π/4シフトQPSKはシンボル長ごとに信号点をπ/4シフトして伝送します．図2.18（c）にπ/4シフトQPSKの位相偏移を示します．●と○が交互に伝送されることによって，偏移に対して零点を通過することがなくなります．シンボルは4個で1組のQPSKが2組，つまり8個あります．伝送効率はQPSKと同等です．

2.2.6 QAM方式

QAM（Quadrature Amplitude Modulation）**方式**は，搬送波の振幅と位相を変化させる方式です．

図2.19に示すように16QAMの信号配置は，4値×4＝16値をとります．

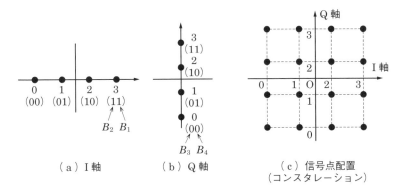

（a）I軸　　（b）Q軸　　（c）信号点配置
（コンスタレーション）

■図2.19　16QAMの信号配置

16QAMの変調信号を得る方式として，**直交振幅変調方式**があり，構成図を**図2.20**に示します．

図2.20の4値信号Q_1およびQ_2は，それぞれ二つの2値信号の入力に対応して，その振幅が図2.19（a）および（b）のように4通りに変化します．振幅変調器1および2の出力は，振幅がそれぞれ4通りに変化し，搬送波の位相は，常にπ/2〔rad〕異なります．

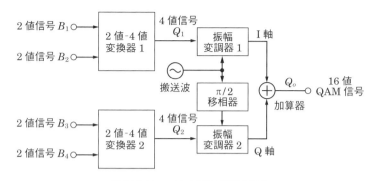

■図2.20　16QAM変調器の構成

　加算器の出力Q_oは図2.19（c）のように，4値振幅変調された二つの直交する搬送波をベクトル合成し，16値QAM信号（振幅および位相が16通り変化）を得ています．2値信号B_1またはB_2が変化し，B_3およびB_4が変化しないとき，加算器の出力Q_oは，振幅および位相が変化します．

2.2.7　平均電力

　信号の振幅は信号点配置図の原点（零点）までの距離に比例します．その距離の$1/\sqrt{2}$が振幅の実効値に相当します．**図2.21**にBPSKの信号点配置図を示します．

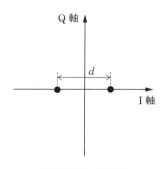

■図2.21　BPSK

零点からシンボルまでの距離を d とすると，各信号点の振幅の実効値 V は

$$V = \frac{1}{\sqrt{2}} \frac{d}{2}$$

となります．したがって，1 シンボルあたりの電力 P は V の 2 乗に比例するので

$$P \propto \left(\frac{1}{\sqrt{2}} \frac{d}{2}\right)^2 = \frac{d^2}{8}$$

となります．BPSK の場合，1 シンボルあたりの平均電力 P_{avB} は，P と V^2 の比例定数を 1 として

$$P_{avB} = \frac{P + P}{2} = P$$

となります．同様に，**図 2.22** に示す QPSK の 1 シンボルあたりの平均電力 P_{avQ} は

$$P_{avQ} = \frac{\left(\frac{1}{\sqrt{2}} \frac{\sqrt{2}}{2} d\right)^2 + \left(\frac{1}{\sqrt{2}} \frac{\sqrt{2}}{2} d\right)^2 + \left(\frac{1}{\sqrt{2}} \frac{\sqrt{2}}{2} d\right)^2 + \left(\frac{1}{\sqrt{2}} \frac{\sqrt{2}}{2} d\right)^2}{4}$$

$$= \frac{d^2}{4}$$

となります．

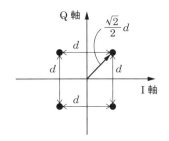

■図 2.22　QPSK

また，平均電力の比は C/N〔dB〕の差に等しくなります．BPSK と QPSK の C/N〔dB〕の差は以下となります．

$$10 \log_{10} \left(\frac{\dfrac{d^2}{4}}{\dfrac{d^2}{8}}\right) = 10 \log_{10} 2 = 3 \text{〔dB〕}$$

問題 6 ★★★　　　　　　　　　　　　　　　　　　　　→ 2.2.3

次の記述は，**図 2.23** に示す QPSK 変調器の原理的な構成例の QPSK 波 $s(t)$ について述べたものである．　　　内に入れるべき字句の正しい組合せを下の番号から選べ．ただし，送信データは 2 系列に直並列変換したあと符号変換され，2 値符号 $a_1(t)$ および $a_2(t)$ として，それぞれ符号が "0" のとき $+1$，"1" のとき -1 の値をとるものとする．また，搬送波の角周波数を ω_c とする．

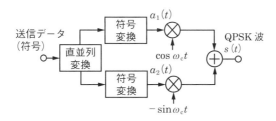

■図 2.23

(1) QPSK 波 $s(t)$ は，次式で表される．

$$s(t) = a_1(t) \cos \omega_c t - a_2(t) \sin \omega_c t \quad\cdots\cdots\cdots\cdots\cdots\cdots\cdots\text{【1】}$$

(2) 符号 "0, 0" のとき式【1】の $a_1(t)$ および $a_2(t)$ の値が共に $+1$ となり，このときの QPSK 波を複素表示すると式【2】となる．

　　次に式【2】を指数関数による極座標表示にすると式【3】となる．

$$1 + j \quad\cdots\cdots\cdots\cdots\cdots\cdots\cdots\cdots\cdots\cdots\cdots\cdots\cdots\cdots\cdots\cdots\cdots\text{【2】}$$
$$\sqrt{2}\, e^{j\frac{\pi}{4}} \quad\cdots\cdots\cdots\cdots\cdots\cdots\cdots\cdots\cdots\cdots\cdots\cdots\cdots\cdots\cdots\cdots\text{【3】}$$

(3) また，式【3】を cos 波の信号表現で表すと次式となる．

$$\sqrt{2} \cos\left(\omega_c t + \frac{\pi}{4}\right) \cdots [\text{符号"0, 0"}, \ a_1(t) = +1, \ a_2(t) = +1]$$

(4) 同様に符号 "1, 1"，符号 "0, 1" および符号 "1, 0" のときの QPSK 波を，(3) と同様に信号表現で表すとそれぞれ次式となる．

$$\sqrt{2} \cos(\omega_c t \boxed{}) \cdots [\text{符号 "1, 1"}, \ a_1(t) = -1, \ a_2(t) = -1]$$
$$\sqrt{2} \cos(\omega_c t \boxed{}) \cdots [\text{符号 "0, 1"}, \ a_1(t) = +1, \ a_2(t) = -1]$$
$$\sqrt{2} \cos(\omega_c t \boxed{}) \cdots [\text{符号 "1, 0"}, \ a_1(t) = -1, \ a_2(t) = +1]$$

	A	B	C
1	$-\dfrac{3\pi}{4}$	$-\dfrac{\pi}{4}$	$+\dfrac{3\pi}{4}$
2	$-\dfrac{3\pi}{4}$	$+\dfrac{3\pi}{4}$	$-\dfrac{\pi}{4}$
3	$+\dfrac{3\pi}{4}$	$-\dfrac{\pi}{4}$	$-\dfrac{3\pi}{4}$
4	$+\dfrac{3\pi}{4}$	$-\dfrac{3\pi}{4}$	$-\dfrac{\pi}{4}$
5	$-\dfrac{\pi}{4}$	$+\dfrac{3\pi}{4}$	$-\dfrac{3\pi}{4}$

解説 直並列変換された後，送信符号に対して変換された 2 値符号 $a_1(t)$，$a_2(t)$ に $\cos \omega_c t$，$-\sin \omega_c t$ が乗算され，式【1】で QPSK 波が表されます．**図 2.24** に信号点配置図を示します．$\cos$ 波の信号表現で表した式を $\sqrt{2} \cos(\omega_c t + \varPhi_m)$ として，符号 "MSB, LSB" とデータ値に応じた位相 $\varPhi_m$，符号変換を施した成分 a_1，a_2 を図 2.24 を用いて表すと，符号 "0, 1" のとき，$1-j$ となり，極座標表示では $\sqrt{2}\, e^{-j\frac{\pi}{4}}$ となります．この様子を**図 2.25**（b）に示します．

同様に符号 "1, 0" についても求め，まとめた表が**表 2.3** となります．

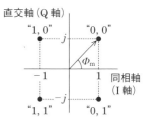

■図 2.24　信号点配置図

信号点配置図を書くことでわかりやすくなる．

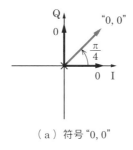

（a）符号 "0, 0"

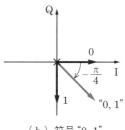

（b）符号 "0, 1"

■図 2.25　ベクトル図の例

■表2.3　符号と位相の関係

符号	Φ_m	a_1	a_2
0, 0	$\pi/4$	1	1
1, 0	$3\pi/4$	-1	1
1, 1	$-3\pi/4$	-1	-1
0, 1	$-\pi/4$	1	-1

C の答え ┈┈┈

A の答え ┈┈┈

B の答え ┈┈┈

答え ▶▶▶ 1

問題 7 ★★★　　　　　　　　　　　　　　　　　　→ 2.2.3

　次の記述は，図2.26 に示す QPSK 変調器の原理的な構成例の QPSK 波 $s(t)$ について述べたものである． 　　　内に入れるべき字句の正しい組合せを下の番号から選べ．なお，同じ記号の 　　　内には，同じ字句が入るものとする．

(1) QPSK 波 $s(t)$ は，包絡線振幅を $a_\mathrm{m}(t)$，搬送波の角周波数を ω_c およびデジタル信号のデータ値に応じた位相を Φ_m とすると次式で表すことができる．

$$s(t) = a_\mathrm{m}(t) \cos\{\omega_\mathrm{c} t + \Phi_\mathrm{m}(t)\} \quad\text{……………………【1】}$$

(2) $s(t)$ は，デジタル信号のデータ値に対してそれぞれ符号変換を施した成分 a_1，a_2 で搬送波を変調し，それらを合成したものである．式【1】中の $\Phi_\mathrm{m}(t)$ を図2.27 の信号点配置図のとおり，データ値 "0, 1"（MSB "0", LSB "1"）のとき $7\pi/4$ 〔rad〕，"1, 1" のとき $5\pi/4$ 〔rad〕，"1, 0" のとき $3\pi/4$ 〔rad〕 および "0, 0" のとき $\pi/4$ 〔rad〕に設定する．

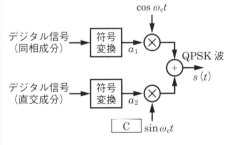

■図2.26　QPSK 変調器

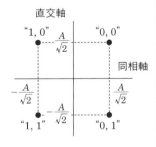

■図2.27　信号点配置図

(3) $a_m(t) = A$ とし，データ値の MSB が "0" のとき $a_1 =$ 　A　，"1" のとき $a_1 =$ 　B　，また，データ値の LSB が "0" のとき $a_2 =$ 　A　，"1" のとき $a_2 =$ 　B　 となる符号変換を施すことによって，$s(t)$ は次式で与えられる．

$$s(t) = a_1 \cos \omega_c t \boxed{\text{C}} a_2 \sin \omega_c t$$

	A	B	C
1	$-A$	A	$+$
2	$A/\sqrt{2}$	$-A/\sqrt{2}$	$-$
3	$A/\sqrt{2}$	$-A/\sqrt{2}$	$+$
4	$-A/\sqrt{2}$	$A/\sqrt{2}$	$-$
5	$-A/\sqrt{2}$	$A/\sqrt{2}$	$+$

解説 問題の式【1】は次式となります．

$$s(t) = a_m(t) \cos\{\omega_c t + \Phi_m(t)\}$$

　　　　　　　$\cos(\alpha + \beta) = \cos \alpha \times \cos \beta - \sin \alpha \times \sin \beta$

$$= a_m(t)\{\cos \omega_c t \times \cos \Phi_m(t)\} - a_m(t)\{\sin \omega_c t \times \sin \Phi_m(t)\}$$
$$= A\{\cos \omega_c t \times \cos \Phi_m(t)\} - A\{\sin \omega_c t \times \sin \Phi_m(t)\} \qquad ①$$

図 2.27 から，符号 "0, 0" のとき

$$\frac{A}{\sqrt{2}} + j\frac{A}{\sqrt{2}} = Ae^{j\frac{\pi}{4}}$$

となります．同様に，符号 "1, 0" では

$$-\frac{A}{\sqrt{2}} + j\frac{A}{\sqrt{2}} = Ae^{j\frac{3\pi}{4}}$$

符号 "1, 1" では

$$-\frac{A}{\sqrt{2}} - j\frac{A}{\sqrt{2}} = Ae^{j\frac{5\pi}{4}}$$

符号 "0, 1" では

$$\frac{A}{\sqrt{2}} - j\frac{A}{\sqrt{2}} = Ae^{j\frac{7\pi}{4}}$$

となるので，これらをまとめると**表 2.4** のようになります．

　符号 "MSB, LSB" とデータ値に応じた位相 Φ_m，符号変換を施した成分 a_1, a_2 は表 2.4 に示されます．

　ここで，式①をもとに $\cos \omega_c t$ を同相軸上の成分，$-\sin \omega_c t$ を直交軸上の成分とすると，a_1, a_2 の符号変換を施すことによって $s(t)$ は次式で表されます．

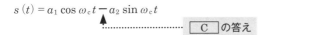

■表 2.4　符号と位相の関係

符号	Φ_m	$\cos\Phi_m$	$\sin\Phi_m$	a_1	a_2
0, 0	$\pi/4$	$1/\sqrt{2}$	$1/\sqrt{2}$	$A/\sqrt{2}$	$A/\sqrt{2}$
1, 0	$3\pi/4$	$-1/\sqrt{2}$	$1/\sqrt{2}$	$-A/\sqrt{2}$	$A/\sqrt{2}$
1, 1	$5\pi/4$	$-1/\sqrt{2}$	$-1/\sqrt{2}$	$-A/\sqrt{2}$	$-A/\sqrt{2}$
0, 1	$7\pi/4$	$1/\sqrt{2}$	$-1/\sqrt{2}$	$A/\sqrt{2}$	$-A/\sqrt{2}$

A の答え

A の答え … B の答え

$$s(t) = a_1 \cos\omega_c t - a_2 \sin\omega_c t$$

C の答え

②

答え ▶▶▶ 2

信号点配置図をもとに表 2.4 を作成するとわかりやすい.

問題 8 ★★　　　　　　　　　　　　　　　　　　　➡2.2.5

　次の記述は，**図 2.28** に示す 16QAM 変調器の原理的な構成例について述べたものである．このうち誤っているものを下の番号から選べ．

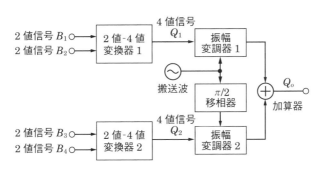

■図 2.28

1　4 値信号 Q_1 および Q_2 は，それぞれ二つの 2 値信号の入力に対応して，その振幅が 4 通りに変化する．

2　振幅変調器 1 および 2 の出力は，振幅がそれぞれ 4 通りに変化する．

3 振幅変調器1および2の出力の搬送波の位相は，常にπ/2〔rad〕異なる．

4 加算器の出力 Q_o は，振幅が16通りに変化する．

5 2値信号 B_1 または B_2 が変化し，B_3 および B_4 が変化しないとき，加算器の出力 Q_o は，振幅および位相が変化する．

解説 誤っている選択肢を正すと次のようになります．

4 加算器の出力 Q_o は，**振幅と位相の組合せ**が16通りに変化する．

答え▶▶▶ 4

問題 9 ★★　　　　　　　　　　　　　　　　　　　　　　　　→ 2.2.5

次の記述は，QPSKおよびOQPSK（Offset QPSK）変調方式について述べたものである．□□□内に入れるべき字句の正しい組合せを下の番号から選べ．

(1) 信号点配置を図 **2.29** に示すQPSK変調方式では，変調入力におけるⅠチャネルとQチャネルのベースバンド信号の極性が同時に変化したときは，QPSK変調波の位相が □ A □ 〔rad〕変化する．この変化は，信号点軌跡が原点を通ることである．この原点は，QPSK変調波の包絡線の振幅が 0 となることを表している．

(2) OQPSK変調方式では，変調入力におけるⅠチャネルとQチャネルのベースバンド信号を，互いに □ B □ だけ時間的にオフセットしている．このためⅠチャネルとQチャネルのベースバンド信号の極性が同時に変化せず，OQPSK変調波の位相が変化する場合には，必ず □ C □ の位相変化を生じることになるため，信号点軌跡は原点を通らない．

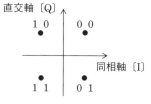

■図 **2.29** QPSK の信号点配置

	A	B	C
1	$\pi/4$	1シンボル長	$\pm\pi/4$
2	$\pi/2$	1シンボル長の半分	$\pm\pi/2$
3	$\pi/2$	1シンボル長	$\pm\pi/4$
4	π	1シンボル長の半分	$\pm\pi/2$
5	π	1シンボル長	$\pm\pi/4$

答え▶▶▶ 4

出題傾向 下線の部分を穴埋めの字句とした問題も出題されています．

問題 ⑩ ★★ ➡2.2.5

次の記述は，図 **2.30** に示す移動通信等に用いられる π/4 シフト QPSK（4PSK）変調器の構成例について述べたものである．　　　内に入れるべき字句を下の番号から選べ．ただし，同じ記号の　　　内には，同じ字句が入るものとする．

(1) 入力のデジタル信号 a_k を直列／並列変換器によって 2 ビットの符号系列に変換し，差動符号化を行った値によって位相回転を与え，直交変調を行った後，　ア　器で　ア　して出力する．

(2) 位相の回転量 θ〔rad〕は，直列／並列変換器の出力 X_k および Y_k の値の組合せによって表に示すように与えられる．一つ前のシンボルの位相を φ_{k-1} とすると，次のシンボルの位相 φ_k は，$\varphi_k = \varphi_{k-1} + \theta$〔rad〕で表され，信号点配置図上の信号点の数は　イ　である．

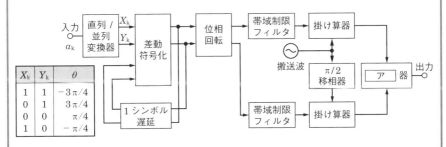

■図 **2.30**

(3) 信号点間を推移するとき，零点を通過　ウ　ので，QPSK に比べて変調器出力の包絡線の変動が　エ　．

(4) 情報の伝送効率は，原理的に　オ　と同等である．

1　する	2　加算	3　QPSK	4　4個	5　小さい
6　しない	7　掛け算	8　8PSK	9　8個	10　大きい

答え▶▶▶ア－2，イ－9，ウ－6，エ－5，オ－3

問題 ⑪ ★★　　　　　　　　　　　　　　　➡ 2.2.6

　次の記述は，BPSK や QAM 変調方式における帯域制限の原理について述べたものである．　　　内に入れるべき字句の正しい組合せを下の番号から選べ．ただし，**図 2.31** および**図 2.32** の横軸の正規化周波数 f_T は，周波数 f [Hz] を $1/T$ [Hz] で正規化したものである．また，図 2.31 の縦軸の正規化振幅は，$|G(f)/T|$ を表す．

(1) 図 2.31 のパルスの高さ 1，シンボル周期を T [s] とする矩形波のベースバンドデジタル信号 $g(t)$ のスペクトル $G(f)$ は，フーリエ変換により次式で表される．

$$G(f) = \int_{-\infty}^{\infty} g(t) e^{-j2\pi ft} \, dt = T \times \boxed{\text{A}}$$

(2) (1) のフーリエ変換した正規化振幅（$|G(f)/T|$）は，図 2.32 に示す形状で周波数 0 Hz を中心として無限に広がる．よって，この $g(t)$ で搬送波を変調すると同じスペクトル形状で帯域が広がるため，帯域制限が必要になる．

(3) $g(t)$ をフィルタを用いて帯域制限し，シンボル間干渉を生じないようにするためには，フィルタのインパルス応答がシンボル周期 T [s] の整数倍の時刻ごとにゼロクロスしなければならない．

(4) (3) の基準を満足するロールオフフィルタは，**図 2.33** に示すような特性を有し，ロールオフファクタ α は，$0 \leq \alpha \leq 1$ の値をとる．ロールオフフィルタの出力の周波数帯域幅は，α が $\boxed{\text{B}}$ ほど狭くなる．

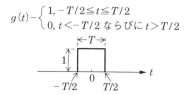

$$g(t) = \begin{cases} 1, & -T/2 \leq t \leq T/2 \\ 0, & t < -T/2 \text{ ならびに } t > T/2 \end{cases}$$

■図 2.31　ベースバンドデジタル信号 $g(t)$

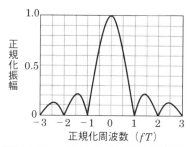

正規化振幅

正規化周波数 (fT)

■図 2.32　$g(t)$ のスペクトル（絶対値）

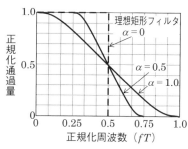

正規化通過量

理想矩形フィルタ
$\alpha = 0$

$\alpha = 0.5$
$\alpha = 1.0$

正規化周波数 (fT)

■図 2.33　ロールオフフィルタの特性

(5) 無線伝送では，$g(t)$ をロールオフフィルタで帯域制限した信号で搬送波を線形変調するので，その周波数帯域幅は， C 〔Hz〕となる.

	A	B	C
1	$\dfrac{\pi fT}{\sin \pi fT}$	大きい	$\dfrac{1+\alpha}{2T}$
2	$\dfrac{\pi fT}{\sin \pi fT}$	小さい	$\dfrac{1+\alpha}{2T}$
3	$\dfrac{\sin \pi fT}{\pi fT}$	大きい	$\dfrac{1+\alpha}{T}$
4	$\dfrac{\sin \pi fT}{\pi fT}$	小さい	$\dfrac{1+\alpha}{T}$
5	$\dfrac{\sin \pi fT}{\pi fT}$	小さい	$\dfrac{1+\alpha}{2T}$

解説 (1) 図 2.31 の関数をフーリエ変換すると図 2.32 が得られ，次式で表されます．ここで，関数 $g(t)$ は $g(t)=1$ $(-T/2 \leqq t \leqq T/2)$ となります．

$$G(f) = \int_{-\infty}^{\infty} g(t) e^{-j2\pi ft}\, dt = \int_{-\frac{T}{2}}^{\frac{T}{2}} e^{-j2\pi ft}\, dt = \left[\frac{e^{-j2\pi ft}}{-j2\pi f} \right]_{-\frac{T}{2}}^{\frac{T}{2}} = \frac{1}{j2\pi f} \left(e^{j\pi fT} - e^{-j\pi fT} \right)$$

$$= \frac{1}{j2\pi f} \cdot j2 \sin(\pi fT) = \frac{1}{\pi f} \sin(\pi fT)$$

$$= T \times \frac{\boldsymbol{\sin(\pi fT)}}{\boldsymbol{\pi fT}}$$

$\cdots\cdots\cdots\cdots\cdots\cdots\cdots\cdots\cdots\cdots\cdots\cdots\cdots\cdots\cdots\cdots\cdots\cdots$ A の答え

$\dfrac{\sin(\pi fT)}{\pi fT}$ は sinc 関数（標本化関数）といいます．

(2) 無限に広がるスペクトルを制限するためのフィルタが必要になります．

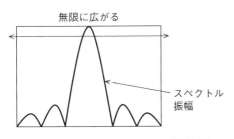

無限に広がる

スペクトル振幅

フーリエ変換の基本的性質を知っておくと良い.

■図 2.34 $g(t)$ のスペクトル（絶対値）

（4）図 2.33 のロールオフフィルタの α が小さいと周波数に対して急しゅんに変化します．出力の周波数帯域幅は，ロールオフ率 α が **小さい**ほど狭くなります．フィルタ

　 ↑ ······································· B の答え

の特性は正規化周波数に対して対数となり，**図 2.35** に示すようになります．

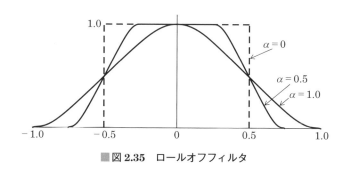

■図 2.35　ロールオフフィルタ

（5）帯域制限された信号で搬送波を線形変調すると，周波数帯域幅は，$\dfrac{1+\alpha}{T}$ となります．

　 C の答え ·················· ↑

答え▶▶▶ 4

問題 12 ★★★　　　　　　　　　　　　　　　 ➡ 2.2.6　➡ 2.2.7

　図 2.36，図 2.37 に示すように BPSK および 16QAM 変調方式の信号点間距離を等しく d として，それぞれ同一の伝送路を通して受信したとき，理論的に 16QAM と BPSK の搬送周波数帯における信号対雑音電力比 C/N〔dB〕の差の値として，最も近いものを下の番号から選べ．ただし，両方式の雑音電力 N は等しく，各信号点は，等確率で発生するものとし，$\log_{10} 2 = 0.3$ とする．

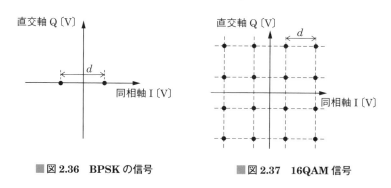

■図 2.36　BPSK の信号　　　　　■図 2.37　16QAM 信号

1 14〔dB〕   2 10〔dB〕   3 7〔dB〕   4 5〔dB〕   5 3〔dB〕

解説　C/N〔dB〕の差は平均電力の比に等しいので，それぞれの方式による平均電力を求めます．また平均電力は，それぞれの信号点配置の実効値の2乗から求まります．図2.36からBPSKの1シンボルあたりの平均電力P_Bは，原点からの信号点までの距離（振幅）が$d/2$なので

$$P_B = \left(\frac{1}{\sqrt{2}}\frac{d}{2}\right)^2 = \frac{d^2}{8} \qquad ①$$

図2.38より原点Oからの各信号点A，B，C，Dまでの距離（振幅）は

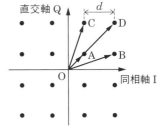

■図2.38

$$V_{OA} = \sqrt{\left(\frac{d}{2}\right)^2 + \left(\frac{d}{2}\right)^2} = \sqrt{\frac{d^2}{2}} = \frac{\sqrt{2}}{2}d \qquad ②$$

$$V_{OB} = \sqrt{\left(\frac{3}{2}d\right)^2 + \left(\frac{d}{2}\right)^2} = \frac{\sqrt{10}}{2}d \qquad ③$$

$$V_{OC} = \sqrt{\left(\frac{d}{2}\right)^2 + \left(\frac{3}{2}d\right)^2} = \frac{\sqrt{10}}{2}d$$

$$④$$

$$V_{OD} = \sqrt{\left(\frac{3}{2}d\right)^2 + \left(\frac{3}{2}d\right)^2} = \sqrt{\frac{9d^2}{2}} = \frac{3\sqrt{2}}{2}d \qquad ⑤$$

したがって，16QAMの1シンボルあたりの平均電力P_{QAM}は

$$P_{QAM} = \frac{\left(\frac{1}{\sqrt{2}}\frac{\sqrt{2}}{2}d\right)^2 + \left(\frac{1}{\sqrt{2}}\frac{\sqrt{10}}{2}d\right)^2 + \left(\frac{1}{\sqrt{2}}\frac{\sqrt{10}}{2}d\right)^2 + \left(\frac{1}{\sqrt{2}}\frac{3\sqrt{2}}{2}d\right)^2}{4}$$

$$= \frac{10}{8}d^2 \qquad ⑥$$

式②，③から，C/Nの差は次式となります．

$$10\log_{10}\left(\frac{\frac{10d^2}{8}}{\frac{d^2}{8}}\right) = \mathbf{10 〔dB〕}$$

答え▶▶▶2

2.3 デジタル復調

- 基準搬送波再生回路は常に変化する入力搬送波と位相の同期をとり，基準搬送波を出力する回路
- 同期検波と遅延検波

2.3.1 BPSK 波復調の原理

(1) 同期検波

BPSK 波の復調方式のうち，同期検波の構成図を**図 2.39** に示します．同期検波は受信 BPSK 波に基準搬送波（受信波に同期した搬送波）を掛け合わせて復調出力を得ることができます．

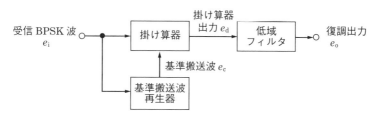

■図 2.39　BPSK 波復調器（同期検波）

搬送波再生回路は，受信 BPSK 波 e_i〔V〕より基準搬送波 e_c〔V〕を作り出します．

$$e_i = E_i \sin(\omega t + \varphi)\ \text{〔V〕} \qquad (2.5)$$

$$e_c = E_c \sin \omega t\ \text{〔V〕} \qquad (2.6)$$

三角関数の公式
$$\sin(A + B) = \sin A \cos B + \cos A \sin B$$
$$\sin^2 A = \frac{1}{2}(1 - \cos 2A)$$
$$\sin A \cos A = \frac{1}{2}\sin 2A$$

掛け算器では受信 BPSK 波 e_i〔V〕と基準搬送波 e_c〔V〕の変調積が得られます．掛け算器出力 e_d は，次式で表されます．

$$
\begin{aligned}
e_d &= E_i \sin(\omega t + \varphi) \times E_c \sin \omega t \\
&= E_i E_c (\sin \omega t \cos \varphi + \cos \omega t \sin \varphi) \sin \omega t \\
&= E_i E_c (\sin^2 \omega t \cos \varphi + \sin \omega t \cos \omega t \sin \varphi) \qquad (2.7) \\
&= \frac{E_i E_c}{2}(1 - \cos 2\omega t)\cos \varphi + \frac{E_i E_c}{2}\sin 2\omega t \underset{\longrightarrow\ 0}{\underline{\sin \varphi}}\ \text{〔V〕}
\end{aligned}
$$

BPSK では φ は 0 または π の値をとるので $\sin \varphi = 0$ となります．また，低域フィルタにより，2ω は通過しません．

よって，復調出力 e_o〔V〕は次式で表されます．

$$e_\mathrm{o} = \frac{E_\mathrm{i}E_\mathrm{c}}{2} \cos \varphi \ (\mathrm{V}) \tag{2.8}$$

それぞれの部分での信号の様子を**図2.40**に示します.

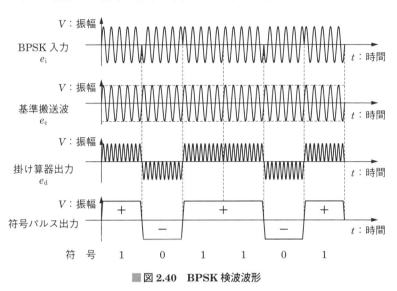

■**図2.40　BPSK検波波形**

(2) 基準搬送波再生回路

　基準搬送波再生回路とは，常に変化する入力搬送波と位相の同期をとり，基準搬送波を出力する回路です．**図2.41**に基準搬送波再生回路の構成図を示します.

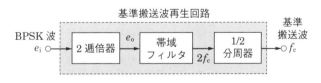

■**図2.41　基準搬送波再生回路**

　入力の BPSK 波 e_i〔V〕は，次式で表されます（ただし，e_i〔V〕の振幅を 1〔V〕，搬送波の周波数を f_c〔Hz〕，2 値符号 $s(t)$ は符号が "0" のとき 0，"1" のとき 1 の値をとり，搬送波と同期しているものとします）.

$$e_\mathrm{i} = \cos \{2\pi f_\mathrm{c} + \pi s(t)\} \ (\mathrm{V}) \tag{2.9}$$

　e_i〔V〕をダイオードなどの 2 乗特性を用いた 2 逓倍器で 2 乗すると，その出

力 e_o〔V〕は次式で表されます（2逓倍器の利得は1とします）.

$$e_o = e_i^2 = \cos^2\{2\pi f_c t + \pi s(t)\}$$

$$= \frac{1}{2} + \frac{1}{2} \times \cos[2 \times \{2\pi f_c t + \pi s(t)\}]$$

$$= \frac{1}{2} + \frac{1}{2} \times \cos\{2\pi(2f_c)t + 2\pi s(t)\} \tag{2.10}$$

式（2.10）において，$s(t)$が0または1の値をとるとe_o〔V〕の位相は0または2πとなり，位相が変化しないた

三角関数の公式
$$\cos 2A = 1 - 2\sin^2 A$$
$$= 1 - 2(1 - \cos^2 A) = 2\cos^2 A - 1$$
$$\cos^2 A = \frac{1}{2} + \frac{1}{2}\cos 2A$$

め e_o〔V〕の波形は $s(t)$ の値に依存しません.

(3) 遅延検波

図 **2.42** に遅延検波の原理を示します．遅延検波方式は，**DPSK信号を復調し ます**．この方式は受信信号を基準としますので，基準搬送波再生回路を必要とし ません．その基準信号には，**1シンボル前の受信信号**を用います．同期検波より 構成が容易ですが，遅延波に雑音が加わるため，**ビット誤り率が同期検波より少 し大きくなります**．BPSK信号を $A\cos(\omega_c t + \varphi_n)$（$A$：振幅，$\omega_c$：搬送波の角 周波数，$\varphi_n$：位相値）とすると，1シンボル遅延している信号は，振幅を1とす ると $\cos(\omega_c t + \varphi_{n-1})$ となります.

乗算器の出力では以下の信号が現れます.

$$A\cos(\omega_c t + \varphi_n) \times \cos(\omega_c t + \varphi_{n-1}) =$$

$$\frac{A}{2}\cos(\varphi_n - \varphi_{n-1}) + \frac{A}{2}\cos(2\omega_c t + \varphi_n + \varphi_{n-1})$$

$$\cos\alpha\cos\beta = \frac{1}{2}\{\cos(\alpha+\beta) + \cos(\alpha-\beta)\}$$

この出力をLPFで$2\omega_c$成分を除去すると

$$\frac{A}{2}\cos(\varphi_n - \varphi_{n-1}) = \frac{A}{2}\cos\Delta\varphi$$

が残ります．$\Delta\varphi$ は0またはπとなるので，その出力は1または-1となります． これを識別器で1，0に対応して出力します.

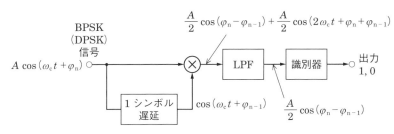

■図 2.42　遅延検波

2.3.2　QPSK 波の復調

QPSK 復調器の構成例を**図 2.43** に示します.

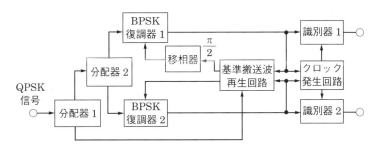

■図 2.43　**QPSK 復調器**

　入力された QPSK 信号は, 分配器 1, 2 で分配され, BPSK 復調器 1 および 2 に加わります. BPSK 復調器 1 には, QPSK 信号および位相が $\pi/2$ 〔rad〕異なる基準搬送波が加えられ, BPSK 復調器 2 には, QPSK 信号および基準搬送波が加えられます. 各復調器は, 加えられた二つの信号を掛け算し, 両者の位相差に対応した振幅の信号パルスを出力します.

　この構成例の基準搬送波再生回路には逆変調方式が用いられており, 逆変調方式では分配器 1 からの QPSK 信号を BPSK 復調器 1 および 2 から出力された信号パルスで位相変調し, 基準搬送波を得ます.

　識別器 1 および 2 は, BPSK 復調器 1 および 2 から出力された信号パルスの振幅の大小を判定し, その結果に応じて 2 系列符号を出力します.

　他にクロックパルスの 1 周期内で検波器の出力信号を積分して, その積分値

により識別する積分検出法もあります.

図 **2.44** はもう一つの QPSK 復調器の原理図です.出力を同相成分（I）と直交成分（Q）とするために信号を分け,それぞれに $\cos \omega t$, $-\sin \omega t$ をかけます.

$$\cos (\omega t + \theta (t)) \times \cos \omega t = \frac{1}{2} \{\cos \theta (t) + \cos (2\omega t + \theta (t))\}$$

$$\cos (\omega t + \theta (t)) \times (-\sin \omega t) = \frac{1}{2} \{\sin \theta (t) - \sin (2\omega t + \theta (t))\}$$

低域フィルタで 2ω 成分を除去すると

$$\cos \alpha \times (-\sin \beta) = \frac{1}{2} \{\sin (\alpha - \beta) - \sin (\alpha + \beta)\}$$

同相成分：$\dfrac{1}{2} \cos \theta (t)$

直交成分：$\dfrac{1}{2} \sin \theta (t)$

が出力されます.$\theta (t)$ は搬送波の位相で,例えば,$\dfrac{\pi}{4}$, $\dfrac{3}{4}\pi$, $\dfrac{5}{4}\pi$, $\dfrac{7}{4}\pi$ 〔rad〕をとります.

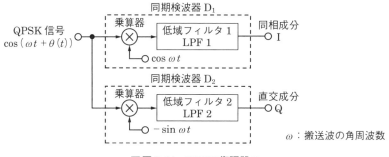

■図 **2.44**　QPSK 復調器 2

2.3.3　16 値 QAM 波の復調

16 値 QAM 復調器の構成を**図 2.45** に示します.

入力された 16QAM 信号は,分配器で分配され,BPSK 復調器 1 および 2 に加わります.BPSK 復調器 1 には,QAM 信号および位相が $\pi/2$〔rad〕異なる

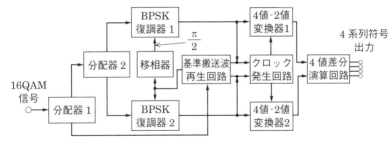

■図 2.45　16 値 QAM 復調器

基準搬送波が加えられ，BPSK 復調器 2 には，QAM 信号および基準搬送波が加えられます．各復調器より得られた信号波は，4 値の値を持ちます．この信号を 4 値-2 値変換器でそれぞれ 2 系列に分離し，4 系列の符号出力を得ます．

2.3.4　包絡線

1.2.1 で搬送波の包絡線についてふれましたが，PSK 信号（振幅が一定の変調波）は位相（符号）が変わるときに瞬間的に包絡線の大きさが変化します（**図 2.46**）．

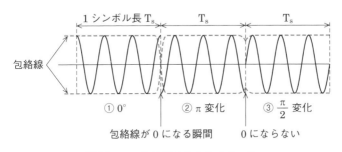

■図 2.46　包絡線の変化のイメージ

①の状態から位相が π（180°）変化して②の状態になります．このとき，瞬間的に包絡線が 0 となります．

②の状態から位相が π/2（90°）変化したときには，包絡線は 0 になりません．包絡線の変化は信号配置図で符号が偏移したときに零点（原点）を通過すると

きに最も大きくなり，信号が不安定となる一因となります．それを防ぐために，OQPSK や π/4 シフト QPSK などが用いられます（2.2.5 参照）．

問題 13 ★★★　　　　　　　　　　　　　　　　　　→ 2.3.1

　次の記述は，**図 2.47** に示す BPSK（2PSK）復調器の構成例について述べたものである．□□□内に入れるべき字句の正しい組合せを下の番号から選べ．ただし，BPSK 波を $A \sin(\omega t + \varphi)$〔V〕，基準搬送波を $B \sin \omega t$〔V〕で表すものとし，ω〔rad/s〕は BPSK 波および基準搬送波の角周波数，A〔V〕および B〔V〕はそれぞれ BPSK 波および基準搬送波の振幅とする．また，φ は BPSK 波が伝送するデジタル信号に対応して 0〔rad〕または π〔rad〕の値をとるものとする．

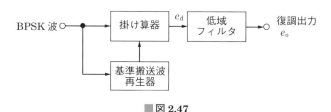

■**図 2.47**

(1) 基準搬送波再生器に用いられる逓倍方式は，入力の BPSK 波の位相の変化に対し，□ A □した出力の位相が常に同相になることを利用して位相が一定な基準搬送波を得る方式である．

(2) 掛け算器で BPSK 波を□ B □して得た出力 e_d の高周波成分の角周波数は，2ω〔rad/s〕であり，これを低域フィルタで除去したときの復調出力 e_o は，（□ C □）× $\cos \varphi$〔V〕で表される．

	A	B	C
1	2 逓倍	同期検波	AB
2	2 逓倍	同期検波	$AB/2$
3	2 逓倍	遅延検波	AB
4	3 逓倍	同期検波	AB
5	3 逓倍	遅延検波	$AB/2$

答え▶▶▶ 2

問題 14 ★★　　　　　　　　　　　　　　　　　　　　→ 2.3.1

　次の記述は，BPSK（2PSK）信号の復調（検波）方式である遅延検波方式について述べたものである．□□□□内に入れるべき字句の正しい組合せを下の番号から選べ．

(1) 遅延検波方式は，基準搬送波再生回路を必要としない復調方式であり，1シンボル□A□の変調されている搬送波を基準搬送波として位相差を検出する．

(2) 遅延検波方式は，送信側において必ず□B□符号化を行わなければならない．

(3) 遅延検波方式は，受信信号をそのまま基準搬送波として用いるので，基準搬送波も情報信号と同程度に雑音で劣化させられており，理論特性上，同じ C/N に対してビット誤り率の値が同期検波方式に比べて□C□．

	A	B	C
1	前	帯域分割	大きい
2	前	差動	大きい
3	後	差動	小さい
4	後	帯域分割	小さい
5	後	帯域分割	大きい

答え▶▶▶ 2

出題傾向　誤っている選択肢を答える問題も出題されています．

問題 15 ★★★　　　　　　　　　　　　　　　　　　→ 2.3.1

　BPSK信号の復調（検波）方式である遅延検波方式に関する次の記述のうち，誤っているものを下の番号から選べ．

1　遅延検波方式は，送信側において必ず差動符号化を行わなければならない．

2　遅延検波方式は，基準搬送波再生回路を必要としない復調方式である．

3　遅延検波方式は，1シンボル後の変調されていない搬送波を基準搬送波として位相差を検出する方式である．

4　遅延検波方式は，理論特性上，同じ C/N に対してビット誤り率の値が同期検波方式に比べて大きい．

5　遅延検波方式は，受信信号をそのまま基準搬送波として用いるので，基準搬送波も情報信号と同程度に雑音で劣化している．

解説 誤っている選択肢は次のようになります.

3 遅延検波方式は，1 シンボル**前**の**変調されている搬送波**を基準搬送波として位相差を検出する方式である.

答え▶▶▶ 3

問題 16 ★★ ➡ 2.3.1

次の記述は，**図 2.48** に示す BPSK 復調器に用いられる基準搬送波再生回路の原理的な構成例において，基準搬送波の再生等について述べたものである. ☐内に入れるべき字句を下の番号から選べ. なお，同じ記号の ☐内には，同じ字句が入るものとする.

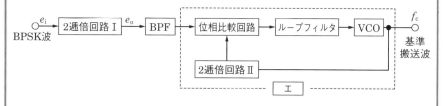

■図 2.48

(1) 入力の BPSK 波 e_i は，次式で表される. ただし，e_i の振幅を 1〔V〕，搬送波の周波数を f_c〔Hz〕とする. また，2 値符号 $s(t)$ はデジタル信号が "0" のとき 0，"1" のとき 1 の値をとる.

$$e_i = \cos\{2\pi f_c t + \pi s(t)\}〔V〕 \quad\cdots\cdots\cdots\cdots\cdots【1】$$

(2) 式【1】の e_i を 2 逓倍回路 I で 2 乗すると，その出力 e_o は，次式で表される. ただし，2 逓倍回路 I の利得は 1（真数）とする.

$$e_o = \frac{1}{2} + \frac{1}{2} \times \cos\{2\pi(2f_c)t + \boxed{\text{ア}}\}〔V〕 \quad\cdots\cdots\cdots\cdots【2】$$

(3) 式【2】から，e_i を 2 逓倍回路 I で 2 乗することによって e_i の位相がデジタル信号に応じて $\boxed{\text{イ}}$ しても，同相になることがわかる.

(4) 2 逓倍回路 I の出力には，直流成分や雑音成分が含まれているので，帯域フィルタ（BPF）で $\boxed{\text{ウ}}$〔Hz〕の成分のみを取り出し，位相比較回路などで構成された $\boxed{\text{エ}}$ を用いることによって，きれいな基準搬送波が再生される.

(5) 原理的に，2 逓倍回路 I および II を $\boxed{\text{オ}}$ 逓倍回路に置き換えれば，QPSK 波の基準搬送波再生回路の構成例とすることができる.

| 1 | $\pi s(t)$ | 2 | $\pi/2$〔rad〕変化 | 3 | π〔rad〕変化 | 4 | f_c | 5 | 4 |
| 6 | $2\pi s(t)$ | 7 | PLL | 8 | AFC | 9 | $2f_c$ | 10 | 5 |

解説 図 2.41 の 1/2 分周器に **PLL**（Phased Locked Loop）を用いた構成です．出力

.... エ の答え

信号波 e_o〔V〕は，入力信号波 e_i〔V〕の 2 乗なので次式で表されます．

$$e_o = e_i{}^2 = \cos^2\{2\pi f_c t + \pi s(t)\}$$

$$= \frac{1}{2} \times [1 + \cos[2 \times \{2\pi f_c t + \pi s(t)\}]]$$

$$\cos^2\alpha = \frac{1}{2}(1 + \cos 2\alpha)$$

$$= \frac{1}{2} + \frac{1}{2} \times \cos\{2\pi(2f_c)t + \mathbf{2\pi s(t)}\}\ [\mathrm{V}]$$

.... ア の答え

$\pi s(t)$ は，π〔rad〕または 0〔rad〕の値をとるので逆位相となり，$2\pi s(t)$ は，2π〔rad〕または 0〔rad〕の値をとるので常に同相になります．

BPSK は，位相変化は π〔rad〕となり，この構成では e_i の位相がディジタル信号に応じて **π〔rad〕変化** しても同相となります．

.... イ の答え

BPF を用いて直流成分や雑音成分を除去して **$2f_c$** 成分のみを取り出します．

.... ウ の答え

答え ▶▶▶ アー 6，イー 3，ウー 9，エー 7，オー 5

出題傾向 下線の部分を穴埋めの字句とした問題も出題されています．

問題 17 ★★　　　　　　　　　　　　　　　　　　　　→ 2.3.1

次の記述は，検波の基本的な過程について述べたものである．　　　内に入れるべき字句の正しい組合せを下の番号から選べ．

(1) 振幅変化 $E_0(t)$ と位相変化 $\varphi_0(t)$ を同時に受けている被変調波 $s_0(t)$ は，無変調時の $s_0(t)$ の振幅を 1，初期位相を 0 および高周波成分の角周波数を ω_c とすると，$s_0(t) = E_0(t) = \cos\{\omega_c t + \varphi_0(t)\}$ と表される．ここで，高周波成分 ω_c の変化を除去し，$E_0(t)$ を直接検波するのが　A　検波であるが，実際に検出されるのは $|E_0(t)|$ である．

(2) 同期検波を行って $E_0(t)$ または $\varphi_0(t)$ をベースバンド信号として取り出すには，最初に，$s_0(t)$ に対して角周波数 ω_c が等しく，位相差 θ_s が既知の搬送波 $s_s(t) = \cos(\omega_c t + \theta_s)$ を掛け合わせる．その積は，$s_0(t) \times s_s(t) = $ 　B　となる．

(3) ここで，高周波成分を除去すると，同期検波後の出力は，振幅変化分 $E_0(t)$ および両信号の位相差　C　の余弦に比例することになる．位相変調成分がなく $\varphi_0(t) = 0$ のとき，出力は　D　に比例する．すなわち，$s_s(t)$ が $s_0(t)$ と同相 $(\theta_s = 0)$ のとき最大となり，逆に直角位相 $(\theta_s = \pi/2)$ の関係にあるとき 0 となる．

	A	B	C	D
1	FM	$\dfrac{1}{2}E_0(t)[\cos\{\theta_s - \varphi_0(t)\}$ $+ \cos\{\omega_c t + \theta_s + \varphi_0(t)\}]$	$\theta_s - \varphi_0(t)$	$E_0(t)\cos\theta_s$
2	FM	$\dfrac{1}{2}E_0(t)[\cos\{\omega_c t - \varphi_0(t)\}$ $+ \cos\{2\omega_c t + \theta_s + \varphi_0(t)\}]$	$\omega_c t - \varphi_0(t)$	$E_0(t)\cos\omega_c t$
3	包絡線	$\dfrac{1}{2}E_0(t)[\cos\{\theta_s - \varphi_0(t)\}$ $+ \cos\{\omega_c t + \theta_s + \varphi_0(t)\}]$	$\theta_s - \varphi_0(t)$	$E_0(t)\cos\theta_s$
4	包絡線	$\dfrac{1}{2}E_0(t)[\cos\{\theta_s - \varphi_0(t)\}$ $+ \cos\{2\omega_c t + \theta_s + \varphi_0(t)\}]$	$\theta_s - \varphi_0(t)$	$E_0(t)\cos\theta_s$
5	包絡線	$\dfrac{1}{2}E_0(t)[\cos\{\omega_c t - \varphi_0(t)\}$ $+ \cos\{2\omega_c t + \theta_s + \varphi_0(t)\}]$	$\omega_c t - \varphi_0(t)$	$E_0(t)\cos\omega_c t$

解説 搬送波 $s_s(t)$ と被変調波 $s_0(t)$ の積を求めると

$$s_s(t) \times s_0(t) = \cos\{\omega_c t + \theta_s\} \times E_0(t) \cos\{\omega_c t + \varphi_0(t)\}$$

$$= \frac{1}{2} E_0(t) [\cos[(\omega_c t + \theta_s) - \{\omega_c t + \varphi_0(t)\}] + \cos[(\omega_c t + \theta_s) + \{\omega_c t + \varphi_0(t)\}]]$$

$$= \frac{1}{2} E_0(t) [\cos\{\theta_s - \varphi_0(t)\} + \cos\{2\omega_c t + \theta_s + \varphi_0(t)\}] \blacktriangleleft \cdots \boxed{B} \text{の答え}$$

$2\omega_c$ の高調波成分を除去すると，同期検波後の出力は，$(1/2)\,E_0(t)\cos\{\theta_s - \varphi_0(t)\}$ となるので，$E_0(t)$ および $\cos\{\theta_s - \varphi_0(t)\}$ に比例します．また，$\varphi_0(t) = 0$ のとき，出力は $\boldsymbol{E_0(t)\cos\theta_s}$ に比例します． $\cdots\cdots\cdots\cdots\cdots \boxed{C}$ の答え

$\boxed{D}$ の答え

答え▶▶▶ 4

出題傾向 下線の部分は，ほかの試験問題で穴埋めの字句として出題されています．

問題 18 ★★★ → 2.3.2

次の記述は，**図 2.49** に示すデジタル通信に用いられる QPSK（4PSK）復調器の原理的構成例について述べたものである．□□□内に入れるべき字句の正しい組合せを下の番号から選べ．なお，同じ記号の□□□内には，同じ字句が入るものとする．

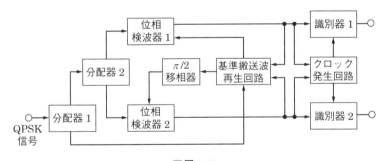

■**図 2.49**

(1) 位相検波器 1 および 2 は，「QPSK 信号」と「基準搬送波」および「QPSK 信号」と「基準搬送波と位相が π/2 異なる信号」をそれぞれ　A　し，両者の位相差を出力させるものである．

(2) 基準搬送波再生回路に用いられる搬送波再生方法の一つである逆変調方式は，例えば位相検波器 1 および 2 の出力を用いて，QPSK 信号を送信側と逆方向に　B　変調することによって，情報による　B　の変化を除去し，　B　が元の搬送波と同じ波を得るものである．

(3) 識別器 1 および 2 に用いられる符号の識別方法には，位相検波器 1 および 2 の出力のパルスのピークにおける瞬時値によって符号を識別する瞬時検出方式の他，クロックパルスの　C　周期内で検波器出力信号波を積分して，その積分値により識別する積分検出法もある．

	A	B	C
1	足し算	振幅	1
2	足し算	振幅	4
3	足し算	位相	4
4	掛け算	位相	1
5	掛け算	位相	4

解説　(1) 位相検波器は，sin 関数で表される信号波と基準搬送波とを**掛け算**します．
A の答え

このとき sin 関数の積の動作をしますが，三角関数の積は，和と差に変換することができるので，sin 波の位相差を出力することができます．

(2) 逆変調方式では，分配器 1 からの QPSK 信号を BPSK 復調器 1 および 2 から出力された信号パルスで**位相**変調して基準搬送波を得ます．
B の答え

(3) クロックパルスの **1** 周期内で検波器出力信号波を積分して，その値から識別する方法が積分検出法です．
C の答え

答え▶▶▶ 4

→ 2.3.2

問題 19 ★★★

次の記述は，**図 2.50** に示す同期検波器を用いた 4 相 PSK（QPSK）波の復調器の動作原理について述べたものである．_____内に入れるべき字句の正しい組合せを下の番号から選べ．ただし，ω〔rad/s〕は搬送波の角周波数とする．なお，同じ記号の_____内には，同じ字句が入るものとする．

(1) 符号により変調された搬送波の位相 $\theta(t)$ が $\pi/4$，$3\pi/4$，$5\pi/4$，$7\pi/4$〔rad〕と変化する QPSK 波 $\cos(\omega t + \theta(t))$〔V〕を D_1 および D_2 の乗算器に加えるとともに，別に再生した二つの復調用信号 $\cos\omega t$〔V〕および ☐ A ☐〔V〕をそれぞれ D_1 および D_2 の乗算器に加えて同期検波を行う．

(2) D_1 において，低域フィルタ 1 は，QPSK 波の位相が $\pi/4$，$7\pi/4$〔rad〕のとき正，$3\pi/4$，$5\pi/4$〔rad〕のとき負の信号を出力する．また，D_2 において，低域フィルタ 2 は，QPSK 波の位相が ☐ B ☐〔rad〕のとき正，☐ C ☐〔rad〕のとき負の信号を出力する．したがって，同相成分および直交成分それぞれの正負を判断して QPSK 波の位相を判定することができる．

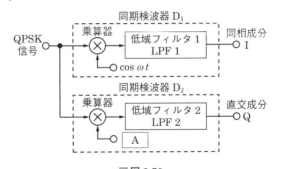

■図 2.50

	A	B	C
1	$-\sin\omega t$	$\pi/4$，$5\pi/4$	$3\pi/4$，$7\pi/4$
2	$-\sin\omega t$	$3\pi/4$，$7\pi/4$	$\pi/4$，$5\pi/4$
3	$-\sin\omega t$	$\pi/4$，$3\pi/4$	$5\pi/4$，$7\pi/4$
4	$-\cos\omega t$	$\pi/4$，$7\pi/4$	$3\pi/4$，$5\pi/4$
5	$-\cos\omega t$	$3\pi/4$，$5\pi/4$	$\pi/4$，$7\pi/4$

解説 QPSK 波の復調に同期検波器を用いるとき，二つの同期検波器 D_1，D_2 に入力の搬送波と同じ周波数で，かつ位相が $\pi/2$〔rad〕異なる復調用搬送波と QPSK 波を加

えて復調します．D_1 に加える復調用信号が $\cos \omega t$〔V〕なので，D_2 に加える復調信号は $\pi/2$〔rad〕位相が異なります．よって，**$-\sin \omega t$〔V〕**になります．

$\boxed{\text{A}}$ の答え

入力 QPSK 波と復調用信号が同期検波器 D_2 に加わったとき，出力 e_Q〔V〕は次式で表されます．

$$e_Q = \cos\{\omega t + \theta(t)\} \times (-\sin \omega t)$$

$$= -\frac{1}{2}\left[\sin\{\omega t + \theta(t) + \omega t\} - \sin\{\omega t + \theta(t) - \omega t\}\right]$$

$$= -\frac{1}{2}\sin\{2\omega t + \theta(t)\} + \frac{1}{2}\sin\{\theta(t)\} \text{〔V〕} \tag{①}$$

式①の第 1 項は搬送波の 2 倍の高調波成分なので低域フィルタ 2 を通らないため出力されません．第 2 項の直流パルス成分が低域フィルタ 2 を通って出力されます．

表 2.5 に θ と各成分の対応を示します．

■表 2.5 　θ と同相，直交成分の対応

θ	$\cos \theta$	$\sin \theta$	D_1 同相 (I)	D_2 直交 (Q)
$\dfrac{\pi}{4}$	$\dfrac{1}{\sqrt{2}}$	$\dfrac{1}{\sqrt{2}}$	$+$	$+$
$\dfrac{3\pi}{4}$	$-\dfrac{1}{\sqrt{2}}$	$\dfrac{1}{\sqrt{2}}$	$-$	$+$
$\dfrac{5\pi}{4}$	$-\dfrac{1}{\sqrt{2}}$	$-\dfrac{1}{\sqrt{2}}$	$-$	$-$
$\dfrac{7\pi}{4}$	$\dfrac{1}{\sqrt{2}}$	$-\dfrac{1}{\sqrt{2}}$	$+$	$-$

$\boxed{\text{B}}$ の答え

$\boxed{\text{C}}$ の答え

答え▶▶▶ 3

数学の公式 $\quad \cos A \sin B = \dfrac{1}{2}\{\sin(A+B) - \sin(A-B)\}$

2.4 伝送品質と評価

- 符号誤り率は誤って受信される符号数の全符号数に対する割合
- アイパターンは，伝送波形のひずみを総合的に評価することができる

2.4.1 誤り率

符号伝送において発生する雑音などによって，伝送波形がくずれて受信側で符号の判別を誤ることを**符号誤り**といいます．数値的な評価の方法として，符号誤り率が用いられ，誤った受信符号数を R_E，伝送した全符号数を A_R とすると，符号誤り率 P は次式で表されます．

$$P = \frac{R_E}{A_R} \tag{2.11}$$

符号列を伝送したとき，誤って受信される符号数の全符号数に対する割合を**符号誤り率**といい，符号列に2値符号を用いたときの符号誤り率を**ビット誤り率**といいます．誤った受信ビット数を R_{EB}，伝送した全ビット数を A_{RB} とすると，ビット誤り率 BER は次式で表されます．

$$BER = \frac{R_{EB}}{A_{RB}} \tag{2.12}$$

2.4.2 符号間干渉

送信側からパルス信号を送信しても伝送路上でひずみが加わると，近接しているパルスに影響を与えて，信号の識別が困難になる現象が発生します．これを**符号間干渉**といいます．

2.4.3 ジッタ

伝送途中で雑音などにより受信される信号波形がひずみ，その波形が再生中継器へ入るとパルス周期や幅が変動する現象が発生します．これを**ジッタ**といいます．

ランダムジッタは，熱雑音など再生中継器ごとに発生し，中継数を n とする

とランダムジッタの総電力は，再生中継器1段当たりに発生するランダムジッタの電力のほぼ $\sqrt{n}$ 倍になります．

パターンジッタは，符号間干渉およびタイミングのずれなどが相互に関係して発生し，中継数を n とするとパターンジッタの総電力は，再生中継器1段あたりに発生するパターンジッタの電力のほぼ **n 倍**になります．

2.4.4 アイパターン

アイパターンとは，オシロスコープ上に複数のパルス波形を重ね合わせたもので，波形のひずみを総合的に評価する方法のことをいいます．アイパターンの例を**図2.51**に示します．パルス波形のひずみが少なく，良好な波形の場合は，アイの開きが大きくなります．

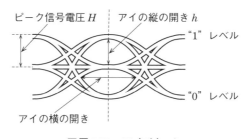

ピーク信号電圧 H　アイの縦の開き h　"1" レベル　"0" レベル　アイの横の開き

■図2.51　アイパターン

図2.51において，アイの縦の開きは，信号レベルの低下や伝送路の周波数特性が変化することによる符号間干渉に対する余裕の度合いを表します．横の開きは，クロック信号の統計的なゆらぎ（ジッタ）などによるタイミング劣化に対する余裕の度合いを表します．

2.4.5 確率密度関数

雑音の瞬時振幅が確率的に**図2.52**に示すようなガウス分布（正規分布）に従う雑音を**ガウス雑音**といいます．ランダムな現象のほとんどすべてに関係し，確率密度 $p(x)$ は標準偏差（分散）を σ として，次式で与えられます．

$$p(x) = \frac{1}{\sqrt{2\pi\sigma^2}} e^{-\frac{x^2}{2\sigma^2}} \tag{2.13}$$

また，ガウス分布に従って，x の値が a 以下となるような確率変数 X の確率は以下の式となります．

$$P(x \leq a) = \int_{-\infty}^{a} \frac{1}{\sqrt{2\pi\sigma^2}} e^{-\frac{x^2}{2\sigma^2}} \tag{2.14}$$

式（2.14）の積分は数値的に解きます．

$$誤差関数 \quad \mathrm{erf}(x) = \frac{2}{\sqrt{\pi}} \int_0^x e^{-t^2} dt \tag{2.15}$$

$$誤差補関数 \quad \mathrm{erfc}(x) = \frac{2}{\sqrt{\pi}} \int_x^{\infty} e^{-t^2} dt = 1 - \mathrm{erf}(x) \tag{2.16}$$

を導入すると

$$P(x \leq a) = \frac{1}{2} + \frac{1}{2}\mathrm{erf}\left(\frac{a}{\sqrt{2\sigma^2}}\right) = 1 - \frac{1}{2}\mathrm{erfc}\left(\frac{a}{\sqrt{2\sigma^2}}\right) \tag{2.17}$$

と表すことができます．

PCM 通信方式の 2 値をとる通信路では，**図 2.53** のような確率密度になります．

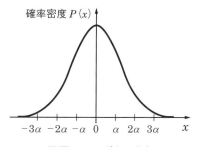

■図2.52　ガウス分布

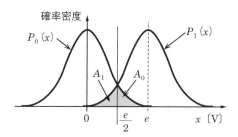

■図2.53　2値の確率密度

ここでは，符号が 0 のとき 0〔V〕で，確率密度は $P_0(x)$，符号が 1 のとき e〔V〕で確率密度を $P_1(x)$ としています．

信号の識別点を $x = e/2$〔V〕とした場合，符号が誤って識別される確率は A_0，A_1 の部分に生起確率をかけた値の和となります．つまり，信号が "0" であるが，"1" とされる場合（A_0）と信号が "1" であるのに "0" とされてしまう確率（A_1）で，A_0 と A_1 が生じる確率（生起確率）がそれぞれ P_0，P_1 であれば，符号誤り

率 P は次式で与えられます.

$$P = A_0 P_0 + A_1 P_1 \qquad (2.18)$$

問題 ⑳ ★★ ➡2.4.3

　次の記述は，パルス符号変調（PCM）信号を n 段の再生中継器で中継したとき
に生じるジッタの電力について述べたものである．　□□□内に入れるべき字句の
正しい組合せを下の番号から選べ．ただし，再生中継器の特性および再生中継器間
の伝送路の特性はそれぞれ同一とする.

(1) 雑音によるジッタ（ランダムジッタ）は，熱雑音などにより再生中継器ごとに
　　発生し，n 段中継したときのランダムジッタの総電力は，再生中継器 1 段当たり
　　のランダムジッタの電力のほぼ　□A□　倍になる.

(2) 組織ジッタ（パターンジッタ）は，符号間干渉およびタイミングのずれなどが
　　相互に関係して発生し，n 段中継したときのパターンジッタの総電力は，再生中
　　継器 1 段当たりのパターンジッタの電力のほぼ　□B□　倍になる.

	A	B
1	n	$\sqrt{n}$
2	n	n
3	$\sqrt{n}$	n^2
4	$\sqrt{n}$	n
5	$\sqrt{n}$	$\sqrt{n}$

答え▶▶▶ 4

問題 ㉑ ★★ ➡2.4.4

　次の記述は，デジタル信号が伝送路な
どで受ける波形劣化を観測するためのア
イパターンについて述べたものである．
このうち誤っているものを下の番号から
選べ．ただし，**図 2.54** は，帯域制限さ
れたベースバンド信号のアイパターンの
一例を示す.

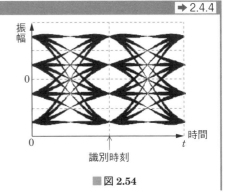

■図 2.54

1 アイパターンは，伝送路などで受ける波形劣化を観測することができる．
2 アイパターンを観測することにより，情報の誤り訂正の符号化率を知ることができる．
3 アイパターンの横の開き具合は，クロック信号の統計的なゆらぎ（ジッタ）等による識別タイミングの劣化に対する余裕を表している．
4 図は，4値の伝送波形のアイパターンの一例を示している．
5 図のアイパターンの横軸の時間の長さ t は，2シンボル時間である．

解説 2 アイパターンの観測では，情報の誤り訂正の符号化率は知ることはできません．

> アイパターンはパルス信号の波形を重ね合わせたもので，波形のひずみを総合的に評価する方法のことをいう．

答え▶▶▶ 2

問題 22 ★★★　　　　　　　　　　　　　　　　　　　　　➡ 2.4.4

図2.55に一例を示すデジタル信号が伝送路などで受ける波形劣化を観測するためのアイパターンの原理に関する次の記述のうち，誤っているものを下の番号から選べ．

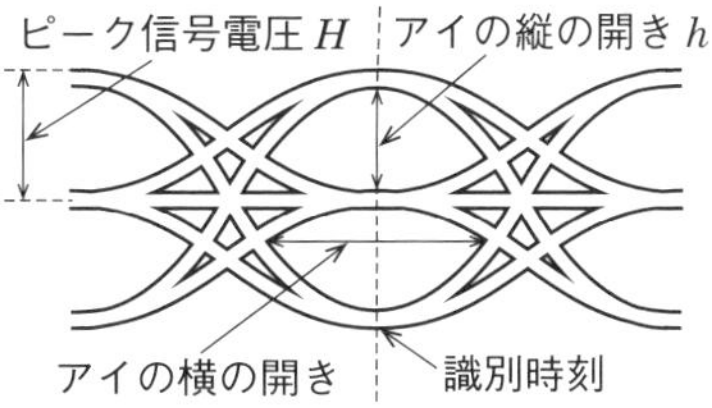

1 アイパターンは，パルス列の繰返し周波数（クロック周波数）に同期させて，識別器直前のパルス波形を重ねて，オシロスコープ上に描かせたものである．

ピーク信号電圧 H　アイの縦の開き h

アイの横の開き　識別時刻

■図 2.55

2 アイパターンには，雑音や波形ひずみなどにより影響を受けたパルス波形が重ね合わされている．
3 アイパターンにおけるアイの横の開き具合は，信号のレベルが減少したり伝送路の周波数特性が変化することによる符号間干渉に対する余裕の度合いを表している．
4 アイパターンにおけるアイの縦の開き具合は，パルス信号の雑音に対する余裕の度合いを表している．
5 識別時刻におけるアイの縦の開き h とピーク信号電圧 H から等価的な S/N 劣化量を求めることができる．

解説 誤っている選択肢を正すと次のようになります.

3 アイパターンにおけるアイの横の開き具合は，**クロック信号の統計的なゆらぎ（ジッタ）などによるタイミング劣化**に対する余裕の度合いを表している.

答え▶▶▶3

関連知識 *S/N* 劣化量

S/N 劣化量 L_{dB} は，アイの縦の開き h とピーク信号電圧 H から求められ，次式で表されます.

$$L_{dB} = 20 \log_{10} \frac{h}{H} \tag{2.30}$$

問題 23 ★★　　　　　　　　　　　　　　　　　　➡ 2.4.4

　図 **2.56** に一例を示すデジタル信号が伝送路などで受ける波形劣化を観測するためのアイパターンの原理について述べたものである. このうち正しいものを1, 誤っているものを2として解答せよ.

ア　アイパターンは，パルス列の繰返し周波数（クロック周波数）に同期させて，識別器直前のパルス波形を重ねて，オシロスコープ上に描かせたものである.

イ　アイパターンには，雑音や波形ひずみ等により影響を受けたパルス波形が重ね合わされている.

ウ　アイパターンにおけるアイの横の開き具合は，信号のレベルが減少したり伝送路の周波数特性が変化することによる符号間干渉に対する余裕の度合いを表している.

エ　アイパターンにおけるアイの縦の開き具合は，クロック信号の統計的なゆらぎ（ジッタ）等によるタイミング劣化に対する余裕の度合いを表している.

オ　アイパターンを観測することにより受信信号の雑音に対する余裕（マージン）を知ることができる.

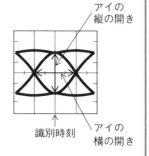

■図 2.56

（図中ラベル：アイの縦の開き／識別時刻／アイの横の開き）

解説 誤っている選択肢を正すと次のようになります.

ウ　アイパターンにおけるアイの**縦**の開き具合は，信号のレベルが減少したり伝送路の周波数特性が変化することによる符号間干渉に対する余裕の度合いを表している.

エ　アイパターンにおけるアイの**横**の開き具合は，クロック信号の統計的なゆらぎ（ジッタ）等によるタイミング劣化に対する余裕の度合いを表している．

答え▶▶▶ア－1，イ－1，ウ－2，エ－2，オ－1

問題 24 ★★　　　　　　　　　　　　　　　　　　　　　　　➡ 2.4.5

　次の記述は，雑音が重畳している BPSK 信号を理想的に同期検波したときに発生するビット誤り等について述べたものである．□□□内に入れるべき字句の正しい組合せを下の番号から選べ．ただし，BPSK 信号を識別する識別回路において，図 2.57 のように符号が "0" のときの平均振幅値を A 〔V〕，"1" のときの平均振幅値を $-A$ 〔V〕として，分散が σ^2 〔W〕で表されるガウス分布の雑音がそれぞれの信号に重畳しているとき，符号が "0" のときの振幅 x の確率密度を表す関数を $P_0(x)$，"1" のときの振幅 x の確率密度を表す関数を $P_1(x)$ およびビット誤り率を P とする．

(1) 図 2.57 に示すように，雑音がそれぞれの信号に重畳しているときの振幅の正負によって，符号が "0" か "1" かを判定するものとするとき，ビット誤り率 P は，符号 "0" と "1" が現れる確率を $1/2$ ずつとすれば，判定点（$x = 0$〔V〕）からはみ出す面積 P_0 および P_1 により次式から算出できる．

$$P = (1/2) \times (\boxed{\text{A}})$$

(2) 誤差補関数（erfc）を用いると P は，$P = (1/2) \times \{\mathrm{erfc}(A/\sqrt{2\sigma^2})\}$ で表せる．同式中の（$A/\sqrt{2\sigma^2}$）は，$\{\sqrt{A^2/(2\sigma^2)}\}$ であり，A^2 と σ^2 は，それぞれベースバンドにおける信号電力と雑音電力であるから，それらの比である SNR（真数）を用いて $\{\sqrt{A^2/(2\sigma^2)}\}$ を表すと，（$\sqrt{SNR/2}$）となる．

　また，この SNR を搬送波周波数帯における搬送波電力と雑音電力の比である CNR と比較すると理論的に CNR の方が□□B□□〔dB〕低い値となる．

	A	B
1	$P_0 \times P_1$	6
2	$P_0 \times P_1$	3
3	$P_0 + P_1$	9
4	$P_0 + P_1$	6
5	$P_0 + P_1$	3

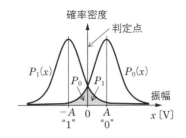

■図 2.57

解説 ビット誤り率 P は，符号 "0" または "1" の識別点を超える確率が占める面積の和 $P_0 + P_1$ の 1/2 （生起確率）で表されます.

▲ ┈┈┈┈┈┈┈┈┈┈┈┈┈┈┈ **A** の答え

BPSK 信号波の SNR は，信号電力 A^2 と雑音電力 σ^2 より次式で表されます.

$$SNR = \frac{A^2}{\sigma^2}\ (定義式)$$

最大値が A〔V〕の搬送波の実効値は $A/\sqrt{2}$ で表されるので，**搬送波電力**と**雑音電力の比**を表す CNR は，次式で表されます.

$$CNR = \frac{A^2}{(\sqrt{2})^2 \sigma^2} = \frac{SNR}{2}$$

デシベルで表すと，CNR は SNR より **3〔dB〕**低い値となります.

▲ ┈┈┈┈┈ **B** の答え

答え ▶▶▶ 5

出題傾向 下線の部分は，ほかの試験問題で穴埋めの字句として出題されています.

問題 25 ★★ ➡ 2.4.5

　パルス符号変調（PCM）通信方式の再生中継器などで，等化波形を識別再生するときの符号誤り率の値として，正しいものを下の番号から選べ.

　ただし，等化波形の振幅 x は，符号が "0" のとき 0〔V〕，"1" のとき e〔V〕の値をとり，かつ，それぞれに平均値が 0 V および分散が σ_2〔W〕のガウス分布の雑音が重畳しているものとし，符号 "0" および "1" の生起確率はともに 0.5 とする.

　また，符号が "0" のときの x の確率密度関数を $P_0(x)$，"1" のときの x の確率密度関数を $P_1(x)$ とすると，$P_0(x)$ および $P_1(x)$ は，**図 2.58** に示すように分布し，信号の識別点を $x = e/2$〔V〕としたときの，$P_0(x)$ と x 軸および直線 $x = e/2$ とで囲まれた部分の面積 A_0 ならびに $P_1(x)$ と x 軸および直線 $x = e/2$ で囲まれた部分の面積 A_1 は，ともに 0.01 とする.

1　0.01

2　0.02

3　0.05

4　0.07

5　0.1

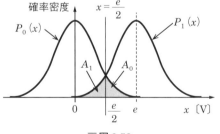

■図 2.58

解説 符号誤り率は，"0" または "1" の識別点を超える確率が占める面積の和（図 2.58 の網かけ部分）で表されます.

条件より，符号 "0" および "1" の生起確率は $P_0 = P_1 = 0.5$，網かけ部分の面積は $A_0 = A_1 = 0.01$ となり，符号誤り率 P は次式によって求めることができます.

$$P = A_0 P_0 + A_1 P_1 = 0.01 \times 0.5 + 0.01 \times 0.5 = \mathbf{0.01}$$

答え▶▶▶ 1

2章

問題 26 ★★★ ➡ 2.4.1 ➡ 2.4.5

次の記述は，各種デジタル変調方式の理論的な C/N 対 BER 特性（同期検波）等について述べたものである. 図 **2.59** の①～⑤に示す特性のうち，QPSK，8PSK および 16QAM の特性の組合せとして，正しいものを下の番号から選べ. ただし，当該特性はフェージングの影響がなく加法性白色ガウス雑音のみが存在する伝搬環境を想定したものである. また，$\log_{10} 2 = 0.3$ とする.

(1) QPSK で，$BER = 1 \times 10^{-5}$ を達成するための所要 C/N は，約 12.6 〔dB〕である.

(2) 8PSK は，BPSK に比べて，同一の伝送路において，$BER = 1 \times 10^{-8}$ を得るのに約 8.3 〔dB〕高い送信電力が必要である.

(3) 誤差補関数を用いた式として，C/N をパラメータとした BPSK の BER は，$(1/2) \operatorname{erfc}(\sqrt{C/N})$，QPSK の BER は，$(1/2) \operatorname{erfc}\left(\sqrt{(C/N)/2}\right)$ で表せる.

(4) 16QAM で，$BER = 1 \times 10^{-8}$ を達成するための所要 E_{b}/N_0（ビットエネルギー対雑音電力密度比）は，約 15.9 〔dB〕である.

(5) 16QAM における C/N と E_{b}/N_0 の関係は，$C/N = 4 E_{\mathrm{b}}/N_0$ である.

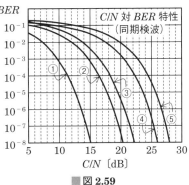

■図 2.59

	QPSK	8PSK	16QAM
1	②	③	④
2	②	④	⑤
3	①	③	④
4	①	②	④
5	①	②	③

解説 図 2.59 に（1）の条件を当てはめると，縦軸の $BER = 1 \times 10^{-5}$ と横軸の C/N ≒ 12.6〔dB〕の点を通る曲線は①なので，①は QPSK の特性です.

（3）の条件より QPSK の BER は BPSK に比較して C/N が 1/2 となるので，同じ BER を達成するためには，BPSK は QPSK より C/N が $10 \log_{10}(1/2) = -3$〔dB〕低くてよいことになります. $BER = 1 \times 10^{-8}$ の QPSK の C/N は図 2.59 より約 15〔dB〕なので，BPSK の C/N は $15 - 3 = 12$〔dB〕となり，（2）の条件より $12 + 8.3 = 20.3$〔dB〕の点を通る曲線の②が 8PSK の特性です.

（4）と（5）の条件より，16QAM の C/N は E_b/N_0 の 4 倍なので $10 \log_{10} 4 = \log_{10} 2^2 = 6$〔dB〕大きい値となるので，$BER = 1 \times 10^{-8}$ を達成するための所要 C/N は，15.9 $+ 6 = 21.9$〔dB〕となります. よって，この値を通る曲線の③が 16QAM の特性です.

答え ▶ ▶ ▶ 5

2.5 符号の誤り検出と誤り訂正

> !要点 ● パリティチェックにより符号誤りを検出して訂正する

2.5.1 誤り検出と誤り訂正の原理

誤り訂正のシステムを**図 2.60** に示します.

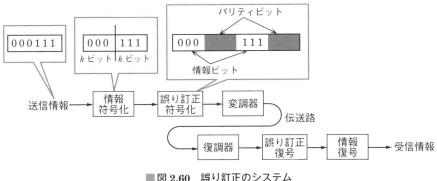

■図 2.60 誤り訂正のシステム

情報符号化では,デジタル信号列を k ビットごとのブロックに区切り,それぞれのブロックを**情報ベクトル**といいます.

誤り訂正符号化では,情報ベクトルに $(n - k)$ ビットの冗長ビットを付け,長さ n ビットの符号語を作ります.情報の部分を**情報ビット**,冗長ビットを**パリティビット**といい,n を**符号長**といいます.受信側ではパリティビットをチェックすることで,誤りを見つけ訂正することができます.

2.5.2 パリティチェックによる誤り検出

パリティチェックとは符号列の偶奇性をチェックする符号誤り検出方式です.

符号列に 1 ビット(0 か 1)を加え,常に偶数か奇数になるようにしてチェックを行います.1 のビット数が偶数になる方式を偶数パリティ,奇数になる方式を奇数パリティといいます.

偶数パリティの例

正しく送受信された場合

受信側：１０００１**０**…1の数が偶数個→正しい

「1」が「0」になってしまった場合

受信側：００００１**０**…1の数が奇数個→誤り

2.5.3 巡回冗長検査符号（CRC）方式

　ビット列のデータを生成多項式で割り，その余りをチェックビットとして情報ビットに付加して送信する方式です．受信側では受信したデータを同じ生成多項式で割り，余りがなければ誤りなしと判断します．

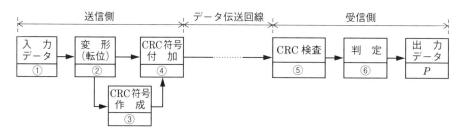

■図2.61　巡回冗長検査符号（CRC）方式

　CRC方式は次のような手順になります．

① 入力データを P とします．

② P に生成多項式 G の**最高次**の項 x^h を掛けます．$(P' = P \times x^h)$

③ ②のデータを生成多項式 G で割り，**剰余** r を求めます．$\left(\dfrac{P'}{G} = Q \cdots 余り\ r \right)$

④ ②のデータ P' に③のデータ r を付加し伝送します．$(P' + r)$

⑤ 受信したデータを G で割ります．$\left(\dfrac{P' + r}{G} \right)$

⑥ ⑤の結果，余りがなければ良好，余りがあれば不良と判断します．

　このように，演算操作が受信側の割り算だけでよいため，論理回路で割り算回路を構成するシフトレジスタによって処理が可能となります．

問題 27 ★★★　　　　　　　　　　　　　　　　　　　　➡ 2.5.1

次の記述は，**図 2.62** に示す誤り訂正符号を用いたデジタル信号の伝送系の構成例について述べたものである．　□□□内に入れるべき字句を下の番号から選べ．

(1) 送信側では，音声，映像，データ等の送信情報は，情報源符号化回路によりデジタル信号に変換される．このデジタル信号系列を k ビットごとのブロックに区切り，それぞれのブロックを次式で表される情報ベクトル i とする．

$$i = (i_1, \ i_2, \ \cdots i_k) \ \cdots\cdots\cdots\cdots\cdots\cdots\cdots\cdots\cdots\cdots\cdots\cdots \, 【1】$$

次に，誤り訂正符号化回路によって，情報ベクトル i に $n - k$ ビットの　ア　を付加し，次式で示される長さ n ビットの符号語 c を作り，変調器で変調して伝送路に送る．

$$c = (i_1, \ i_2, \ \cdots i_k, \ p_1, \ p_2, \ \cdots p_{n-k}) \ \cdots\cdots\cdots\cdots\cdots\cdots\cdots \, 【2】$$

(2) 式【2】の $i_1, \ i_2, \ \cdots i_k$ を情報ビット，$p_1, \ p_2, \ \cdots p_{n-k}$ を検査ビット（パリティビット），n を符号長，k/n を　イ　という．情報ビットは任意に選ぶことが　ウ　，検査ビットは情報ビットの関数として定まるので，符号語 c の個数 M は全部で $M =$ 　エ　個存在する．この M 個の符号語の集合 $C = (c_1, \ c_2, \ \cdots c_M)$ を符号（code）と呼ぶ．

(3) 受信側では，伝送された符号語 c に誤りの加わった受信語 r が復調され，誤り訂正復号回路に入力される．誤り訂正復号回路は，r をもとに実際に送られた符号語が符号語の集合 $C = (c_1, \ c_2, \ \cdots c_M)$ のうちのどれかを推定し，r の　オ　から送信された情報ベクトル i の推定値 i' を求め，情報源復号回路に出力する．

■図 2.62

1	n	2	2^k	3	2^{n-k}	4	圧縮率	5	冗長ビット
6	でき	7	できず	8	符号化率	9	情報ビット	10	可変長ビット

答え▶▶▶ア－5，イ－8，ウ－6，エ－2，オ－9

問題 28 ★★★　　　　　　　　　　　　　　　　　　　➡2.5.3

　次の記述は，**図2.63**に示す移動通信などのデータ伝送の誤り制御方式の一つである自動再送要求（ARQ）に用いる巡回冗長検査符号（CRC）方式の手順について述べたものである． ▢ 内に入れるべき字句を下の番号から選べ．ただし，生成多項式を G とする．なお，同じ記号の ▢ 内には，同じ字句が入るものとする．

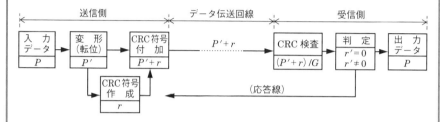

■図2.63

(1) 送信側の入力データ P を変形したデータ P' は，P に G の ▢ア▢ の項を掛けたものである．

(2) 送信側の CRC 符号 r は， ▢イ▢ で割ったときの ▢ウ▢ であり，これを P' に付加した $P'+r$ を表すデータのビット列を作り伝送する．

(3) 受信側で CRC 検査を行って得た符号 r' は，伝送されてきた $P'+r$ を送信側と同じ生成多項式 G で割ったときの ▢ウ▢ である．

(4) 受信側では，伝送された符号が， ▢エ▢ であれば良好，そうでなければ不良と判定し，送信側に応答する．

(5) CRC 方式は，受信側の演算操作が割り算だけでよく， ▢オ▢ を用いて容易に処理することができる．

　1　最低次　　　2　商　　　3　シフトレジスタ　　　4　$r'=0$　　　5　P' を G

　6　最高次　　　7　剰余　　　8　カウンタ　　　　　9　$r'\neq0$　　　10　G を P'

解説　入力側で作られた符号 $P'+r$ は，生成多項式 G で割ると必ず割り切れます．データ伝送回線で誤りが発生すると，割り切れないので余り（剰余）が生じます．

答え▶▶▶アー6，イー5，ウー7，エー4，オー3

問題 29 ★★★　　　　　　　　　　　　　　　　→ 2.5.3

次の記述は，デジタル信号の伝送時に用いられる符号誤り訂正等について述べたものである．□□□内に入れるべき字句を下の番号から選べ．

(1) 帯域圧縮などの情報源符号化処理により，デジタル信号に変換された映像，音声，データ等の送信情報を伝送する場合，他の信号の干渉，熱雑音，帯域制限及び非線形などの影響により，信号を構成する符号の伝送誤りが発生し，デジタル信号の情報が正しく伝送できないことがある．このため，送信側では，　ア　により誤り制御符号としてデジタル信号に適当なビット数のデータ（冗長ビット）を付加し，受信側の　イ　ではそれを用いて，誤りを訂正あるいは検出するという方法がとられる．

(2) 伝送するデジタル信号系列を k ビットごとのブロックに区切り，それぞれのブロックを $\boldsymbol{i}=(i_1, i_2, \cdots i_k)$ とすると，符号器では，$\boldsymbol{i}$ に $(n-k)$ ビットの冗長ビットを付加して長さ n ビットの符号語 $\boldsymbol{c}=(i_1, i_2, \cdots i_k, p_1, p_2, \cdots p_{n-k})$ をつくる．ここで，$i_1, i_2, \cdots i_k$ を情報ビット，$p_1, p_2, \cdots p_{n-k}$ を誤り検査ビット（チェックビット）と呼び，n を符号長，　ウ　を符号化率という．また，チェックビットは，情報ビットの関数として定まり，あるブロックのチェックビットが　エ　関数として定まる符号をブロック符号，　オ　関数として定まる符号を畳み込み符号と呼ぶ．

1　直交変調器　　　　2　復号器　　　　　　3　$(n-k)/n$
4　同じブロックの情報ビットだけの　　5　符号器　　　6　直交検波器
7　k/n　　　　　8　過去にわたる複数の情報ビットの
9　ナイキストフィルタの伝達　　　　10　伝送路の伝達

答え▶▶▶ア－5，イ－2，ウ－7，エ－4，オ－8

出題傾向　下線の部分を穴埋めの字句とした問題も出題されています．

2.6 ビット誤り率の測定

 ● 測定には疑似ランダムパターンを用いる

　ビット誤り率の測定は，受信パルスと送信パルスを比較し，一致していない部分の数を計数します．

2.6.1 近端測定

　PCM回線のビット誤り率測定で，被測定系の送受信装置が同じ場所にある場合（近端測定）の構成図を**図 2.64**に示します．

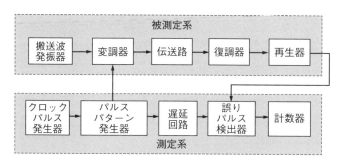

■図 2.64　ビット誤り率測定（近端測定）

　測定方法は，クロックパルス発生器でパルスパターン発生器を駆動させ，発生させたパルスを被測定系の変調器に加えます．また，遅延線を通し，被測定系の伝送時間に相当する分を遅らせ，誤りパルス検出器に加えます．誤りパルス検出器では二つのパルス列を比較し，計数器で誤り率を計数して表示します．

2.6.2 遠端測定

　PCM 回線のビット誤り率測定で，被測定系の送受信装置が離れている場合（遠端測定）の構成図を**図 2.65** に示します．

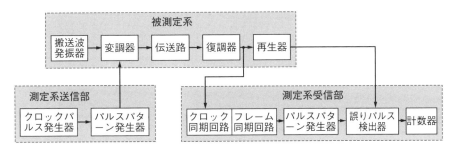

■図 2.65　ビット誤り率（遠端測定）

（1）測定系送信部

　パルスパターン発生器の出力を被測定系の変調器に加えます．

（2）測定系受信部

　受信パルス列から抽出したクロックパルスと同期したパルスでパルスパターン発生器を駆動します．

　誤りパルス検出器に，被測定系再生器の出力パルス列とパルスパターン発生器の出力パルス列を加え，二つのパルス列を比較して各パルスの極性の一致または不一致を検出し，計数表示器に送り単位時間当たりの誤りパルスを測定します．

測定に用いるパルスパターンは，擬似ランダムパターンが用いられる．乱数ではなく，計算によって求められる擬似乱数．

問題 30 ★★　　　　　　　　　　　　　　　→ 2.6.2

　次の記述は，図 2.66 に示すデジタル無線回線のビット誤り率測定の構成例において，被測定系の変調器と復調器とが伝送路を介して離れている場合の測定法について述べたものである．□□□内に入れるべき字句の正しい組合せを下の番号から選べ．

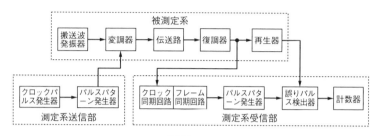

■図 2.66

(1) 測定系送信部は，クロックパルス発生器からのパルスにより制御されたパルスパターン発生器出力を，被測定系の変調器に加える．測定に用いるパルスパターンとしては，実際の符号伝送を近似し，伝送路および伝送装置のあらゆる応答を測定するため，伝送周波数帯全域で測定でき，かつ，遠隔測定でも再現できるように　A　パターンを用いる．

(2) 測定系受信部は，測定系送信部と　B　パルスパターン発生器を持ち，被測定系の復調器出力の　C　から抽出したクロックパルスおよびフレームパルスと同期したパルス列を出力する．誤りパルス検出器は，このパルス列と被測定系の再生器出力のパルス列とを比較し，各パルスの極性の一致又は不一致を検出して計数器に送り，ビット誤り率を測定する．

	A	B	C
1	擬似ランダム	同一の	受信パルス列
2	擬似ランダム	異なる	副搬送波
3	擬似ランダム	異なる	受信パルス列
4	ランダム	異なる	受信パルス列
5	ランダム	同一の	副搬送波

答え▶▶▶ 1

　下線の部分は，ほかの試験問題で穴埋めの字句として出題されています．

送　信　機

3章と4章から　**2~3**問　出題

【合格へのワンポイントアドバイス】

この分野は，アナログ送信機に関する内容が出題されます．近年，問題数が減ってきていますが，同じような問題が繰り返して出題されますので，確実に解答できるように学習してください．

3.1 AM 送信機

> **要点**
> ● DSB 送信機は終段に C 級増幅を用いるので電力効率が良い
> ● SSB 送信機は終段に B 級または AB 級増幅を用いる

3.1.1 DSB 送信機

DSB（Double Side Band）**送信機**は，中波および短波の放送用送信機などに使用され，DSB 送信機の構成図は**図 3.1** となります.

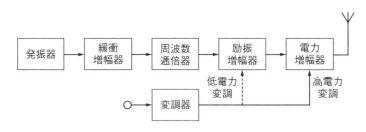

■図 3.1 DSB 送信機の構成

(1) 発振器

温度・湿度や機械的な振動，電源電圧の変動を受けても周波数に変化が生じない高い安定性が要求されるため，一般に水晶発振回路が用いられます.

(2) 緩衝増幅器

後段の影響により，発振器の発振周波数の変動を防ぐために用いられます. また，発振器の負荷を軽くするように，発振器と緩衝増幅器との結合は疎に結合させます.

段間の結合は静電容量またはインダクタンスで結合させる. 疎結合は結合量が小さい.

(3) 周波数逓倍器

発振器で発振した搬送波を，所要の送信周波数まで整数倍する増幅器です. 周波数逓倍器は，搬送波を C 級増幅の非直線回路で増幅し，出力側の共振回路で高調波成分を取り出します.

(4) 励振増幅器

周波数逓倍器の出力の搬送波を終段の電力増幅器を効率よく動作させるために十分な電力まで増幅します.

（5）電力増幅器

　送信機全体の電力効率を左右する部分で，所要の空中線電力を得るための電力増幅回路です．

（6）変調器

　信号波によって搬送波を変調する回

高電力変調は終段で変調するので，大きな変調電力が必要となるが，終段に C 級増幅を用いることができるので，電力効率が高い．低電力変調では変調電力は小さいが，終段を B 級動作とするため電力効率が低い．

3
章

路です．変調に必要な電力まで信号波を増幅する低周波増幅回路が用いられます．

3.1.2　SSB 送信機

SSB（Single Side Band）**送信機**の構成図を**図 3.2** に示します．

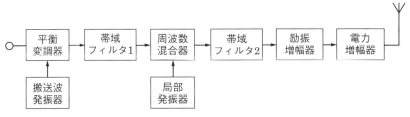

■図 3.2　SSB 送信機の構成

（1）平衡変調器

　音声信号と搬送波発振器出力から搬送波を抑圧した DSB の被変調波を作ります（**図 3.3**）．

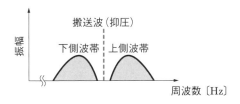

■図 3.3　DSB 波のスペクトル（搬送波抑圧）

（2）帯域フィルタ 1

　平衡変調器で作られた上側波帯および下側波帯のいずれか一方を通過させて，SSB の被変調波を作ります（**図 3.4**）．

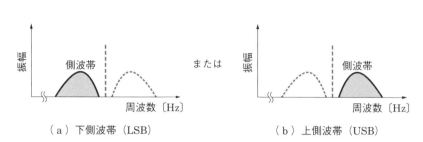

（a）下側波帯（LSB）　　　　　　（b）上側波帯（USB）

■図3.4　SSB

（3）周波数混合器

局部発振器出力と帯域フィルタ1の出力を混合して，帯域フィルタ2を通して**所要の送信周波数に変換します**．

（4）電力増幅器

変調された被変調波の包絡線にひずみが発生するので，周波数逓倍は用いられない．また，電力増幅器にC級増幅は用いられない．

所要の送信電力まで増幅します．増幅器の動作点は B 級または AB 級で動作させます．

3.1.3　デジタル処理型 AM 送信機

デジタル処理型 AM 送信機は MOS - FET を使用した電力増幅器を用い，電力効率を向上させています．デジタル処理型 AM 送信機の構成図を**図3.5**に示します．

■図3.5　デジタル処理型 AM 送信機の構成

音声信号は無変調時の**出力電力**を決めている直流成分と加算され，A/D 変換器でデジタル信号に変換し，多数の固体化電力増幅器の ON/OFF 制御を行います．電力加算部では多数の固体化電力増幅器の出力を合成し，BPF を通り振幅変調波が出力されます．

図 3.5 を詳しく構成した原理図を**図 3.6** に示します.

エンコーダと，同一の電力増幅器 PA-1 ～ PA-15 が図 3.5 の電力増幅器の制御部にあたります．エンコーダは入力 4 ビットの "0" と "1" に従い，電力増幅器 PA-1 ～ PA-15 の ON・OFF を制御します．4 ビットデータ中 "0000" のときは出力がありませんので，15 台の電力増幅器で構成されます．無変調時の送信電力は加算されている直流成分で決定されます．ここでは，入力された音声信号は 12 ビットの A/D 変換器の出力のうち，MSB 側の 4 ビットがエンコーダへ入力され，残りの LSB8 ビットはそのまま電力増幅器に入力されます．MSB4 ビットは大まかな振幅情報を，LSB8 ビットは細かい振幅情報を持っており，その電力増幅器出力は重みづけされたトランスを通して加算されます．その出力に BPF を通すことで振幅変調波（A3E）が送信されます.

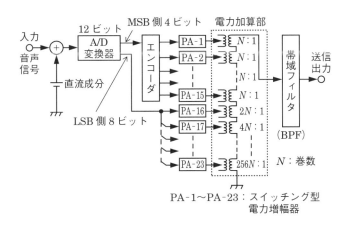

■**図 3.6　デジタル処理型 AM 送信機の原理**

3.1.4　送信機の電力効率

電力増幅器は**図 3.7** に示すように，励振部と終段部から構成されます.

ここで，電力増幅器の総合効率を η_T，励振部と終段部の電力効率をそれぞれ η_e，η_f，直流入力電力をそれぞれ P_DCe，P_DCf，終段部の利得を G_p（真数）とすると，出力電力 P_0〔W〕は次式で表されます.

$$P_0 = \eta_\mathrm{f} P_\mathrm{DCf} \text{〔W〕} \tag{3.1}$$

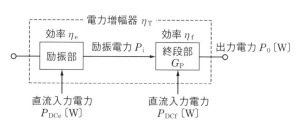

■図 3.7　電力増幅器の構成

一方，利得が G_P なので，次式で表すこともできます．

$$P_0 = G_P P_i = \eta_e G_P P_{DCe} \ \text{(W)} \tag{3.2}$$

ただし，励振電力 $P_i = \eta_e P_{DCe}$ です．

総合効率 η_T は次式で定義されます．

$$P_0 = \eta_T(P_{DCe} + P_{DCf}) \quad \text{より} \quad \eta_T = \frac{P_0}{P_{DCe} + P_{DCf}} \tag{3.3}$$

式（3.1）より $P_{DCf} = P_0/\eta_f$，式（3.2）より $P_{DCe} = P_0/\eta_e G_P$ を式（3.3）に代入すると

$$\eta_T = \frac{P_0}{P_{DCe} + P_{DCf}} = \frac{P_0}{\dfrac{P_0}{\eta_e G_P} + \dfrac{P_0}{\eta_f}} = \frac{\eta_e \eta_f G_P}{\eta_f + \eta_e G_P} \tag{3.4}$$

となります．

3.1.5　相互変調積

相互変調は送信された信号が他の無線装置（送信機・受信機）に入力されることで，回路の非線形性により生じる歪みです．非線形回路の入力 $e_i(t)$ と出力 $e_o(t)$ の関係を次式のように仮定します．

$$e_o(t) = a_1 e_i(t) + a_2\{e_i(t)\}^2 + a_3\{e_i(t)\}^3 + \cdots + \tag{3.5}$$

この回路に次の信号 $e_{i1}(t)$，$e_{i2}(t)$ の和が入力されることを考えます．

$$e_{i1}(t) = A \cos \omega_1 t \tag{3.6}$$

$$e_{i2}(t) = B \cos \omega_2 t \tag{3.7}$$

出力 $e_o(t) = a_1\{A \cos \omega_1 t + B \cos \omega_2 t\} + a_2\{A \cos \omega_1 t + B \cos \omega_2 t\}^2$

$$+ a_3\{A \cos \omega_1 t + B \cos \omega_2 t\}^3 + \cdots + \tag{3.8}$$

式 (3.8) を展開することで, 角周波数 ω_1, ω_2 の積和に関する成分が導かれます. ω_1, ω_2 を周波数 f_1, f_2 で表すと, 直流成分のほかに, 以下の成分が表れます.

基本波　f_1, f_2

2 次高調波　$2f_1$, $2f_2$ (2 成分)

基本波の和と差　$f_1 + f_2$, $f_2 - f_1$

3 次高調波　$3f_1$, $3f_2$

3 次の相互変調波　$f_1 + 2f_2$, $f_2 + 2f_1$, $2f_1 - f_2$, $2f_2 - f_1$ (4 成分)

　　　　$\vdots$

さらに高次の組合せ

このように, 回路の非線形性によって生じる $mf_1 \pm nf_2$ の成分を相互変調積といいます.

送信機どうしの相互変調について, 送信機 T_2 から送信機 T_1 へ結合している場合, それぞれの送信電力が l 〔dB〕減少すると, p 次の相互変調積の電力の減少量 d 〔dB〕は次式で与えられます.

$$d = p \times l \text{〔dB〕} \tag{3.9}$$

高次の相互変調の組合せでは, それぞれの周波数の成分の係数の和 ($m + n$) がその次数になっている.

問題 1　★★　　　　　　　　　　　　　　　　　➡ 3.1.3

次の記述は, **図 3.8** に示す構成例によるデジタル処理型の AM (A3E) 送信機の動作原理について述べたものである. 　　　内に入れるべき字句の正しい組合せを下の番号から選べ. ただし, PA - 1 ～ PA - 23 は, それぞれ同一の電力増幅器 (PA) であり, 100〔%〕変調時には, すべての PA が動作するものとし, D/A 変換の役目をする電力加算部, 帯域フィルタ (BPF) は, 理想的に動作するものとする. また, 搬送波を波形整形した矩形波の励振入力が加えられた各 PA は, デジタル信号のビット情報により制御されるものであり, MSB は最上位ビット, LSB は最下位ビットである. なお, 同じ記号の　　　内には, 同じ字句が入るものとする.

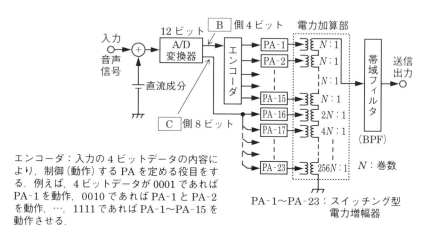

エンコーダ：入力の4ビットデータの内容により，制御（動作）するPAを定める役目をする．例えば，4ビットデータが0001であればPA-1を動作，0010であればPA-1とPA-2を動作，…，1111であればPA-1〜PA-15を動作させる．

PA-1〜PA-23：スイッチング型電力増幅器

■図3.8

(1) 入力の音声信号に印加される直流成分は，無変調時の　A　を決定する．

(2) 直流成分が印加された音声信号は，12ビットのデジタル信号に変換され，おおまかな振幅情報を表す　B　側の4ビットと細かい振幅情報を表す　C　側の8ビットに分けられる．　B　側の4ビットは，エンコーダにより符号変換され，PA-1〜PA-15に供給される．　C　側の8ビットは，符号変換しないでPA-16〜PA-23に供給される．

(3) PA-16〜PA-23の出力は，図3.8に示すように電力加算部のトランスの巻線比を変えてPAの負荷インピーダンスを変化させることにより，それぞれ1/2, 1/4, 1/8, 1/16, 1/32, 1/64, 1/128, 1/256に重み付けされ，電力加算部でPA-1〜PA-15の出力と合わせて電力加算される．その加算された出力は，BPFを通すことにより，振幅変調（A3E）された送信出力となる．

(4) 送信出力における無変調時の搬送波出力電力を400〔W〕とした場合，PA-1〜PA-15それぞれが分担する100〔%〕変調時の尖頭（ピーク）電力は，約　D　〔W〕となる．

	A	B	C	D
1	送信出力	MSB	LSB	25
2	送信出力	MSB	LSB	100
3	送信出力	LSB	MSB	25
4	電力効率	LSB	MSB	100
5	電力効率	MSB	LSB	25

解説 大まかな振幅情報は入力デジタル信号のうち **MSB** 側の上位 4 ビット，細かい振幅情報は **LSB** 側の下位 8 ビットに分けられます．⋯⋯⋯⋯⋯⋯⋯⋯ B の答え

↑⋯⋯⋯ C の答え

PA - 16 〜 PA - 23 は 1/2 から 1/256 に重み付けされているので，それらの電力の合成値 P_A は次のように表されます．

$$P_A = \frac{1}{2} + \frac{1}{4} + \frac{1}{8} + \frac{1}{16} + \frac{1}{32} + \frac{1}{64} + \frac{1}{128} + \frac{1}{256} \doteqdot 1$$

振幅変調では 100〔%〕変調時の先頭（ピーク）電圧は搬送波電圧の 2 倍となります．電圧の 2 乗と電力は比例するので，このときの尖頭電力は搬送波電力の 4 倍となります．

搬送波電力が 400〔W〕のときの尖頭電力は 1 600〔W〕となりますが，これを PA-1 〜 PA-15 までの 15 台に加えて，PA-16 〜 PA-23 の合成電力 PA が PA-1 〜 PA-15 の各 1 台分の電力 P_A を負担するので，PA-1 〜 PA-15 の 1 台分の負担は 1/16 となるので，1 600/16 = **100〔W〕** です．

↑⋯⋯⋯⋯⋯⋯⋯ D の答え

答え▶▶▶ 2

問題 2 ★★★ → 3.1.4

図 3.9 に示す電力増幅器の総合効率 η_T の値として，最も近いものを下の番号から選べ．ただし，励振部および終段部の電力効率をそれぞれ $\eta_e = P_i/P_{DCe}$ および $\eta_f = P_o/P_{DCf}$ とし，その値をそれぞれ 60〔%〕および 80〔%〕とする．また，終段部の電力利得 G_P の値を 20（真数）とする．

1 71〔%〕
2 72〔%〕
3 73〔%〕
4 74〔%〕
5 75〔%〕

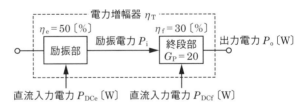

■図 3.9

解説 式（3.4）より総合的な電力効率 η_T は次式で表せます

$$\eta_T = \frac{P_o}{P_{DCe} + P_{DCf}} = \frac{P_o}{\dfrac{P_o}{\eta_e G_P} + \dfrac{P_o}{\eta_f}} = \frac{\eta_e \eta_f G_P}{\eta_f + \eta_e G_P} = \frac{0.6 \times 0.8 \times 20}{0.8 + 0.6 \times 20} = \frac{9.6}{12.8} = 0.75$$

よって，総合的な電力効率 $\eta_T = $ **75〔%〕** となります．

答え▶▶▶ 5

問題3 ★★★　　　　　　　　　　　　　　　　　　　➡3.1.5

　次の記述は, **図3.10** に示す送信機間で生ずる相互変調積について述べたものである. ☐内に入れるべき字句を下の番号から選べ. ただし, 相互変調積は, 送信周波数 f_1〔MHz〕の送信機 T_1 に, 送信周波数が f_1 よりわずかに高い f_2〔MHz〕の送信機 T_2 の電波が入り込み, T_1 で生ずるものとする. また, T_1 および T_2 の送信電力は等しく, アンテナ相互間の結合量を $1/k$ $(k > 1)$ とする.

(1) ☐ア☐ 次の相互変調積は, その周波数が T_1 の送信周波数 f_1 から十分離れているので容易に除去できる.

(2) 3 次の相互変調積の周波数成分の数は, ☐イ☐ である.

(3) f_1 の近傍に 3 次の相互変調積の成分が二つ観測されるとき, 振幅が大きいのは周波数の ☐ウ☐ の成分である.

(4) T_1 および T_2 の送信電力がそれぞれ 1〔dB〕減少すると, 3 次の相互変調積の電力は ☐エ☐ 減少する.

(5) f_1 の値が 151〔MHz〕で, 3 次の相互変調積の成分として 150.7〔MHz〕が観測されるとき, f_2 の値は, ☐オ☐ である.

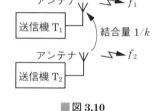

■**図3.10**

| 1 | 2 | 2 | 二つ | 3 | 低い方 | 4 | 1〔dB〕 | 5 | 151.3〔MHz〕 |
| 6 | 3 | 7 | 四つ | 8 | 高い方 | 9 | 3〔dB〕 | 10 | 151.6〔MHz〕 |

解説　(1) **2次**の相互変調積成分は $f_1 + f_2$, $f_2 - f_1$ であり, f_1 から十分離れています.
　　　　　☐ア☐ の答え　　　　　　　　　　　　　　　　　　　　　　☐イ☐ の答え

(2) 3 次の相互変調積成分の数は次の**四つ**があります.

$$f_1 + 2f_2,\ f_2 + 2f_1,\ 2f_1 - f_2,\ 2f_2 - f_1$$

(3) f_1 の近傍に 3 次の相互変調積成分 $2f_1 - f_2$, $2f_2 - f_1$ の二つが観測されるが, 周波数が低い方の成分は $1/k$ に比例し, 周波数が高い方の成分は $1/k^2$ に比例するので, 振幅が大きいのは, 周波数が**低い方**の $2f_1 - f_2$ です.　☐ウ☐ の答え

(4) 3 次相互変調積成分は送信電力がそれぞれ L〔dB〕減衰すると $3 \times L$〔dB〕(真数では 3 乗)減衰するので, 1〔dB〕減衰すると **3〔dB〕**減衰します.　☐エ☐ の答え

(5) $f_1 = 151$〔MHz〕で相互変調積成分 $f_3 = 150.7$〔MHz〕なので, $f_1 > f_3$ より

$$2f_1 - f_2 = f_3$$
☐オ☐ の答え
$$f_2 = 2f_1 - f_3 = 2 \times 151 - 150.7 = \mathbf{151.3}\textbf{〔MHz〕}$$

となります.

答え▶▶▶ア－1, イ－7, ウ－3, エ－9, オ－5

3.2 FM 送信機

 要点
- 直接 FM 送信機は，周波数の安定度が悪いため AFC 回路や APC 回路が必要

3.2.1 直接 FM 送信機の構成

直接 FM 送信機の構成図を**図 3.11** に示します．

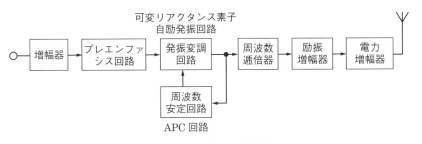

■図 3.11　直接 FM 送信機

　直接 FM 方式は，発振変調回路に可変リアクタンス素子（**可変容量ダイオード，リアクタンストランジスタ**など）を使用します．信号波によって，可変リアクタンス素子の等価容量や等価インダクタンスを変化させることにより，発振周波数を偏移させることができます．

　周波数偏移を大きくすることができますが，周波数の安定度が悪いため，周波数の変動を抑えるために AFC 回路や APC 回路が必要となります．AFC（Automatic Frequency Control）は自動周波数制御回路で，APC（Automatic Phase Control）は自動位相制御回路のことで，発振周波数を自動的に安定化する回路のことです．

　発振変調回路の出力は周波数逓倍器で整数倍の周波数に逓倍して，電力増幅器で所要の電力まで増幅します．

　プレエンファシス回路は，S/N 比の向上のため設けられています．FM では周波数が高い領域ほど雑音出力が大きくなり，復調する際に S/N が低下してしまうため，あらかじめ送信側で高域成分を強めることを**プレエンファシス**といいます．

関連知識　可変容量ダイオード

　接合ダイオードに逆方向電圧を加えると空乏層ができます．この空乏層の幅が逆方向電圧によって変化することにより静電容量が変化するため，電圧制御可変コンデンサとして動作します．

● PM 送信機は終段に C 級増幅を用いるので電力効率が良い
● IDC 回路は周波数偏移が一定値を超えないようにする
● IDC 回路は微分回路，クリッパ，積分回路で構成される

3.3.1　PM 送信機の構成

PM 送信機の構成図を**図 3.12** に示します．PM 送信機は移動通信などの通話用送信機に用いられます．IDC 回路の働きにより，等価的に FM 波を送信するので等価 FM 送信機と呼ばれることもあります．

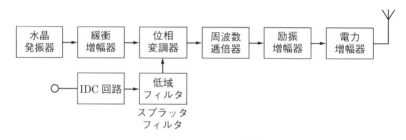

■図 3.12　PM 送信機

位相変調器は，水晶発振器の出力に位相変調を行う回路です．

IDC 回路は発射電波の等価周波数偏移を規定値内に抑える働きをします．低域フィルタは音声帯域を超える高調波成分や雑音成分を除去するために用いられます．電力増幅器は C 級増幅を用いることができるので電力効率を高くすることができます．

位相変調された被変調波の包絡線は一定で変化しないので，C 級増幅を用いてもひずみが発生しない．

3.3.2 IDC 回路

IDC 回路の構成図を**図 3.13** に示します．**IDC**（Instantaneous Deviation Control）**回路**は，瞬時周波数偏移制御回路とも呼ばれ，入力の変調信号の周波数と振幅の積の最大値を制限して，位相変調器の出力の周波数偏移が一定値を超えないようにする回路です．位相変調波の等価周波数偏移 Δf〔Hz〕は，信号周波数を f_s〔Hz〕，振幅を E〔V〕とすると，次式で表されます．

$$\Delta f = f_s E \tag{3.10}$$

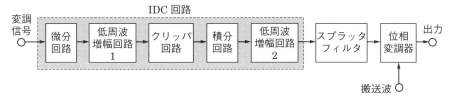

▓ 図 3.13　IDC 回路

図 3.14 に IDC 回路の周波数に対する出力特性を示します．

低周波増幅器 1 の出力の振幅がクリップレベル以下のときの IDC 回路の出力レベルは，周波数に関係なく一定となります．またクリップレベル以上のときは周波数が高いほど小さくなります．

位相変調器は，低周波増幅回路 1 の出力の振幅がクリッパ回路のクリップレベル以上のとき，周波数変調波を出力します．

スプラッタフィルタには低域フィルタが用いられます．

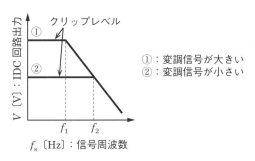

▓ 図 3.14　IDC 回路出力特性

問題 4 ★★　　　　　　　　　　　　　　　　　　　　　　　　→ 3.3.2

　次の記述は，**図 3.15** に示す瞬時偏移制御（IDC）回路を用いた FM（F3E）送信機の変調器について述べたものである．このうち誤っているものを下の番号から選べ．

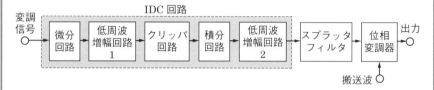

■図 3.15

1　IDC 回路は，入力の変調信号の周波数と振幅の積の最大値を制限して出力する．
2　IDC 回路は，位相変調器の出力の瞬時周波数偏移が一定値を超えないようにする．
3　スプラッタフィルタには，低域フィルタを用いる．
4　低周波増幅回路 1 の出力の振幅がクリップレベル以下のとき，IDC 回路の出力レベルは，周波数が高いほど大きくなる．
5　低周波増幅回路 1 の出力の振幅がクリップレベル以上のとき，位相変調器の出力は，周波数変調（FM）波である．

解説　誤っている選択肢を正すと次のようになります．

4　低周波増幅器 1 の出力の振幅がクリップレベル以下のとき，IDC 回路の出力レベルは，**周波数にかかわらず一定**になる．

　　クリップレベル以上のときは，周波数が高いほど小さくなる．

答え▶▶▶4

3.4 PDM 方式 AM 送信機

!要点
- ● D 級増幅により電力効率が良い
- ● パルス波は帯域フィルタにより正弦波となる

3.4.1 PDM の原理

PDM（Pulse Duration Modulation）の構成を**図 3.16** に示します．PDM は中波放送用の AM 送信機などに用いられる方式です．

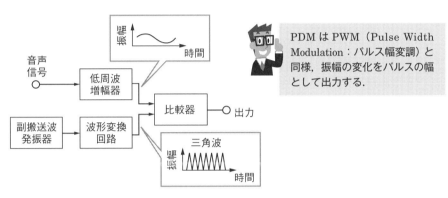

PDM は PWM（Pulse Width Modulation：パルス幅変調）と同様，振幅の変化をパルスの幅として出力する．

■図 3.16　PDM の構成

副搬送波は波形変換回路で三角波に変換され，比較器に加えられます．比較器では音声信号と三角波が比較され，**図 3.17** のように PDM 波となり出力されます．

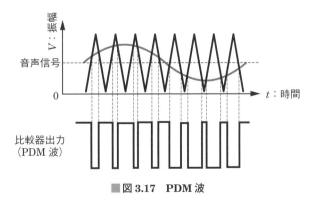

■図 3.17　PDM 波

3.4.2　中波放送用 AM 送信機

中波放送用 **AM 送信機**の構成図を図 **3.18** に示します.

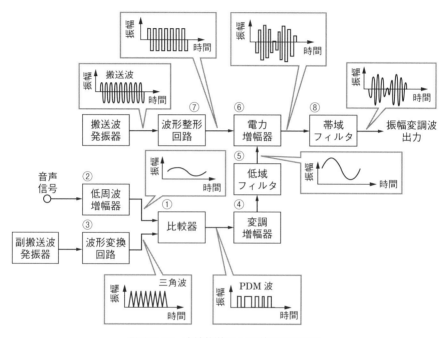

■図 3.18　中波放送用 AM 送信機の構成

　比較器①は，低周波増幅器②で増幅した音声信号と，$100 \sim 150$〔kHz〕の副搬送波を波形変換回路③で変換して得た三角波とを比較し，**パルス幅変調波（PDM）** を出力します④.　このパルス幅変調波を変調増幅器で **D 級増幅**し，低域フィルタ⑤を通して得た音声信号を電力増幅器⑥に加えます.

　電力増幅器は，搬送波を波形整形回路⑦で整形した方形波で音声信号を D 級増幅し，**パルス振幅変調波**を出力します.　電力増幅器の出力は高調波を含むため，帯域フィルタ⑧を通して振幅変調波を出力します.

パルス波を増幅するため，電力増幅器の電力効率を上げることができる.

問題 5 ★★ → 3.4.2

次の記述は，**図3.19**に示す中波放送用AM（A3E）送信機の構成例について述べたものである．□□□内に入れるべき字句を下の番号から選べ．ただし，同じ記号の□□□内には，同じ字句が入るものとする．

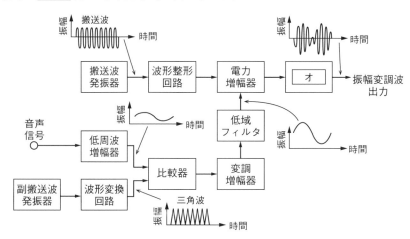

■図3.19

(1) 比較器は，低周波増幅器で増幅した音声信号と，100〜150〔kHz〕の副搬送波を波形変換回路で変換して得られた三角波とを比較し，□ ア □波を出力する．この□ ア □波を変調増幅器で□ イ □し，低域フィルタを通して得た音声信号を電力増幅器に加える．

(2) 電力増幅器は，搬送波を波形整形回路で整形した□ ウ □で音声信号を□ イ □し，□ エ □波を出力する．電力増幅器の出力は，高調波を含むので，□ オ □を通して振幅変調波を出力する．

1 高域フィルタ	2 パルス振幅変調（PAM）	3 正弦波
4 線形増幅	5 スイッチング増幅（D級増幅）	
6 帯域フィルタ	7 パルス幅変調（PWM）	
8 方形波	9 低雑音増幅	
10 パルス位相（位置）変調（PPM）		

答え▶▶▶アー 7，イー 5，ウー 8，エー 2，オー 6

4章

受信機

3章と4章から $2\sim3$問 出題

【合格へのワンポイントアドバイス】

この分野は，主にアナログのスーパヘテロダイン受信機の混信に関する内容が出題されます．近年，問題数が減ってきていますが，同じような問題が繰り返して出題されますので，確実に解答できるように学習してください．

4.1 AM 受信機

!要点
● スーパヘテロダイン方式は影像周波数妨害が発生する
● ダブルスーパヘテロダイン受信機は，シングルスーパヘテロダイン受信機より，影像周波数妨害と近接周波数選択度が改善される

4.1.1 スーパヘテロダイン受信機

スーパヘテロダイン受信機の構成例を図 4.1 に示します．

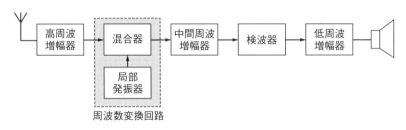

■図 4.1　スーパヘテロダイン受信機の構成

（1）高周波増幅器

　高周波増幅器を使用することにより，雑音制限感度や実効選択度が向上します．雑音制限感度とは所定の信号対雑音比（S/N）で規定の出力を得るために必要な受信機の最小の入力電圧のことをいいます．

① 雑音制限感度

　受信機の総合利得および入力段の高周波増幅器の利得が十分に大きいとき，受信機出力の S/N は高周波増幅器の S/N で決まります．そのため入力段に低雑音の素子を使用した高周波増幅器を設けることにより，S/N が良くなり高感度の受信機となります．

高周波増幅器は，同調回路によって，選択度特性を持たせる．同調回路は，コイルや可変コンデンサ（バラクタダイオード）を用いた共振回路．

感度抑圧効果は，目的波に近接している妨害波の影響で，受信機感度が低下したようになる現象．
混変調は，強い妨害波により受信波が妨害波と同じ変調を受ける現象．
相互変調は，二つ以上の妨害波の周波数が特定の関係のとき妨害が発生する現象．

② 実効選択度

高周波増幅器の同調回路によって選択度特性が良くなるので，**感度抑圧効果，混変調，相互変調特性**が改善します．また，**影像周波数の電波による妨害**の低減に効果があります．

(2) 周波数変換回路

周波数変換回路は混合器と局部発振器から構成されています．周波数変換回路は，受信周波数を一般に低い周波数の中間周波数に変換します．

(3) 中間周波増幅器

中間周波増幅器は，周波数混合器で変換した中間周波数の信号を増幅するとともに，狭帯域フィルタにより近接周波数妨害を除去します．

中間周波増幅器には，中間周波変成器（IFT）や水晶（クリスタル）フィルタなどの狭帯域フィルタが用いられる．

(4) 検波器

中間周波信号から音声信号を取り出す回路です．

(5) 低周波増幅器

検波器からの信号を増幅し，スピーカを動作させるのに必要なレベルの信号を出力します．

4.1.2 ダブルスーパヘテロダイン受信機

ダブルスーパヘテロダイン受信機の構成図を**図 4.2** に示します．

高い周波数帯において大きな増幅度が必要な通信型の受信機に用いられます．二重に周波数変換を行うため影像周波数妨害の影響を軽減することができます．

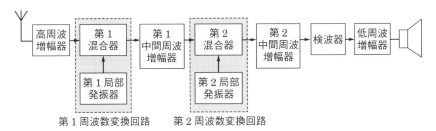

■図4.2 ダブルスーパヘテロダイン受信機の構成

一般に，第1中間周波数は，受信周波数よりも低い周波数としますが，短波帯の広帯域受信機では，第1中間周波数は受信周波数よりも高い中間周波数に変換し，第2中間周波数は安定な増幅を行うことができる低い周波数に変換します（**図4.3**）.

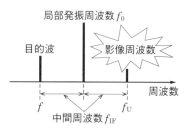

局部発振周波数を中心として，上下に中間周波数だけ離れた二つの受信波が存在すれば，同時に受信される．このとき目的波に対して，妨害波の周波数を影像周波数という．

■**図4.3　影像周波数**

4.1.3　相互変調

　送信機の相互変調積については3.1.5で説明しましたが，受信機においても同様に，二つ以上の電波が入力されたとき，回路の非直線性により相互変調が生じます（式の展開は3.1.5と同様です）.

　例えば，発生した相互変調の周波数成分が$3f_1 \pm 2f_1$となった場合，係数の和が5となることから，5次の相互変調であることがわかります.

　また，相互変調による妨害を小さくする方法として，**図4.4**のように受信機の入力側に減衰器（アッテネータ）を挿入する方法があります．図4.4（a）の状

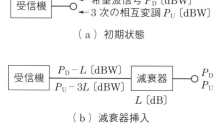

■**図4.4　相互変調の抑制**

態に L 〔dB〕の減衰器を挿入すると，図 4.4（b）のように希望波は L 〔dB〕減衰しますが，3 次の相互変調波の強さは 3 乗に比例しますので，$3L$ 〔dB〕減衰することになり，抑制されます．また，N 次の相互変調は NL 〔dB〕減衰します．

問題 1 ★★★　　　　　　　　　　　　　　　　　　　➡4.1.1 ➡4.1.2

次の記述は，スーパヘテロダイン受信機について述べたものである．　　内に入れるべき字句の正しい組合せを下の番号から選べ．

(1) 周波数変換器の前段に高周波増幅器を設けるのは，　A　を改善するためである．

(2) 局部発振器の発振周波数が受信周波数より高いとき，影像周波数は局部発振器の発振周波数より中間周波数だけ　B　．

(3) ダブルスーパヘテロダイン受信機は，シングルスーパヘテロダイン受信機に比べ，影像周波数妨害の低減との改善と　C　を両立させることが容易である．

	A	B	C
1	雑音制限感度	低い	近接周波数選択度
2	雑音制限感度	高い	近接周波数選択度
3	雑音制限感度	低い	雑音制限感度
4	利得制限感度	高い	雑音制限感度
5	利得制限感度	低い	近接周波数選択度

解説　(1) 周波数変換器の前段に高周波増幅器を設けるのは，**雑音制限感度**を改善するためです．　　　　　　　　　　　A の答え

(2) 局部発振器の発振周波数が受信周波数より高いとき，影像周波数は局部発振器の発振周波数より中間周波数だけ**高く**なります．　　　　B の答え

発振周波数 f_0 〔Hz〕，受信周波数 f 〔Hz〕，影像周波数 f_U 〔Hz〕，中間周波数 f_{IF} 〔Hz〕とすると，次式の関係があります．

① 発振周波数 f_0 〔Hz〕が受信周波数 f 〔Hz〕より高い場合（図4.5）

$$f_0 - f_{IF} = f \text{〔Hz〕}, \qquad f_0 + f_{IF} = f_U \text{〔Hz〕} \tag{①}$$

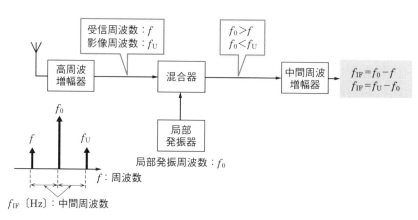

■図4.5　スーパヘテロダイン受信機（1）

② 発振周波数 f_0〔Hz〕が受信周波数 f〔Hz〕より低い場合（図4.6）

$$f_0 - f_{IF} = f_U \text{〔Hz〕}, \qquad f_0 + f_{IF} = f \text{〔Hz〕}$$

②

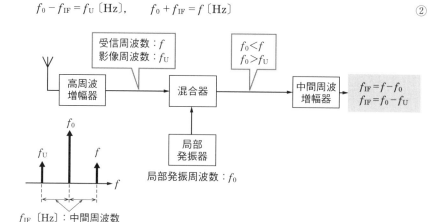

■図4.6　スーパヘテロダイン受信機（2）

（3）ダブルスーパヘテロダイン受信機は，シングルスーパヘテロダイン受信機に比べ，影像周波数妨害の低減と**近接周波数選択度**の改善とを両立させることができます．

│ C │の答え

答え▶▶▶ 2

問題 2 ★★★　→ 4.1.1

　シングルスーパヘテロダイン受信機において，受信周波数が，2 800〔kHz〕のときの影像周波数の値として，正しいものを下の番号から選べ．ただし，中間周波数は，455〔kHz〕とし，局部発振器の発振周波数は，受信周波数より高いものとする．

1　3 710〔kHz〕　　　2　3 255〔kHz〕　　　3　2 800〔kHz〕

4　2 345〔kHz〕　　　5　1 890〔kHz〕

解説　局部発振周波数 f_0〔kHz〕が受信周波数 f〔kHz〕より高い場合は，影像周波数を f_U〔kHz〕，中間周波数を f_{IF}〔kHz〕とすると，次式の関係があります（図4.5参照）．

$$f_0 + f_{IF} = f_U \text{〔kHz〕}$$
$$f_0 - f_{IF} = f \text{〔kHz〕}$$

f_U〔kHz〕を求めると次式で表されます．

$$f_U = f_0 + f_{IF} = (f + f_{IF}) + f_{IF} = f + 2f_{IF} \text{〔kHz〕}$$
$$= 2 800 + 2 \times 455 = \mathbf{3\ 710\ 〔kHz〕}$$

答え▶▶▶ 1

問題 3 ★★★　→ 4.1.3

　次の記述は，スーパヘテロダイン受信機において生ずることのある，相互変調および混変調による妨害について述べたものである．このうち正しいものを 1，誤っているものを 2 として解答せよ．

ア　受信機に二つの電波（不要波）が入力されたとき，回路の非直線動作によって各電波の周波数の正の整数倍の成分の和または差の成分が生じ，これらが希望周波数または中間周波数などと一致すると相互変調による妨害が生ずる．

イ　不要波の周波数が f_1〔Hz〕および f_2〔Hz〕のとき，回路の非直線性によって生ずる周波数成分のうち，$3f_1 - 2f_2$〔Hz〕および $3f_2 - 2f_1$〔Hz〕は，4 次の相互変調波の成分である．

ウ　混変調による妨害は，受信機に希望波および不要波が入力されたとき，回路の非直線動作によって不要波の変調信号成分で希望波の搬送波が変調を受ける現象である．

エ　相互変調波による妨害を小さくする方法として，希望波の受信機入力電圧に余裕がある場合は受信機入力側に減衰器を挿入する方法もある．この方法では 2〔dB〕の減衰器を挿入したとき，原理的に希望波は 2〔dB〕減衰するのに対して，3 次の相互変調波は，6〔dB〕減衰する．よって D/U（希望波受信電力対妨害波受信電力比〔dB〕）でみた場合 8〔dB〕の改善になる．

オ　相互変調は，受信機の高周波増幅段または周波数変換段よりも中間周波増幅段で発生しやすい．

解説　イ　$3f_1-2f_2$〔Hz〕，$3f_2-2f_1$〔Hz〕は，**5次**の相互変調波の成分です．

エ　2〔dB〕の減衰器を挿入すると，希望波は2〔dB〕減衰するのに対して，3次の相互変調波は，6〔dB〕減衰します．よってD/Uは，6－2＝**4〔dB〕**の改善になります．

オ　相互変調は，受信機の**中間周波増幅器**よりも**高周波増幅段または周波数変換段**で発生しやすいです．

答え▶▶▶**アー1，イー2，ウー1，エー2，オー2**

問題 4 ★★★　　　　　　　　　　　　　　　　　→ 4.1.3

次の記述は，スーパヘテロダイン受信機の相互変調について述べたものである．□内に入れるべき字句を下の番号から選べ．ただし，a_0，a_1，a_2 および a_3 は，それぞれ，直流分，1次，2次および3次の項の係数を示す．なお，同じ記号の□内には，同じ字句が入るものとする．

(1) 高周波増幅器等の振幅非直線回路の入力を e_i，出力を e_o とすると，一般に入出力特性は，式 $e_o=a_0+a_1e_i+a_2e_i^2+a_3e_i^3+\cdots$ で表すことができ，同回路へ，例えば，2つの単一波 f_1，f_2〔Hz〕を同時に入力した場合，同式の3乗の項で計算すると，出力 e_o には，f_1，f_2〔Hz〕および両波それぞれの3乗成分の他に□ア□×$f_1\pm f_2$〔Hz〕および□ア□×$f_2\pm f_1$〔Hz〕が現れる．これらの成分が希望周波数または□イ□と一致したときに相互変調積による妨害を生ずる．

(2) 周波数差の等しい3つの波 F_1，F_2，F_3〔Hz〕（$F_1<F_2<F_3$ とする）が存在するとき，他の2波による3次の相互変調積の妨害を最も受けにくいのは□ウ□である．

(3) 相互変調積を小さくするには，できるだけ，高周波増幅器等の利得を□エ□し，非直線動作をしにくくする．また，希望波の受信機入力電圧に余裕がある場合は，受信機入力側に減衰器を挿入する方法もある．この方法では，L〔dB〕の減衰器を挿入したとき，原理的に希望波が L〔dB〕減衰するのに対して3次の相互変調積は，□オ□〔dB〕減衰する．

1　中間周波数	2　2	3　3	4　大きく	5　$6L$
6　局部発振周波数	7　F_2	8　F_1	9　小さく	10　$3L$

解説　$e_1=E_1\cos\omega_1t$，$e_2=E_2\cos\omega_2t$ で表される2波の単一波が振幅非直線回路に入力したとき，3乗の項の成分を求めると

$$(e_1 + e_2)^3 = e_1{}^3 + 3e_1{}^2 e_2 + 3e_1 e_2{}^2 + e_2{}^3$$
$$= E_1{}^3 \cos^3 \omega_1 t + 3E_1{}^2 \cos^2 \omega_1 t \, E_2 \cos \omega_2 t$$
$$+ 3E_1 \cos \omega_1 t \, E_2{}^2 \cos^2 \omega_2 t + E_2{}^3 \cos^3 \omega_2 t \qquad ①$$

式①の第1項と第4項が3乗の成分となり，第2項と第3項が3次の相互変調積成分となるので，第2項より

$$\cos^2 \omega_1 t \cos \omega_2 t = \frac{1}{2}(1 + \cos 2\omega_1 t)\cos \omega_2 t = \frac{1}{2}(\cos \omega_2 t + \cos 2\omega_1 t \cos \omega_2 t)$$

$$= \frac{1}{2}\cos \omega_2 t + \frac{1}{4}\cos(2\omega_1 + \omega_2)t + \frac{1}{4}\cos(2\omega_1 - \omega_2)t \qquad ②$$

よって，$(2\omega_1 + \omega_2) = 2\pi(2f_1 + f_2)$，$(2\omega_1 - \omega_2) = 2\pi(2f_1 - f_2)$ の周波数成分が発生し，同様にして式①の第3項から $(2f_2 \pm f_1)$ の周波数成分が発生する．

例えば，3波の周波数が $F_1 = 151.0$〔MHz〕，$F_2 = 151.1$〔MHz〕，$F_3 = 151.2$〔MHz〕のとき

$$2F_2 - F_3 = 2 \times 151.1 - 151.2 = 151.0 \text{〔MHz〕} = F_1$$
$$2F_2 - F_1 = 2 \times 151.1 - 151.0 = 151.2 \text{〔MHz〕} = F_3$$

の F_2 と F_1 あるいは F_3 の関係では，F_1 と F_3 に相互変調積は発生しますが

$$2F_1 - F_3 = 2 \times 151.0 - 151.2 = 150.8 \text{〔MHz〕}$$
$$2F_3 - F_1 = 2 \times 151.2 - 151.0 = 151.4 \text{〔MHz〕}$$

となるので，$F_1 < F_2 < F_3$ が等しい周波数差で並んでいるときは **F_2** に妨害波は発生しません．

.... | ウ | の答え

式①において e_1, e_2 で表される2波の不要波によって発生する2波3次の相互変調積成分は，$e_1{}^2 \times e_2$ または $e_1 \times e_2{}^2$ の式によって求めることができます．$e_1 = e_2$ とすると相互変調積成分は $e_1{}^3$ に比例します．よって，L〔dB〕の減衰器を挿入すると相互変調積成分は **$3L$**〔dB〕減衰します．

.... | オ | の答え

真数の掛け算は dB の足し算
真数の累乗は dB の掛け算

答え ▶ ▶ ▶ アー 2，イー 1，ウー 7，エー 9，オー 10

数学の公式

$$(a + b)^3 = a^3 + 3a^2 b + 3ab^2 + b^3$$
$$\cos^2 A = \frac{1}{2}(1 + \cos 2A)$$
$$\cos A \cos B = \frac{1}{2}\{\cos(A + B) + \cos(A - B)\}$$

問題 5 ★　　　　　　　　　　　　　　　　　　　　　➡ 4.1.3

　次の記述は，例えば，<u>AM（A3E）</u>受信機に2波あるいは3波の不要波が同時に入力されたときに受信機内部で発生する相互変調波による妨害を軽減する方法について述べたものである．　　　内に入れるべき字句の正しい組合せを下の番号から選べ．

　相互変調波による妨害を軽減する方法には，直線性の良い高周波増幅回路を使用する方法などがあるが，希望波の受信機入力電圧に余裕がある場合は，受信機入力側に減衰器を挿入する方法もある．この方法では，L〔dB〕の減衰器を挿入したとき，原理的に希望波はL〔dB〕減衰するのに対して3次の相互変調積は，　A　〔dB〕減衰し，5次の相互変調積は，　B　〔dB〕減衰する．

	A	B
1	$3L$	$10L$
2	$3L$	$5L$
3	$6L$	$8L$
4	$6L$	$12L$
5	$9L$	$15L$

解説　e_1, e_2で表される2波の不要波によって発生する2波3次の相互変調積成分は，$e_1^2 \times e_2$または$e_1 \times e_2^2$の式によって求めることができます．$e_1 = e_2$とすると，相互変調積成分はe_1^3に比例するので，L〔dB〕の減衰器を挿入すると，相互変調積成分は**$3L$**〔dB〕減衰します．　　A　の答え

　2波5次の相互変調積成分は，$e_1^2 \times e_2^3$または$e_1^3 \times e_2^2$の式によって求めることができるので，$e_1 = e_2$とすると，相互変調積成分はe_1^5に比例するので，L〔dB〕の減衰器を挿入すると，相互変調積成分は**$5L$**〔dB〕減衰します．　　B　の答え

答え ▶▶▶ 2

出題傾向　下線の部分をFM（F3E）として出題されることもあります．

問題 6 ★★ ➡4.1.1 ➡4.1.3

次の記述は，スーパヘテロダイン受信機の影像（イメージ）周波数について述べたものである．□□□内に入れるべき字句の正しい組合せを下の番号から選べ．

(1) 受信希望波の周波数 f を局部発振周波数 f_0 でヘテロダイン検波して中間周波数 f_{IF} を得るが，周波数の関係において，f_0 に対して f と対称の位置にある周波数，すなわち f から $2f_{IF}$ 離れた周波数 f_U も同じようにヘテロダイン検波される可能性があり，□ A □を影像周波数という．

(2) 影像周波数に相当する妨害波があるとき，受信機出力に混信となって現れることを抑圧する能力を<u>影像周波数選択度または影像比</u>という．

(3) この影像周波数による混信の軽減法には，中間周波数を□ B □して受信希望波と妨害波との周波数間隔を広げる方法や□ C □の選択度を良くする方法などがある．

	A	B	C
1	f_U	低く	中間周波増幅回路
2	f_U	高く	中間周波増幅回路
3	f_U	高く	高周波増幅回路
4	$2f_{IF}$	高く	高周波増幅回路
5	$2f_{IF}$	低く	中間周波増幅回路

解説 希望波と局部発振周波数が $f_d < f_o$ の関係にあるときの周波数配置を**図 4.7** に示します．

中間周波数 f_{IF} は $f_{IF} = f_0 - f$ なので，妨害波 f_U が $f_U = f + 2f_{IF}$ のときに影像周波数妨害が発生します．

f ：受信周波数
f_{IF} ：中間周波数
f_0 ：局部発振周波数
f_U ：影像周波数

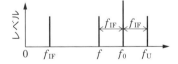

■**図 4.7 影像周波数**

答え ▶ ▶ ▶ 3

出題傾向 下線の部分を穴埋めの字句とした問題も出題されています．

問題 7 ★★ ⮕4.1.1 ⮕4.1.3

次の記述は，スーパヘテロダイン受信機において，スプリアス・レスポンスを生ずることがあるスプリアスの周波数について述べたものである．□内に入れるべき字句の正しい組合せを下の番号から選べ．ただし，スプリアスの周波数を f_{SP}〔Hz〕，局部発振周波数を f_0〔Hz〕，中間周波数を f_{IF}〔Hz〕とし，受信機の中間周波フィルタは理想的なものとする．

(1) 局部発振器の出力に低調波成分 $f_0/2$〔Hz〕が含まれていると，$f_{SP}=$ □A□ のとき，混信妨害を生ずることがある．

(2) 局部発振器の出力に高調波成分 $2f_0$〔Hz〕が含まれていると，$f_{SP}=$ □B□ のとき，混信妨害を生ずることがある．

(3) 周波数混合器の非直線性により，f_0 と f_{SP} それぞれ 2 倍の高調波が発生すると，$f_{SP}=$ □C□ のとき，混信妨害を生ずることがある．

	A	B	C
1	$(f_0/2)\pm f_{IF}$	$f_0\pm 2f_{IF}$	$2f_0\pm 2f_{IF}$
2	$(f_0/2)\pm f_{IF}$	$2f_0\pm f_{IF}$	$f_0\pm(f_{IF}/2)$
3	$f_0\pm 2f_{IF}$	$f_0\pm 2f_{IF}$	$f_0\pm(f_{IF}/2)$
4	$f_0\pm 2f_{IF}$	$2f_0\pm f_{IF}$	$f_0\pm(f_{IF}/2)$
5	$f_0\pm 2f_{IF}$	$2f_0\pm f_{IF}$	$2f_0\pm 2f_{IF}$

解説 局部発振周波数が f_0，中間周波数が f_{IF}，受信周波数が f_R のとき，次式の関係が成り立ちます（**図 4.8**）．

$$f_R - f_0 = f_{IF} \quad または \quad f_0 - f_R = f_{IF} \quad よって \quad f_R = f_0 \pm f_{IF}$$

局部発振周波数に低調波成分 $f_0/2$ が含まれていると，$f_{SP}=\boldsymbol{(f_0/2)\pm f_{IF}}$ のとき，混信妨害を生ずることがあります． ⮝·········□A□ の答え

局部発振周波数に高調波成分 $2f_0$ が含まれていると，$f_{SP}=\boldsymbol{2f_0\pm f_{IF}}$ のとき，混信妨害を生ずることがあります． ⮝·········□B□ の答え

周波数混合器が非直線動作を行う場合，$f_{SP}=\boldsymbol{f_0\pm(f_{IF}/2)}$ と f_0 が混合され $f_{IF}/2$ が発生しますが，非直線動作のため 2 倍の高調波の f_{IF} が発生し混信妨害を生ずることがあります． ⮝··············□C□ の答え

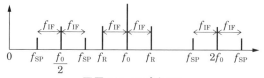

■図4.8 スプリアス

答え▶▶▶ 2

4.2 FM 受信機

4.2.1 放送用 FM 受信機の構成

放送用 **FM 受信機**の構成図を**図 4.9** に示します．

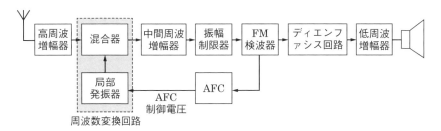

■図 4.9 放送用 FM 受信機の構成

　AM 受信機と同様にスーパヘテロダイン方式が用いられています．中間周波増幅器までは AM 受信機と同じ構成です．アンテナで受信した希望波を高周波増幅器で増幅し，周波数変換回路に加えられ，高周波増幅された FM 波を中間周波数に変換します．

　局部発振回路が LC 発振回路の場合，発振周波数が不安定なため AFC 回路が必要となります．AFC 制御電圧は，局部発振回路の周波数変動を制御し，安定した中間周波数を維持するためのものです．

　中間周波増幅器で増幅された受信波は，振幅制限器で振幅が一定に制限され，パルス性の雑音が除去されます．

　FM 検波器は変調信号を取り出します．この変調信号は送信側でプレエンファシス（高域部分を強く）を行っているため，受信側ではディエンファシス（高域部分を弱める）を行うことで，もとの周波数特性に戻しています．

　ディエンファシス回路からの信号は，低周波増幅器で増幅され，スピーカに出力されます．

エンファシス回路は，放送用
FM 受信機で用いられる．

4.2.2　通話用 FM 受信機の構成

通話用 **FM 受信機**の構成図を**図 4.10** に示します.

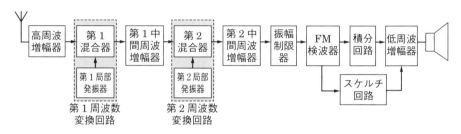

■図 4.10　通話用 FM 受信機の構成

　通話用 FM 受信機は，高利得が必要なためにダブルスーパヘテロダイン方式を用います.

　中間周波増幅器で増幅された受信波は，振幅制限器で振幅が一定に制限され，パルス性の雑音が除去され，FM 検波器で変調信号を取り出します.　スケルチ回路は，受信機入力がないときに低周波増幅器を停止させて雑音出力を抑えます.

　送信側で IDC 回路を用いると，変調特性が PM と FM の両方の特性を持つため，積分回路により周波数特性を補償します.

FM 受信機は，受信電波がないと，スピーカから大きな雑音が出力される.

4.2.3　FM 受信機のスレッショルドレベル

　1.3.4（p.22）で FM 復調回路のスレッショルドレベルについて説明しましたが，スレッショルドレベルは搬送波の尖頭電圧と雑音の尖頭電圧が等しくなる点です.　搬送波と雑音の実効値をそれぞれ E_C, E_N とすると次式の関係があります.

$$\frac{E_C}{E_N} = \frac{4}{\sqrt{2}} \tag{4.1}$$

電力で考えると次式になります.

$$(E_C/E_N)^2 = 8 \tag{4.2}$$

この電力の比は，搬送波電力対雑音電力比（C/N）に相当し，次式で表せます．

$$\frac{C}{N} = 8 \text{（真数）} \tag{4.3}$$

問題 8 ★★　　　　　　　　　　　　　　　　　　　　　　　　→ 4.2.3

　FM（F3E）受信機において，雑音指数が 6〔dB〕，等価雑音帯域幅が 16〔kH〕および周囲温度 T が 290〔K〕のときの限界受信レベル（スレッショルドレベル）の値として，正しいものを下の番号から選べ．ただし，雑音は受信機内部雑音のみとし，ボルツマン定数を k〔J/K〕，周囲温度を T〔K〕としたときの kT の値を -204〔dBW/Hz〕とする．また，スレッショルドは搬送波の尖頭電圧と雑音の尖頭電圧が等しくなる点であり，それぞれの実効値を E_C および E_N とすると $E_C/E_N = 4/\sqrt{2}$ であり，1〔mW〕を 0〔dBm〕，$\log_{10} 2 = 0.3$ とする．

　1　-108〔dBm〕　　　2　-117〔dBm〕　　　3　-126〔dBm〕

　4　-147〔dBm〕　　　5　-156〔dBm〕

解説　搬送波電圧の実効値を E_C〔V〕，雑音電圧の実効値を E_N〔V〕とすると，題意より

$$E_C/E_N = 4/\sqrt{2}$$

電圧の 2 乗と電力は比例するので次式が成り立ちます．

$$(E_C/E_N)^2 = 8$$

搬送波電力対雑音電力比 C/N は

$$C/N = 8$$
$$C/N_{dB} = 10 \log_{10} 8 = 10 \log_{10} 2^3$$
$$= 10 \times 3 \times 0.3 = 9 \text{〔dB〕}$$

ボルツマン定数を k〔J/K〕，絶対温度を T〔K〕，等価雑音帯域幅を B〔Hz〕，雑音電力を N〔W〕とすると，スレッショルドレベル C_{th}〔W〕は 1.3.4（p.23）の式（1.26）から

$$C_{th} = 8N = 8kTBF \text{〔W〕}$$
$$C_{thdB} = 9 + 10 \log_{10} kT + 10 \log_{10} B + 10 \log_{10} F$$
$$= 9 - 204 + 10 \log_{10}(16 \times 10^3) + 6$$
$$= 9 - 204 + 12 + 30 + 6 = -147 \text{〔dBW〕}$$

よって　$C_{thdBm} = -147 + 30 = \mathbf{-117}$〔**dBm**〕となります．

> $10 \log_{10} 16$
> $= 10 \log_{10} 2^4$
> $= 10 \times 4 \times 0.3 = 12$
> dBW と dBm の違いに注意．

答え ▶▶▶ 2

問題 ⑨ ★★ 　　　　　　　　　　　　　　→1.3.4　→4.2.3

　次の記述は，FM（F3E）受信機のスレッショルドレベルについて述べたものである．　　　　内に入れるべき字句の正しい組合せを下の番号から選べ．ただし，受信機の内部雑音電力を p_ni〔W〕，スレッショルドレベルを p_th〔W〕とし，$\log_{10} 2 = 0.3$ とする．

(1) 受信機復調出力の信号電力対雑音電力比（S/N）は，受信入力（搬送波）のレベルを小さくしていくと，あるレベル以下で急激に低下し，AM（A3E）よりかえって悪くなってしまう．スレッショルドレベルは，そのときの　A　レベルをいう．

(2) スレッショルドは，搬送波の尖頭電圧と雑音の尖頭電圧が等しくなる点であり，それぞれの実効値を E_C および E_N とすると $E_\text{C}/E_\text{N} = 4/\sqrt{2}$ であるから，p_ni と p_th との関係は　B　となる．この関係から搬送波電力対雑音電力比（C/N）が約　C　〔dB〕以下になると S/N が急激に低下することがわかる．

	A	B	C
1	受信入力	$\sqrt{2} \times p_\text{th} = 4 \times p_\text{ni}$	6
2	受信入力	$\sqrt{2} \times \sqrt{p_\text{th}} = 4 \times \sqrt{p_\text{ni}}$	9
3	受信入力	$4 \times \sqrt{p_\text{th}} = \sqrt{2} \times \sqrt{p_\text{ni}}$	6
4	復調出力	$\sqrt{2} \times p_\text{th} = 4 \times p_\text{ni}$	9
5	復調出力	$\sqrt{2} \times \sqrt{p_\text{th}} = 4 \times \sqrt{p_\text{ni}}$	6

解説　搬送波電圧の実効値を E_C〔V〕とすると尖頭値は $E_\text{Cm} = \sqrt{2}\, E_\text{C}$〔V〕で表され，雑音電圧の実効値を E_N〔V〕とすると，尖頭値は $E_\text{Nm} = 4E_\text{N}$〔V〕で表されます．スレッショルドレベルはこれらの尖頭値が等しいときなので，次式の関係が成り立ちます．

$$\sqrt{2}\, E_\text{C} = 4E_\text{N} \tag{①}$$

電力で表すと，p_th は E_C^2 に比例し，p_ni は E_N^2 に比例するので，次式のように表されます．

$$\sqrt{2} \times \sqrt{p_\text{th}} = 4 \times \sqrt{p_\text{ni}} \quad\blacktriangleleft\cdots\cdots\boxed{\text{B}}\text{ の答え} \tag{②}$$

両辺を 2 乗すると

$$2p_\text{th} = 16 p_\text{ni} \tag{③}$$

$C/N = p_\text{th}/p_\text{ni}$ で表せるので，次式により C/N〔dB〕を求めます．　　　$\cdots$ $\boxed{\text{C}}$ の答え

$$C/N = 10 \log_{10} \frac{p_\text{th}}{p_\text{ni}} = 10 \log_{10} 8 = 10 \log_{10} 2^3 = 3 \times 10 \log_{10} 2 = \mathbf{9}\ \text{〔dB〕}$$

答え▶▶▶2

問題 ⑩ ★★ → 1.3.4 → 4.2.3

次の記述は，FM（F3E）受信機のスレッショルドレベルについて述べたものである．このうち正しいものを下の番号から選べ．

1 受信入力（搬送波）のレベルを小さくしていくと，あるレベル以下では復調出力の信号電力対雑音電力比（S/N）が急激に低下する．スレッショルドレベルは，そのときの復調出力レベルをいう．

2 スレッショルドレベル以上であれば，復調出力の信号電力対雑音電力比（S/N）の改善度は，広帯域利得により周波数偏移が大きいほど大きくなる．

3 広帯域の周波数変調波は，狭帯域の周波数変調波に比べてスレッショルドレベルが低い．

4 スレッショルドレベルでは，搬送波の電圧の実効値は，雑音の電圧の実効値のほぼ $\sqrt{2}$ 倍である．

5 スレッショルドレベルを低くする方法として，受信機の雑音指数を大きくする方法などがある．

解説 誤っている選択肢を正すと次のようになります．

1 受信入力（搬送波）のレベルを小さくしていくと，あるレベル以下では復調出力の信号電力対雑音電力比（S/N）が急激に低下する．スレッショルドレベルは，そのときの**受信入力（搬送波）**レベルをいう．

3 広帯域の周波数変調波は，狭帯域の周波数変調波に比べてスレッショルドレベルが**高い**．

4 スレッショルドレベルでは，搬送波の電圧の実効値は，雑音の電圧の実効値のほぼ **$2\sqrt{2}$ 倍**である．

搬送波電圧の実効値を E_C〔V〕，その尖頭値を $E_{Cm} = \sqrt{2}\,E_C$〔V〕，雑音電圧実効値を E_N〔V〕，その尖頭値を $E_{Nm} = 4E_N$〔V〕とすると，スレッショルドレベルはこれらの尖頭値が一致したときのレベルなので次式が成り立ちます．

$$\sqrt{2}\,E_C = 4E_N$$

よって

$$E_C = \frac{4}{\sqrt{2}}\,E_N = \frac{4 \times \sqrt{2}}{\sqrt{2} \times \sqrt{2}}\,E_N = 2\sqrt{2}\,E_N$$

5 スレッショルドレベルを低くする方法として，受信機の雑音指数を**小さく**する方法などがある．

答え ▶ ▶ ▶ 2

4.3 雑 音

 ● 入力側信号電力 S_{in}〔W〕，入力側雑音電力 N_{in}〔W〕，出力側信号電力 S_{out}〔W〕，出力側雑音電力 N_{out}〔W〕より，雑音指数 F は，

$$F = \frac{S_{in}/N_{in}}{S_{out}/N_{out}}$$

4.3.1 雑音の分類

送受信系の機器などの入力から出力の間で発生した原信号以外の出力を**雑音**といいます．

（1）周期性雑音

振幅と位相に規則性がある雑音のことをいいます．

（2）非周期性雑音

規則性がない雑音のことをいい，次のように分類できます．

① 連続性雑音

長時間にわたり，波形が連続的に変化する雑音のことをいいます．**白色雑音（ホワイトノイズ）**は周波数スペクトル分布が一様な雑音のことをいいます．熱雑音は抵抗体から発生する雑音のことをいいます．

② 衝撃性雑音

短いパルス状の波形が低い頻度で不規則に繰り返される雑音のことをいいます．

4.3.2 雑音の発生源

通信系に混入する雑音は主に次のように分類できます．

（1）内部雑音

増幅器の内部などで発生する雑音のことをいいます．**熱雑音**とは，抵抗体内の電子の不規則な熱振動によって発生する雑音のことをいいます．電流雑音（過剰雑音）は，皮膜抵抗や接触抵抗に電流が流れるときに発生する雑音で，周波数が低いほど大きくなります．

トランジスタから発生する雑音には，散弾雑音，フリッカ雑音，分配雑音があります．

(2) 外部雑音

気象的あるいは天文的，人工的に発生する雑音のことをいいます．気象的，天文的に発生する雑音として，**空電**（雷の放電が原因），**降雨雑音**（雨粒による吸収が原因），**沈積雑音**（帯電した砂塵が原因），**太陽雑音**（太陽から到来する雑音），**宇宙雑音**（天体から到来する雑音）などがあります．人工的な雑音としては，**コロナ雑音**（送配電線のコロナ放電が原因）などがあります．

4.3.3　雑音指数

雑音指数とは，増幅器や伝送路の内部雑音によって，信号が劣化する割合（S/N）を表したものです．

入力側信号電力を S_in〔W〕，入力側雑音電力を N_in〔W〕，出力側信号電力を S_out〔W〕，出力側雑音電力を N_out〔W〕とすると，雑音指数 F は次式で表されます．

$$F = \frac{S_\text{in}/N_\text{in}}{S_\text{out}/N_\text{out}} \tag{4.4}$$

増幅器の雑音指数は，増幅器の利得を $G = S_\text{out}/S_\text{in}$，$N_\text{in} = kTB$ とすると次式で表されます．

雑音指数は増幅器の雑音特性を表す．$F = 1$ が最良．

$$F = \frac{S_\text{in}}{S_\text{out}} \times \frac{N_\text{out}}{N_\text{in}} = \frac{N_\text{out}}{GN_\text{in}} = \frac{N_\text{out}}{GkTB} \tag{4.5}$$

ただし，k〔J/K〕：ボルツマン定数，T〔K〕：絶対温度，B〔Hz〕：帯域幅

受信機入力の雑音電力 N〔W〕は次式で表されます．

$$N = kTBF \tag{4.6}$$

この式は，熱に起因する雑音電力 kTB に雑音指数 F の雑音増加分を加味していることを表しています．通常はデシベルで計算しますので，雑音電力 N〔mW〕を N_dB〔dBm〕とすると

$$N_\text{dB} = 10 \log_{10}(kTBF) = 10 \log_{10} k + 10 \log_{10} T + 10 \log_{10} B + 10 \log_{10} F$$
$$= k\,〔\text{dBm}/(\text{Hz}\cdot\text{K})〕 + T\,〔\text{dB}(\text{K})〕 + B\,〔\text{dB}(\text{Hz})〕 + F\,〔\text{dB}〕 \tag{4.7}$$

となります．

また，送受信機間においては，次の関係があります．送信電力を P_T〔W〕，送信および受信系のアンテナ利得をそれぞれ G_T，G_R〔真数〕，給電線損失をそれぞれ L_T, L_R〔真数〕，伝搬損失を G_0〔真数〕とすると，受信機入力端の C/N（真数）

は次式で表されます．

$$\frac{C}{N} = \frac{受信電力}{雑音電力} = \frac{P_T G_T G_R}{\Gamma_0 L_T L_R N} \tag{4.8}$$

また，P_T〔dBm〕，G_T〔dB〕，G_R〔dB〕，L_T〔dB〕，L_R〔dB〕のデシベル表示を用いると，次式で表されます．

$$\frac{C}{N_{dB}} 〔dB〕= P_T + G_T + G_R - \Gamma_0 - L_T - L_R - N_{dB} \tag{4.9}$$

4.3.4　多段回路の雑音指数

受信機において，**図 4.11** に示すような 2 段の増幅回路が接続された場合を考えます．ただし，入出力および各段の間は整合が取れていて，雑音は熱雑音のみを考えます．

入力 ○─│増幅器 A
$G_1,\ F_1$│─○─│増幅器 B
$G_2,\ F_2$│─○ 出力

■図 4.11　2 段回路

なお，F_1, F_2, G_1, G_2 はすべて真数です．

雑音指数の定義式（4.4）は次式に変形できます．

$$F = \frac{\dfrac{S_{in}}{N_{in}}}{\dfrac{S_{out}}{N_{out}}} = \frac{\dfrac{S_{in}}{N_{in}}}{\dfrac{GS_{in}}{N_a + GN_{in}}} = \frac{N_a + kTBG}{kTBG} \quad (真数) \tag{4.10}$$

ここで，G（真数）は増幅器の利得で，N_a は回路内で発生する雑音で雑音指数は増幅された雑音とそれに内部雑音が加わった雑音の比となります．

入力された雑音 kTB は，それぞれの回路で増幅されて，出力では $kTBG_1 G_2$ となります．一方，各回路内部で生じる雑音 N_a は，式（4.10）で表すように

$$N_a = (F - 1) kTBG$$

となるので，各段での内部雑音は次のようになります．

増幅器 A：$(F_1 - 1) kTBG_1$ →増幅器 B の出力では $(F_1 - 1) kTBG_1 G_2$

増幅器 B：$(F_2 - 1)\,kTBG_2$

したがって，出力されるすべての雑音 N_{out} は

$$N_{\text{out}} = (F_1 - 1)\,kTBG_1G_2 + (F_2 - 1)\,kTBG_2 + kTBG_1G_2$$

$$= kTBG_1G_2 \times \left(F_1 + \frac{F_2 - 1}{G_1} \right) \tag{4.11}$$

となります．雑音の増加分が全体の雑音指数 F となりますので

$$F = \frac{N_{\text{out}}}{G_1G_2kTB} = F_1 + \frac{F_2 - 1}{G_1} \tag{4.12}$$

となります．この様子を**図 4.12** に示します．

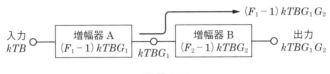

入力 kTB　増幅器 A $(F_1 - 1)\,kTBG_1$　$kTBG_1$　増幅器 B $(F_2 - 1)\,kTBG_2$　出力 $kTBG_1G_2$

$(F_1 - 1)\,kTBG_1G_2$

■図 4.12

3 段以上の接続においては，次式で表されます．

$$F = F_1 + \frac{F_2 - 1}{G_1} + \frac{F_3 - 1}{G_1G_2} + \cdots + \frac{F_{n-1}}{G_1G_2\cdots G_{n-1}} \tag{4.13}$$

（G_n：n 段目の利得，F_n：n 段目の雑音指数）

問題 11　★★　　　　　　　　　　　　　　　　　　　→ 4.3.3

　図 4.13 に示す通信回路において，受信機の入力に換算した搬送波電力対雑音電力比 (C/N) が 65〔dB〕のときの送信機の送信電力（平均電力）P〔W〕の値として，正しいものを下の番号から選べ．ただし，送信給電線および受信給電線の損失をそれぞれ 6〔dB〕，送信アンテナおよび受信アンテナの絶対利得をそれぞれ 40〔dBi〕，両アンテナ間の伝搬損失を 130〔dB〕とし，1〔mW〕を 0〔dBm〕とする．また，受信機の雑音指数 F を 4〔dB〕，等価雑音帯域幅 B を 20〔MHz〕，ボルツマン定数 k および周囲温度 T をそれぞれ -198.6〔dBm/(Hz·K)〕および 24.6〔dB(K)〕，$\log_{10} 2 = 0.3$ とする．

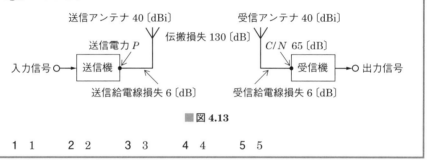

送信アンテナ 40〔dBi〕　　　　　受信アンテナ 40〔dBi〕
送信電力 P　伝搬損失 130〔dB〕　C/N 65〔dB〕
入力信号 ○→ 送信機 →　　　　　　　→ 受信機 →○ 出力信号
送信給電線損失 6〔dB〕　受信給電線損失 6〔dB〕

■図 4.13

1　1　　　2　2　　　3　3　　　4　4　　　5　5

解説　式 (4.6) より

　　$N = kTBF$

対数〔dB〕で考えると（式 (4.7)）

　　N_{dB}〔dBm〕$= k$〔dBm/(Hz·K)〕$+ T$〔dB(K)〕$+ B$〔dB(Hz)〕$+ F$〔dB〕　　　①

ところで，$B = 20$〔MHz〕は，B〔dB(Hz)〕$= 10 \log_{10}(20 \times 10^6) = 73$〔dB(Hz)〕と表されるので，式①に各値を代入して

　　N_{dB}〔dBm〕$= -198.6 + 24.6 + 73 + 4 = -97$〔dBm〕

となります．

　式 (4.9) より C/N_{dB}〔dB〕は次式で表されます．

　　$C/N_{dB} = P_T + G_T - L_T - \Gamma_0 + G_R - L_R - N_{dB}$〔dB〕

　　$65 = P_T + 40 - 6 - 130 + 40 - 6 + 97$

　　$P_T = 30$〔dBm〕

P_T を真数にすると

　　$0 = 10 \log_{10} P_T$　　　$P_T = 10^3$〔mW〕$= \mathbf{1}$〔**W**〕

答え▶▶▶ 1

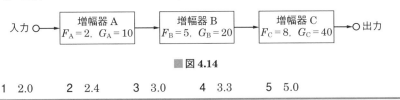

問題 12 ★★ ➡ 4.3.4

図 **4.14** に示す縦続接続した増幅器 A, B, C において, それぞれの増幅器の雑音指数 F_A, F_B, F_C および利得 G_A, G_B, G_C を, それぞれ $F_A = 2$, $F_B = 5$, $F_C = 8$ および $G_A = 10$, $G_B = 20$, $G_C = 40$ としたときの総合の雑音指数 F の値として最も近いものを下の番号から選べ. ただし, 各増幅器の帯域幅は等しく, かつ, 入出力端は整合しているものとする. また, 数値はすべて真数とする.

入力 ○ →| 増幅器 A $F_A = 2$, $G_A = 10$ |→| 増幅器 B $F_B = 5$, $G_B = 20$ |→| 増幅器 C $F_C = 8$, $G_C = 40$ |→ ○ 出力

■図 **4.14**

1 2.0   2 2.4   3 3.0   4 3.3   5 5.0

解説 増幅器 A, B, C を縦続接続したときの全体の雑音指数 F は

$$F = F_A + \frac{F_B - 1}{G_A} + \frac{F_C - 1}{G_A G_B} = 2 + \frac{5 - 1}{10} + \frac{8 - 1}{10 \times 20} = 2 + 0.4 + 0.035 = 2.435$$

$$\fallingdotseq \mathbf{2.4}$$

答え ▶▶▶ 2

問題 13 ★★ ➡ 4.3.4

図 **4.15** (a) および図 4.15 (b) に示す二つの回路の出力の信号対雑音比 (S/N) が等しいとき, それぞれの入力信号レベルを S_1 〔dB〕 および S_2 〔dB〕 とすれば, $S_2 - S_1$ の値として, 最も近いものを下の番号から選べ. ただし, 各増幅器の入出力端は整合しており, 両回路の入力雑音は, 熱雑音のみとする. また, 増幅器 A の雑音指数 F_A と利得 G_A をそれぞれ 4.9 〔dB〕 および 10 〔dB〕, 増幅器 B の雑音指数 F_B を 10 〔dB〕 とし, $\log_{10} 3.1 = 0.49$, $\log_{10} 2 = 0.3$ とする. なお, 図 4.15 (a) の回路と図 4.15 (b) の回路の帯域幅は, 同一とする.

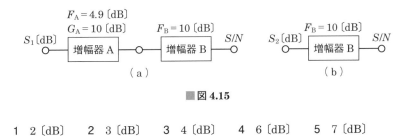

■図 **4.15**

1 2 〔dB〕   2 3 〔dB〕   3 4 〔dB〕   4 6 〔dB〕   5 7 〔dB〕

解説 雑音指数 F_A が 4.9〔dB〕なので，真数 F_{Ax} とし変換すると次のようになります．

$$F_A = 10 \log_{10} F_{Ax}$$

$$4.9 = 10 \log_{10} F_{Ax}$$

$$\log_{10} F_{Ax} = 0.49$$

問題文より，$\log_{10} 3.1 = 0.49$ なので

$$F_{Ax} = 3.1$$

ほかの変換した真数は $F_{Bx} = 10$，$G_{Ax} = 10$ となります．

増幅器 A，B を継続接続したときの全体の雑音指数 F_x は次式で表されます．

$$F_x = F_{Ax} + \frac{F_{Bx} - 1}{G_{Ax}} = 3.1 + \frac{10 - 1}{10} = 4$$

$$F = 10 \log_{10} F_x = 10 \log_{10} 4 = 20 \log_{10} 2 = 6 \text{〔dB〕} \qquad ①$$

入力信号電力を S_I〔dB〕，入力雑音電力を N_I〔dB〕，出力信号電力を S_O〔dB〕，出力雑音電力を N_O〔dB〕とすると，雑音指数 F〔dB〕は次式で表されます（式（4.4）のデシベル表示）．

$$F = (S_I - N_I) - (S_O - N_O) \text{〔dB〕} \qquad ②$$

図 4.15（a）の回路は図 4.15（b）の回路より式①から $F_B - F = 10 - 6 = 4$〔dB〕雑音指数が改善されます．よって，入力電力は $S_2 - S_1 = \mathbf{4}$〔**dB**〕低くても同じ S/N を得ることができます．

答え ▶▶▶ 3

通信システム

この章から **5~6**問 出題

【合格へのワンポイントアドバイス】

この分野は，放送，レーダ，電波航法，陸上移動，固定，衛星システムに関する内容が出題されます．それぞれから，ほぼ1問ずつ出題されています．また，最近はWiMAXなど，デジタル通信に関する問題も出題されています．いろいろなシステムに関する内容は，かなり異なりますので，それぞれの概要を理解してから問題を解いてみるとよいでしょう．

5.1 アナログ放送

5.1.1 FMステレオ放送

FM ステレオ放送は，同じ信号を伝送していますが受信機によってステレオ放送とモノラル放送に分けて受信することができます．主チャネル信号（モノラル受信のための信号）と副チャネル信号（ステレオ信号を復調するための信号）を同時に伝送します．

モノラル受信とステレオ受信の両立性を持った方式．

主チャネル信号は和信号（L + R），副チャネル信号は差信号（L − R）が用いられます．

- FM ステレオ放送は，抑圧搬送波 AM-FM 方式が用いられる
- パイロット信号（19〔kHz〕）は，ステレオ放送の識別と副チャネル信号の復調に用いられる
- 三角雑音によって高域の S/N が低下するのを防ぐためエンファシスを用いる

5.1.2 FMステレオ信号

FM ステレオ放送では，抑圧搬送波 AM − FM 方式が用いられています．抑圧搬送波 AM − FM 方式は，和信号（L + R）を主チャネル信号で伝送し，差信号（L − R）を副チャ

パイロット信号を用いるので，パイロットトーン方式ともいう．

ネル信号で伝送します．信号の周波数スペクトルは**図5.1**のようになります．

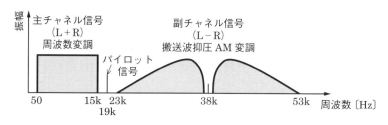

■図5.1　FM ステレオ信号のスペクトル

関連知識　スペクトル
スペクトルとは周波数成分の分布のことです．

主チャネル信号は 50〔Hz〕〜 15〔kHz〕までの帯域成分．もとの左右の音声信号と全く同じ周波数成分を含んでいる．そのため，モノラル受信の場合はこの帯域成分だけを取り出す．パイロット信号は 19〔kHz〕で，ステレオ放送の識別と副チャネル信号の復調に用いられる．副チャネル信号は，差信号により 38〔kHz〕の副搬送波を抑圧搬送波振幅変調したもの．

5.1.3 ステレオ変調器

マトリックス方式のステレオ変調器の構成は**図 5.2** のようになります．

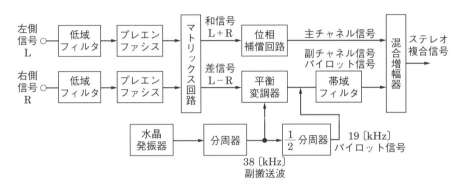

■図 5.2　ステレオ変調器の構成

（1）低域フィルタ

15〔kHz〕を超える成分を除去します．

（2）プレエンファシス

FM 復調器に雑音が加わると周波数に比例してノイズレベルが高くなる性質があります．そのため，送信時に高域を強調（プレエンファシス）し，受信時に高域を減衰する操作（ディエンファシス）を行うことでノイズを低減します．

S/N 比の向上のため，信号の高域部分を**時定数 50〔μs〕**の特性を持つフィルタで高域を強調します．

プレエンファシス回路を**図 5.3** に示します．

入力信号の角周波数を ω〔rad/s〕とすると，プレエンファシス特性 F_P は

$$|F_\mathrm{P}| = \sqrt{1 + (\omega\tau)} \tag{5.1}$$

となります．ただし，τ は時定数で

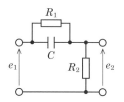

■図5.3 プレエンファシス回路

$$\tau = CR_1 \quad (=50 \, [\mu s]) \tag{5.2}$$

で表されます.

受信側では,ディエンファシス特性 F_d を

$$|F_d| = \frac{1}{\sqrt{1 + (\omega\tau)^2}} \tag{5.3}$$

とすることで,総合周波数特性をフラットにしています.すなわち

$$|F_P| \times |F_d| = 1 \tag{5.4}$$

の関係となっています(図5.4).

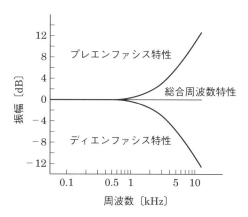

■図5.4 エンファシス特性(時定数 50 [μs])

関連知識 三角雑音

FM復調器出力で生じる雑音のことで,周波数に比例してノイズレベルが大きくなる性質を持っています.

（3）マトリックス回路

LチャネルとRチャネルの和信号と差信号を作り出す回路です.

平衡変調器は，搬送波が抑圧された振幅変調を行うことができる.

（4）平衡変調器

差信号が入力され，38〔kHz〕の副搬送波を平衡変調します.

（5）帯域フィルタ

平衡変調器出力からパイロット信号と副チャネル信号以外の帯域外の周波数成分を除去します.

（6）1/2分周器

38〔kHz〕の副搬送波は水晶発振器出力を分周して作られ，さらに1/2分周器で分周し，19〔kHz〕のパイロット信号を出力します.

（7）位相補償回路

副チャネル信号は平衡変調器と帯域フィルタを通過するため，主チャネル信号に比べ，時間的な遅れが生じます. そのため，主チャネル信号は位相補償回路により遅延を与え，副チャネル信号との位相をそろえます.

5.1.4　FMステレオ放送の復調

ステレオ複合信号は，**図5.5**のように38〔kHz〕の副搬送波と同じ周波数成分

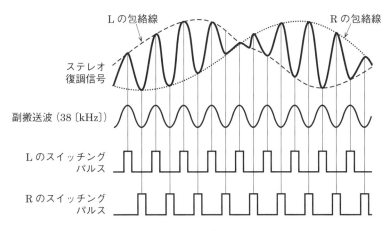

■図5.5　スイッチング方式の動作原理

で構成されています．包絡線上に左側信号 L と右側信号 R があるので，この包絡線を取り出すことによって複合信号から L と R を復調することができます．スイッチング方式は，副搬送波と同期したスイッチングパルスで複合信号を切り換え，L と R の信号を取り出します．

5.1.5 中波 AM ステレオ放送

モトローラ方式
(C-QUAM)：両
立式直交振幅変調

- AM ステレオ放送は**モトローラ方式**（C-QUAM 方式）が用いられる
- 直交振幅変調方式によって振幅成分（L + R）と位相成分（L − R）を伝送する

　中波ステレオ放送（C-QAM 方式）は，一つの搬送波を音声信号の L チャンネル信号と R チャンネル信号との和信号（L + R）で振幅変調し，差信号（L − R）とパイロット信号（25〔Hz〕）を重畳した信号で角度変調しています．復調回路ではモノラル受信機で和信号（L + R）を取り出すために包絡線検波器で包絡線検波を行います．他の信号は同期検波により復調します．

　和信号（L + R），差信号（L − R）およびパイロット信号をマトリクス回路に入力することでステレオ信号を得ます．

5.1.6 中波放送の精密同一周波数放送

　隣接したサービスエリアで同一の周波数を使うことによりエリアを越えて移動受信してもチャンネル（周波数）を変えなくて済むメリットがあります．

　周波数差 0.1 〜 0.01〔Hz〕の精密同一周波数放送（独立同期方式）と，周波数が全く等しい完全同一周波数放送（従属同期方式）があります．

　精密同一周波数放送は周波数差に起因する周期フェージングが発生しますが，実用上ほとんど問題はありません．

　基幹放送局 X 局，Y 局が同期放送をしているとき，受信場所で両者に位相差 φ〔rad〕が生じます．φ は搬送周波数の差 Δf に対して，$1/\Delta f$〔s〕の周期で 0 〜 2π〔rad〕の間を変化します．φ が 0 または 2π〔rad〕のときは，受信場所で同相で合成されて電界強度が 2 倍となり，φ が π〔rad〕のときは逆相で打ち消し

合うため 0 となります．受信機の AGC（自動利得調整）機能やアンテナの指向性によって電界強度の変化を軽減できます．さらに，被変調波に位相差がある場合は受信ひずみが生じますが，同期検波により改善されます．

問題 1 ★★　　　　　　　　　　　　　　　　　　　　**➡ 5.1.2**

　次の記述は，**図 5.6** に示す我が国の FM 放送（アナログ超短波放送）におけるステレオ複合（コンポジット）信号について述べたものである．　　内に入れるべき字句を下の番号から選べ．ただし，FM ステレオ放送の左側信号を "L"，右側信号を "R" とする．なお，同じ記号の　　内には，同じ字句が入るものとする．

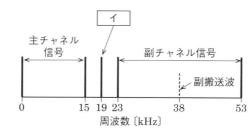

■図 5.6

(1) 主チャネル信号は，和信号 "L + R" であり，副チャネル信号は，差信号 "L − R" により，副搬送波を　ア　したときに生ずる側波帯である．

(2) 　イ　は，ステレオ放送識別のための信号であり，受信側で副チャネル信号を復調するときに必要な副搬送波を得るために付加されている．

(3) ステレオ受信機で復調の際には，"L + R" の信号および "L − R" の信号の　ウ　，"L" および "R" を復元することができる．

(4) モノラル受信機で復調の際には，　エ　は帯域外の成分としてフィルタでカットされるため，　オ　のみが受信される．

1　周波数変調	2　パイロット信号	3　主チャネル信号
4　加算・減算により	5　左側信号（"L"）	6　振幅変調
7　多重信号	8　右側信号（"R"）	9　乗算・除算により
10　副チャネル信号		

答え▶▶▶アー 6，イー 2，ウー 4，エー 10，オー 3

問題 **2** ★★ ➡ 5.1.3

次の記述は，周波数変調（FM）通信に用いられるエンファシスの原理について述べたものである．□□□内に入れるべき字句を下の番号から選べ．ただし，プレエンファシス回路およびディエンファシス回路の時定数を τ〔s〕，入力信号の角周波数を ω〔rad/s〕とする．なお，同じ記号の□□□内には，同じ字句が入るものとする．

(1) エンファシスとは，送信機で周波数変調する前の変調信号の □ ア □ を強調（プレエンファシス）し，受信機で復調した後にプレエンファシスの逆の特性で □ ア □ を低減（ディエンファシス）することである．

(2) 例えば**図 5.7** に示すプレエンファシス回路において，$\tau = CR_1$，入力電圧を e_1 とすると，出力電圧 e_2 は，次式で表される．

$$e_2 = e_1 R_2 (1 + j\omega\tau) / \boxed{\quad イ \quad}$$

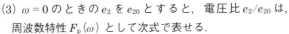

■図 5.7

(3) $\omega = 0$ のときの e_2 を e_{20} とすると，電圧比 e_2/e_{20} は，周波数特性 $F_\mathrm{p}(\omega)$ として次式で表せる．

$$F_\mathrm{p}(\omega) = e_2/e_{20} = (1 + j\omega\tau) / \boxed{\quad ウ \quad} \quad\cdots\cdots\cdots\text{【1】}$$

(4) ここで，$\{w\tau R_2 / (R_1 + R_2)\} \ll 1$ ならば，式【1】の大きさは次式で表せる．

$$|F_\mathrm{p}(\omega)| = \boxed{\quad エ \quad} \quad\cdots\cdots\cdots\cdots\cdots\cdots\cdots\text{【2】}$$

(5) 式【2】は，プレエンファシス回路の周波数特性を表し，それと逆の周波数特性のディエンファシス回路と合わせた総合の周波数特性は平坦となり，FM 通信において変調信号の周波数全域にわたって信号対雑音比（S/N）を一様に保つことができる．ディエンファシス回路は，一種の積分回路であり，その周波数特性 $F_\mathrm{d}(\omega)$ の大きさは次式で表せる．

$$|F_\mathrm{d}(\omega)| = \boxed{\quad オ \quad}$$

1　低域成分
2　$\{R_1 + R_2 (1 + j\omega\tau)\}$
3　$1/\sqrt{1 - (\omega\tau)^2}$
4　$[1 + j\omega\tau \{R_2 / (R_1 + R_2)\}]$
5　$\sqrt{1 - (\omega\tau)^2}$
6　高域成分
7　$\{R_1 - R_2 (1 + j\omega\tau)\}$
8　$1/\sqrt{1 + (\omega\tau)^2}$
9　$[1 - j\omega\tau \{R_2 / (R_1 + R_2)\}]$
10　$\sqrt{1 + (\omega\tau)^2}$

解説　R_1 と C の並列回路のインピーダンス $\dot{Z}_1$ は

$$\dot{Z}_1 = \frac{R_1 \times \dfrac{1}{j\omega C}}{R_1 + \dfrac{1}{j\omega C}} = \frac{R_1}{1 + j\omega C R_1} = \frac{R_1}{1 + j\omega\tau} \qquad ①$$

出力電圧 e_2 は e_1 とインピーダンスの比で表されるので，式①を用いると

$$e_2 = \frac{e_1 R_2}{\dot{Z}_1 + R_2} = \frac{e_1 R_2 (1 + j\omega\tau)}{\boldsymbol{R_1 + R_2 (1 + j\omega\tau)}} \qquad ② \qquad \boxed{\text{イ}}\text{ の答え}$$

式②の $\omega = 0$ としたときの e_2 を e_{20} とすると

$$e_{20} = \frac{e_1 R_2}{R_1 + R_2} \qquad ③$$

伝達関数 $F_{\mathrm{p}}(\omega)$ は式② / 式③より

$$F_{\mathrm{p}}(\omega) = \frac{e_1 R_2 (1 + j\omega\tau)}{R_1 + R_2 (1 + j\omega\tau)} \times \frac{R_1 + R_2}{e_1 R_2} = \frac{1 + j\omega\tau}{R_1 + R_2 + j\omega\tau R_2} \times (R_1 + R_2)$$

$$= \frac{1 + j\omega\tau}{1 + \dfrac{\boldsymbol{j\omega\tau R_2}}{\boldsymbol{R_1 + R_2}}} \fallingdotseq 1 + j\omega\tau \qquad ④ \qquad \boxed{\text{ウ}}\text{ の答え}$$

$$\frac{\omega\tau R_2}{R_1 + R_2} \ll 1$$
の条件より

よって　$|F_{\mathrm{p}}(\omega)| = \sqrt{1 + (\omega\tau)^2}$ $\qquad \boxed{\text{エ}}\text{ の答え}$

ディエンファシス回路により，周波数特性を平坦にするためには

$$|F_{\mathrm{p}}(\omega)| \times |F_{\mathrm{d}}(\omega)| = 1$$

の関係が成り立つので

$$|F_{\mathrm{d}}(\omega)| = \frac{1}{\sqrt{1 + (\omega\tau)^2}}$$

$\qquad \boxed{\text{オ}}\text{の答え}$

となります.

答え▶▶▶ア－ 6，イ－ 2，ウ－ 4，エ－ 10，オ－ 8

5章

問題 3 ★★ →5.1.6

次の記述は，我が国の中波放送における精密同一周波放送（同期放送）方式について述べたものである．□内に入れるべき字句の正しい組合せを下の番号から選べ．

(1) 同期放送は，相互に同期放送の関係にある基幹放送局の搬送周波数の差 Δf が□ A □を超えて変わらないものとし，同時に同一の番組を放送するものである．

(2) 例えば，相互に同期放送の関係にある基幹放送局を X 局および Y 局とすると，ある受信場所における X 局および Y 局の搬送波間の位相差 φ 〔rad〕が $1/\Delta f$ 〔s〕の周期で $0 \sim 2\pi$ 〔rad〕の間を変化するため，その受信場所における X 局および Y 局の搬送波の合成電界は，同周期でフェージングを繰り返す．原理的に，X 局および Y 局の搬送波の電界強度が等しい（等電界）場所における搬送波の合成電界は，φ が□ B □のときは X 局（または Y 局）の電界強度の 2 倍になり，φ が□ C □のときは 0 となる．

(3) 同期放送では，(2) の合成電界の変化と併せ，被変調波に□ D □がある場合の受信ひずみなどが，等電界の場所とその付近でのサービス低下の原因になる．これらによる受信への影響については，受信機の自動利得調整（AGC）機能ならびに受信機のバーアンテナ等の指向性によって所定の混信保護比を満たすことによる改善が期待できる．また，受信ひずみは，同期検波により改善される．

	A	B	C	D
1	0.1〔Hz〕	0 および 2π〔rad〕	π〔rad〕	位相差
2	0.1〔Hz〕	π〔rad〕	0 および 2π〔rad〕	振幅差
3	0.1〔Hz〕	π〔rad〕	0 および 2π〔rad〕	位相差
4	1〔kHz〕	0 および 2π〔rad〕	π〔rad〕	振幅差
5	1〔kHz〕	π〔rad〕	0 および 2π〔rad〕	振幅差

答え▶▶▶ 1

出題傾向 下線の部分を穴埋めの字句とした問題や文章の正誤を問う問題も出題されています．

5.2 レーダ

!要点
- レーダ方程式は，送信電力，波長，アンテナ利得，距離，物標の有効反射断面積，最小受信電力の関係を表す
- パルス波レーダは，物標までの距離と方位を極座標で表したPPI表示が用いられる

5.2.1 レーダの原理

レーダは自ら電波を発射し，その反射波をとらえることにより物標をとらえることができます．波長の短いマイクロ波を使用するため，反射波を測定することにより物標までの距離と方位を正確に測定することができます．

電波の往復所要時間を t〔s〕，電波の速度を c $(3 \times 10^8$〔m/s〕$)$ とすると物標までの距離 l は，次式で表されます．

$$l = \frac{ct}{2} \text{〔m〕} \tag{5.5}$$

5章

関連知識 マイクロ波

3〔GHz〕から30〔GHz〕までの範囲の電波のことをマイクロ波といいます．直進性が強い性質を持ち，周波数が高いので，通信に用いる場合は伝送量が大きく，固定通信や衛星通信に用いられます．

5.2.2 構成

図5.8にレーダの構成を示します．

（1）アンテナ部

アンテナとアンテナを回転させるための駆動装置で構成されています．

アンテナは送信，受信で共用しているので，サーキュレータによる送受切換器で送受信電波の切換を行います．

サーキュレータは，導波管の立体回路で構成され，アンテナからの電波は受信機へ，送信機からの電波はアンテナへ伝送され，送信機から受信機へは伝送されない．

（2）送信部

マグネトロン：大電力のマイクロ波を発振させています．

変調器：マグネトロンが発振する高周波をパルス変調します．

同期信号発生器：レーダシステム全体の時間標準となる同期信号として，トリ

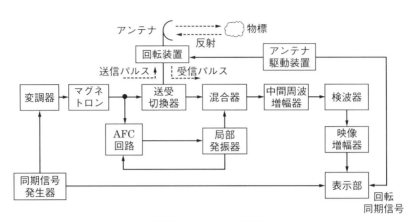

■図 5.8　レーダの構成

ガパルスを発生させています．このトリガパルスは，送信部と表示部の動作を同期させる役目をしています．

(3) 受信部

　混合器：受信パルスを中間周波数に変換します．

　局部発振器と AFC 回路：AFC 回路は中間周波数を一定に保つために設けられています．

　中間周波増幅器：マイクロ波から低い周波数に変換された中間周波信号を増幅します．

(4) 表示部

　距離測定に必要な同期信号，映像信号，アンテナ部からの回転同期信号を合成することにより，表示器に物体までの相対位置が表示されます．

5.2.3　性　能

(1) レーダ方程式

　レーダ方程式とは，送信電力，波長，アンテナ利得，距離，物標の質や大きさ，受信機の感度などの関係を表した関係式です（**図 5.9**）．

　アンテナから発射される送信電力を P_t〔W〕とし，このアンテナ利得を G（真数）とした場合，距離 R〔m〕のところにある物標における到達電力密度は $P_t G/(4\pi R^2)$〔W/m²〕となります．

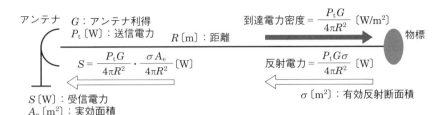

■図5.9　レーダ方程式

距離 R〔m〕の物標（反射物体）により，電波は反射されます．反射される割合は，物標の質や大きさによって異なり，この割合のことを**有効反射断面積** σ〔m²〕といいます．物標から反射される電力は $P_t G \sigma / (4\pi R^2)$ となります．

反射された電波は距離 R〔m〕だけ戻り送信地点のアンテナへ戻ってきます．このときの受信電力はアンテナの面積に比例し，有効に作用するアンテナの面積のことを**実効面積** A_e〔m²〕といいます．これにより受信電力 S〔W〕は，次式で表すことができます．

$$S = \frac{P_t G}{4\pi R^2} \cdot \frac{\sigma A_e}{4\pi R^2} \ \text{〔W〕} \tag{5.6}$$

ここで，実効面積 A_e は，次式で表されます．

$$A_e = \frac{\lambda^2}{4\pi} G \tag{5.7}$$

(2) 最大探知距離

物標を検知できる最大限度の距離を**最大探知距離** R_{max}〔m〕といい，次式で表されます．

$$R_{max} = \sqrt[4]{\frac{P_t G A_e \sigma}{(4\pi)^2 S_{min}}} = \sqrt[4]{\frac{P_t G^2 \lambda^2 \sigma}{(4\pi)^3 S_{min}}} \ \text{〔m〕} \tag{5.8}$$

R_{max} を大きくするためには P_t〔W〕，G，λ〔m〕を大きくし，S_{min}〔W〕が小さくなればよいことがわかります．

(3) 最小探知距離

物標からの反射波を探知できる最小限度の距離を**最小探知距離** R_{min}〔m〕といいます．反射波を受信するためには，送信パルス幅が電波の往復に要する時間の1/2以下であることが必要です．

τ の単位は〔µs〕の値で計算する．

最小探知距離 $R_{\min}$〔m〕と**送信パルス幅** τ〔μs〕は次式の関係があります.

$$R_{\min} = \frac{1}{2}c\tau = \frac{1}{2} \times 3 \times 10^8 \,〔\mathrm{m/s}〕\times \tau \times 10^{-6}\,〔\mathrm{s}〕= 150\,\tau\,〔\mathrm{m}〕 \quad (5.9)$$

(4) 距離分解能

アンテナと物標を結ぶ一直線上の二つの物標を区別して表示できる最小距離を,**距離分解能**といいます.距離分解能は,二つの物標からの反射波をそれぞれ独立して受信しなければならず,送信パルス幅が大きいと二つの物標からの反射波が重なり,区別できなくなります.そのため,距離分解能 R_1〔m〕は**送信パルス幅** τ〔μs〕によって決まり,次式で表されます(**図 5.10**).

$$R_1 = \frac{1}{2}c\tau = \frac{1}{2} \times 3 \times 10^8 \,〔\mathrm{m/s}〕\times \tau \times 10^{-6}\,〔\mathrm{s}〕- 150\,\tau\,〔\mathrm{m}〕 \quad (5.10)$$

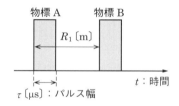

■図 5.10　距離分解能 R_1

(5) 方位分解能

アンテナから同一距離にある,方位の異なる二つの物標を区別して表示できる物標間の角度を**方位分解能**といいます.方位分解能はアンテナの水平面内のビーム幅(半値角)により決まり,ビーム幅が狭いほど良くなります.

(6) PPI スコープ

PPI(Plan Position Indicator)スコープを**図 5.11** に示します.

PPI スコープはレーダの指示器として最も代表的なものです.スコープの中心がレーダ用アンテナで,アンテナの回転角が方向として表示されます.スコープの半径は距離レンジといい,物標までの距離は中心から半径方向の距離に相当します.スコープの半径を D〔m〕,距離レンジを R_r〔m〕として,輝度の大きさを l〔mm〕とすると,表示による距離分解能 R_2〔m〕は次式で表されます.

$$D : l = R_r : R_2 \qquad \therefore R_2 = \frac{R_r l}{D} \tag{5.11}$$

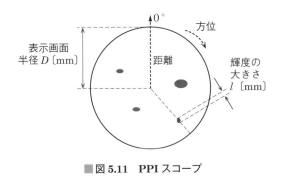

■図5.11　PPIスコープ

PPIスコープの表示画面における距離分解能 R〔m〕は，式（5.10）で表される R_1 と，R_2 の和になります．

$$R = R_1 + R_2 \tag{5.12}$$

5.2.4　パルス圧縮レーダ

パルス圧縮レーダは遠距離物標も検出可能にしたレーダです．パルスに特定の変調を加えて送信し，反射波を圧縮受信することで距離分解能を向上させています．

（1）線形周波数変調（チャープ）方式

図 5.12 のように送信時に送信パルス幅 T〔s〕の中の周波数を，低い周波数 f_1 から高い周波数 f_2 まで直線的に Δf〔Hz〕変化させて送信します．受信時はこの反射波を受信し，周波数が低いほど遅延時間が大きい（周波数 Δf と逆の特性）フィルタを通過させることで，パルス幅が $1/\Delta f$ に圧縮され，尖頭値の振幅は $\sqrt{T\Delta f}$ 倍になります．

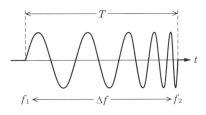

■図5.12　線形周波数変調（チャープ）方式

送信パルスはパルス幅が広いほど探知距離が増大し，幅が狭いほど距離分解能が向上するという相矛盾する性質がありますが，パルス圧縮技術によってその矛盾を改善します．

(2) 符号変調方式

　変調には，**自己相関特性**が良好な符号系列（バーカ符号など）を用います．

　図 5.13 はパルス幅 T〔s〕のバーカ符号の例で，$T/7$〔s〕の 7 bit で構成されています（a）．符号の極性に応じて位相変調を行いパルス（b）を送信します．

　受信時にはこの反射波を受信し，増幅および同期検波をすることで再生符号は（c）のようになります．遅延回路，位相反転器および加算器で構成されるパルス合成器（d）に入力することで，パルス幅は 1/7 に圧縮され，振幅 V〔V〕は再生符号系列の振幅 v〔V〕の **7 倍**になります（e）．

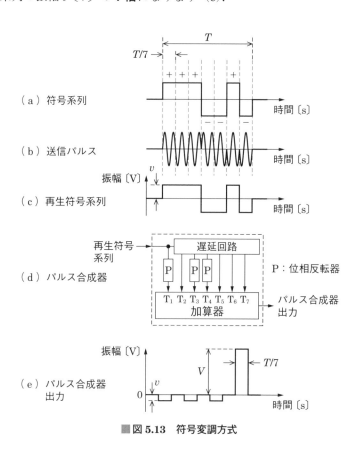

■図 5.13　符号変調方式

問題 4 ★★ ➡ 5.2.3

レーダ方程式を用いて求めたパルスレーダの最大探知距離の値として，正しいものを下の番号から選べ．ただし，送信尖頭出力を 100 [kW]，送信周波数を 3 [GHz]，物標の有効反射断面積を π [m^2]，アンテナの実効面積を 1 [m^2]，物標は受信機の受信電力が -94 [dBm] 以上のとき探知できるものとし，電波の波長 λ [m]，アンテナの利得 G（真数）とアンテナの実効面積 A [m^2] は $A = G\lambda^2/(4\pi)$ の関係があり，送信アンテナと受信アンテナは同一のものとする．また，1 [mW] を 0 [dBm] とする．

1　25 [km]　　　2　50 [km]　　　3　100 [km]　　　4　200 [km]　　　5　300 [km]

解説 波長 λ [m] を求めます．

$$\lambda = \frac{3 \times 10^8}{3 \times 10^9} = 1 \times 10^{-1} \text{ [m]} \qquad ①$$

受信電力の dB 値，S_{dB} [dBm] を真数 S [W] に表します．

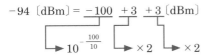

$$-94 \text{ [dBm]} = \underbrace{-100}_{10^{-\frac{100}{10}}} \underbrace{+3}_{\times 2} \underbrace{+3}_{\times 2} \text{ [dBm]}$$

対数表示から真数表示への変換に注意して

$$-94 \text{ [dBm]} = 10^{-10} \times 2 \times 2 \text{ [mW]}$$
$$= 4 \times 10^{-10} \times 10^{-3} = 4 \times 10^{-13} \text{ [W]} \qquad ②$$

式（5.6）のレーダ方程式より最大探知距離 R [m] を求める式（5.8）に変形し，題意の値を代入します．

$$R^4 = \frac{G P_{\mathrm{t}} A_{\mathrm{e}} \sigma}{(4\pi)^2 S} = \frac{4\pi A_{\mathrm{e}} P_{\mathrm{t}} A_{\mathrm{e}} \sigma}{\lambda^2 (4\pi)^2 S} = \frac{P_{\mathrm{t}} A_{\mathrm{e}}^2 \sigma}{4\pi \lambda^2 S}$$
$$= \frac{100 \times 10^3 \times 1^2 \times \pi}{4\pi \times (1 \times 10^{-1})^2 \times 4 \times 10^{-13}} = \frac{10^{20}}{16} = \frac{10^{5 \times 4}}{2^4} \qquad ③$$

$$R = \sqrt[4]{\frac{10^{5 \times 4}}{2^4}} = \frac{10^5}{2} = 50 \times 10^3 \text{ [m]} = \textbf{50 [km]}$$

dBm とは，電力を対数で表す単位で，1 [mW] = 0 [dBm] を基準としている．

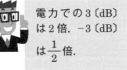
電力での 3 [dB] は 2 倍，-3 [dB] は $\frac{1}{2}$ 倍．

答え ▶▶▶ 2

5 章

問題 5 ★★　　　　　　　　　　　　　　　　　　　　　　　→5.2.3

　次の記述は，レーダー方程式において，送信電力等のパラメータを変えた時の最大探知距離（R_{max}）の変化について述べたものである．　□□□□内に入れるべき字句の正しい組合せを下の番号から選べ．ただし，R_{max} は，レーダー方程式のみで決まるものとし，最小受信電力は，信号の探知限界の電力とする．

(1) 受信機の最小受信電力を 0.25 倍にすると，R_{max} の値は，約 □A□ 倍になる．

(2) 送信電力を 16 倍にすると，R_{max} の値は，□B□ 倍になる．

(3) 物標の有効反射断面積を 4 倍にすると，R_{max} の値は，約 □C□ 倍になる．

	A	B	C
1	1.4	2.0	1.4
2	1.4	4.0	1.4
3	0.7	2.0	1.7
4	0.7	4.0	1.7
5	0.7	4.0	1.4

解説　送信電力を P〔W〕，アンテナの利得を G，電波の波長を λ〔m〕，物標の有効反射断面積を σ〔m²〕，最小受信電力を P_{min}〔W〕とすると，最大探知距離 R_{max}〔m〕は

$$R_{max} = \sqrt[4]{\frac{PG^2\lambda^2\sigma}{(4\pi)^3 P_{min}}} \quad 〔m〕 \tag{①}$$

(1) 最小受信電力 P_{min} が $0.25 = 1/2^2$ 倍の受信機を用いると，R_{max} は $(2^2)^{1/4} = \sqrt{2} \fallingdotseq \mathbf{1.4}$ 倍になります． ┈┈┈┈ □A□ の答え ┈┈┈┈

(2) 送信電力 P を $16 = 2^4$ 倍にすると，R_{max} は $(2^4)^{1/4} = \mathbf{2}$ 倍になります． ┈┈┈┈ □B□ の答え

(3) 物標の有効反射断面積 σ を $4 = 2^2$ 倍にすると，R_{max} は $(2^2)^{1/4} = \sqrt{2} \fallingdotseq \mathbf{1.4}$ 倍になります． □C□ の答え ┈┈┈┈

答え ▶▶▶ 1

問題 6 ★　　　　　　　　　　　　　　　　　　　　　　　　→5.2.3

　パルスレーダの PPI スコープを 1.5 海里の距離レンジで用いているときの表示画面における距離分解能の値として，最も近いものを下の番号から選べ．ただし，表示画面の直径を 30〔cm〕，パルス幅を 0.1〔μs〕，PPI スコープ上の輝点の直径を 1〔mm〕とし，1 海里は 1 852〔m〕，PPI スコープの掃引は均一であり，パルス波形の崩れはないものとする．また，距離分解能は，二つの目標を距離方向で完全に区別できる最短距離を求めるものとする．

---

1 12〔m〕　　**2** 19〔m〕　　**3** 27〔m〕　　**4** 34〔m〕　　**5** 49〔m〕

解説 ① 　パルス幅 τ が 0.1〔μs〕の距離分解能 R_1〔m〕は，次式で求めることができます.

$$R_1 = \frac{c\tau}{2} = \frac{3 \times 10^8 \times \tau}{2} = 150\tau$$

τ は〔μs〕の数値を代入する.

$$= 150 \times 0.1 = 15 \text{〔m〕}$$

② 　表示画面の半径を D〔mm〕，距離レンジを R_r〔m〕（$= 1.5 \times 1\,852$〔m〕），輝度の大きさを l〔mm〕とすると，表示による距離分解能 R_2〔m〕は

$$R_2 = \frac{R_r l}{D} = \frac{1.5 \times 1\,852 \times 1}{150} \fallingdotseq 18.5 \text{〔m〕}$$

となります.

　　表示画面における距離分解能 R〔m〕は，R_1 と R_2 の和になります.

$$R = R_1 + R_2 = 15 + 18.5 \fallingdotseq 34 \text{ (m)}$$

答え▶▶▶ 4

5章

問題 7 ★★　　　　　　　　　　　　　　　　➡5.2.3

　　レーダ方程式を用いて求めた，物標の探知に必要な有効反射断面積の最小値として，正しいものを下の番号から選べ. ただし，探知距離を 10〔km〕，パルスレーダの送信せん頭出力電力を 1〔MW〕，アンテナの利得を 30〔dB〕，アンテナの実効面積を 1.6〔m²〕とし，物標は，受信機の受信電力が −80〔dBm〕以上のとき探知できるものとする.

1 0.01〔m²〕　　**2** 0.1〔m²〕　　**3** 1〔m²〕　　**4** 10〔m²〕　　**5** 100〔m²〕

解説 　アンテナ利得 $G_{dB} = 30$〔dB〕を真数 G に直すと次式で表されます.

$$G = 10^{\frac{G_{dB}}{10}}$$

①

デシベル表示 G_{dB} と真数 G には次の関係があります.
$$G_{dB} = 10 \log_{10} G$$
$$G = 10^{\frac{G_{dB}}{10}}$$

$$= 10^{\frac{30}{10}}$$

よって

$$G = 10^3$$

となります.

　　受信電力 $S_{dB} = -80$〔dBm〕を真数 S〔mW〕に変換します.

$$S = 10^{\frac{S_{dB}}{10}}$$

$$= 10^{-\frac{80}{10}} \ \text{(mW)} \qquad\qquad ②$$

よって

$$S = 10^{-8} \ \text{(mW)} = 10^{-8} \times 10^{-3} \ \text{(W)} = 10^{-11} \ \text{(W)}$$

となります.

式 (5.6) のレーダ方程式 $S = \dfrac{P_t G}{4\pi R^2} \cdot \dfrac{\sigma A_e}{4\pi R^2}$ 〔W〕より有効反射断面積 σ〔m²〕を求める式に変形し，題意の値を代入します

$$\sigma = \frac{(4\pi)^2 R^4 S}{G P_t A_e} = \frac{(4\pi)^2 \times (10 \times 10^3)^4 \times 10^{-11}}{10^3 \times 10^6 \times 1.6}$$

π² ≒ 10 を覚えておくと便利.

$$= \frac{16\pi^2 \times 10^{16} \times 10^{-11}}{10^3 \times 10^6 \times 1.6} = \frac{16\pi^2 \times 10^5}{10^9 \times 1.6} = \frac{\pi^2}{10^3} \fallingdotseq \mathbf{0.01 \ (m^2)}$$

答え ▶▶▶ 1

問題 8 ★★　　　　　　　　　　　　　　　　　　　　　　　➡ 5.2.4

　次の記述は，パルス圧縮レーダのパルス圧縮方式について述べたものである. ☐☐☐内に入れるべき字句の正しい組合せを下の番号から選べ.

(1) パルス圧縮方式には，☐ A ☐方式および符号変調方式がある.

(2) 符号変調方式は，バーカ符号など ☐ B ☐ の特性が良好な符号系列を用いる. 図 5.14 (a) は，符号幅が $T/7$〔s〕のプラス（＋）またはマイナス（－）の 7 個の符号で構成される時間長 T〔s〕のバーカ符号の例である. この符号の極性に応じて搬送波を位相変調（0 または π〔rad〕の偏移）して図 5.14 (b) の送信パルスを送信する.

(3) 受信した反射信号を増幅および位相同期検波し，図 5.14 (c) の再生符号系列を得る. これを図 5.14 (d) の $T/7$ タップ付き遅延線路，位相反転器および加算器で構成されるパルス合成器に入力すると，出力のパルス幅は，図 5.14 (e) に示すように符号系列の時間長 T〔s〕の 1/7 に圧縮され，また，振幅 V〔V〕は再生符号系列の振幅 v〔V〕の ☐ C ☐ 倍になる.

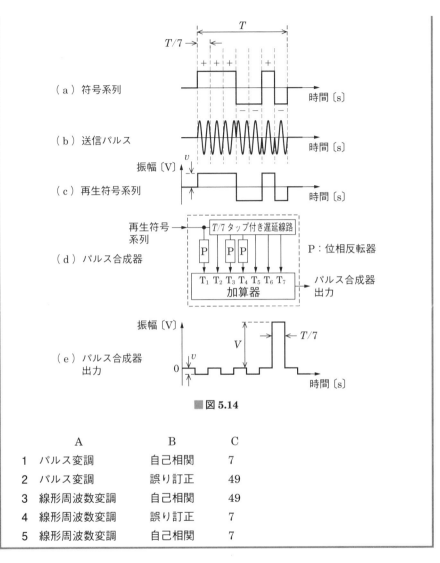

■図5.14

	A	B	C
1	パルス変調	自己相関	7
2	パルス変調	誤り訂正	49
3	線形周波数変調	自己相関	49
4	線形周波数変調	誤り訂正	7
5	線形周波数変調	自己相関	7

答え▶▶▶ 5

問題 9 ★★　→ 5.2.4

次の記述は，レーダーに用いられるパルス圧縮技術の原理について述べたものである．____内に入れるべき字句の正しい組合せを下の番号から選べ．なお，同じ記号の____内には，同じ字句が入るものとする．

(1) 線形周波数変調（チャープ）方式によるパルス圧縮技術は，送信時に送信パルス幅 T [s] の中の周波数を，f_1 [Hz] から f_2 [Hz] まで直線的に Δf [Hz] 変化（周波数変調）させて送信する．反射波の受信では，遅延時間の周波数特性が送信時の周波数変化 Δf [Hz] と ____A____ の特性を持ったフィルタを通してパルス幅が狭く，かつ，大きな振幅の受信出力を得る．

(2) このパルス圧縮処理により，受信波形のパルス幅が T [s] から $1/\Delta f$ [s] に圧縮され，尖頭値の振幅は ____B____ 倍になる．

(3) 尖頭送信電力に制約のあるパルスレーダーにおいて，探知距離を増大するには送信パルス幅を ____C____ くする必要があり，他方，距離分解能を向上させるためには送信パルス幅を ____D____ くする必要がある．これらは相矛盾するものであるが，パルス圧縮技術により，パルス幅が ____C____ く，かつ，低い送信電力のパルスを用いても，大電力で ____D____ いパルスを送信した場合と同じ効果を得ることができる．

	A	B	C	D
1	同一	$\sqrt{T/\Delta f}$	狭	広
2	同一	$\sqrt{T\Delta f}$	広	狭
3	逆	$\sqrt{T/\Delta f}$	狭	広
4	逆	$\sqrt{T/\Delta f}$	広	狭
5	逆	$\sqrt{T\Delta f}$	広	狭

答え▶▶▶ 5

出題傾向 下線の部分は，ほかの試験問題で穴埋めの字句として出題されています．

5.3 ドプラレーダ

！要点
- 送信電波は連続波が用いられる
- ドプラ効果による周波数偏移を測定して，物標の速度を測定する

ドプラレーダは，ドプラ効果による周波数偏移を観測することで，観測対象の移動速度を観測することができるレーダです．

図5.15に**ドプラ効果**の原理を示します．物標がレーダに近づいてくると電波の周波数が高くなり，遠ざかると周波数が低くなります．その原理より，レーダが送信した周波数と物標により反射されてきた受信周波数の差を比較することにより，物標の移動速度がわかります．

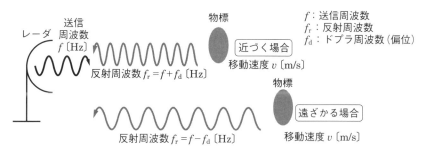

■図5.15　ドプラ効果の原理

送信周波数 f〔Hz〕，移動速度 v〔m/s〕とすると，ドプラ周波数 f_d〔Hz〕は次式によって求めることができます．

$$f_d = \frac{2v}{\lambda} = \frac{2vf}{c} \text{〔Hz〕} \tag{5.13}$$

また，レーダが移動体に対して θ の角度をなす場合（**図5.16**），ドプラ周波数 f_d〔Hz〕は次式となります．

$$f_d = \frac{2vf\cos\theta}{c} \text{〔Hz〕} \tag{5.14}$$

5章

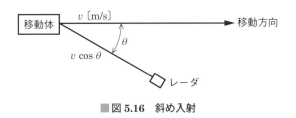

■図 5.16　斜め入射

問題 ⑩　★★★　　　　　　　　　　　　　　　　　　　→ 5.3

　図 5.17 に示すように，ドプラレーダを用いた対地速度計を搭載した航空機が，点 O から水平に対地速度 v で飛行し，対地速度計から飛行方向に対し $\theta = \pi/3$〔rad〕の角度で大地に向けて送信周波数 4 200〔MHz〕の電波を発射した．大地上の点 P からの反射波によるドプラ周波数偏移が 2 100〔Hz〕であるときの対地速度 v の値として，正しいものを下の番号から選べ．ただし，電波の往路および復路の伝搬時間は等しいものとする．

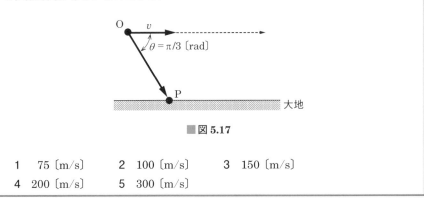

■図 5.17

1　75〔m/s〕　　　2　100〔m/s〕　　　3　150〔m/s〕
4　200〔m/s〕　　　5　300〔m/s〕

解説　　ドプラ周波数偏移 f_d〔Hz〕は，次式で表されます．

$$f_d = \frac{2vf\cos\theta}{c} \ \text{〔Hz〕} \tag{①}$$

式①より対地速度 v〔m/s〕を求める式に変形し，各値を代入します．

$$v = \frac{cf_{\mathrm{d}}}{2f \cos \theta} = \frac{3 \times 10^{8} \times 2\,100}{2 \times 4\,200 \times 10^{6} \times 0.5} = \frac{300}{2} = \mathbf{150\ [m/s]}$$

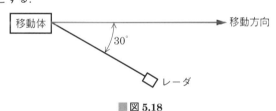

$\theta = \dfrac{\pi}{3}$ 〔rad〕$= 60°$

$\cos 60° = \dfrac{1}{2} = 0.5$

答え▶▶▶ 3

問題 11 ★★★　　　　　　　　　　　　　　→ 5.3

図 **5.18** に示すように，ドプラレーダを用いて移動体を前方 30° の方向から測定したときのドプラ周波数が，0.8〔kHz〕であった．この移動体の移動方向の速度の値として，最も近いものを下の番号から選べ．ただし，レーダの周波数は 10〔GHz〕とし，$\cos 30° = 0.9$ とする．

1　60〔km/h〕
2　58〔km/h〕
3　54〔km/h〕
4　48〔km/h〕
5　42〔km/h〕

移動体 ──────→ 移動方向

30°

レーダ

■図 5.18

解説　移動体の速度を v〔m/s〕，測定角度を θ〔°〕，電波の周波数を f〔Hz〕，電波の速度を c〔m/s〕とすると，ドプラ周波数 f_{d}〔Hz〕は次式で表されます．

$$f_{\mathrm{d}} = \frac{2vf \cos \theta}{c}\ \text{〔Hz〕} \tag{①}$$

式①より移動体の速度 v〔m/s〕を求める式に変形し，題意の値を代入します．

$$v = \frac{cf_{\mathrm{d}}}{2f \cos \theta} = \frac{3 \times 10^{8} \times 0.8 \times 10^{3}}{2 \times 10 \times 10^{9} \times 0.9} = \frac{4}{3} \times 10\ \text{〔m/s〕}$$

時速〔km/h〕で表すと，以下のようになります．

$$v = \frac{4}{3} \times 10 \times 3\,600 = 48 \times 10^{3}\ \text{〔m/h〕} = \mathbf{48\ [km/h]}$$

答え▶▶▶ 4

5.4 電波航法

5.4.1 電波高度計

(1) FM-CW レーダ方式

FM-CW レーダは，連続波に信号波で周波数変調した電波を利用します．航空機から周波数変調した電波を送信し，地面で反射した受信信号と送信信号の一部を混合して得られる，ビート周波数 f_b〔Hz〕から高度情報を検出します．

ビート周波数 f_b〔Hz〕は

$$f_b = \frac{4Bh}{Tc} = \frac{4Bhf}{c} \ \text{〔Hz〕} \tag{5.15}$$

で表されます．

ここで，B〔Hz〕：周波数偏移，h〔m〕：高度，T〔s〕：繰返し周期，c〔m/s〕：電波の速度，f〔Hz〕：周波数変調波の繰返し周波数（$f = 1/T$〔Hz〕）

ビート周波数は，二つの周波数を混合したときに発生する差の周波数のこと．

(2) パルスレーダ方式

パルスレーダ方式は，航空機から発射された送信パルスが大地で反射して戻ってくるまでの所要時間を計測するものです．

高度 h〔m〕は

$$h = \frac{ct}{2} \ \text{〔m〕} \tag{5.16}$$

で表されます．

ここで，c〔m/s〕：電波の速度，t〔s〕：電波の往復所要時間

5.4.2　航空交通管制用レーダ

航空交通管制用レーダの配置を**図 5.19** に示します.

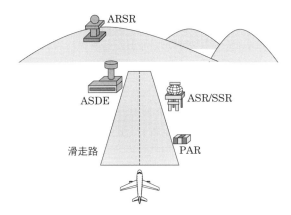

■図 5.19　航空交通管制システム

(1) 空港監視レーダ (ASR : Airport Surveillance Radar)

　空港周辺空域における航空機の位置および相互間隔を正確に把握するための監視レーダです. 航空機の進入着陸管制，離陸管制に使用しています.

> ASR は，空港から半径約 50〜60 海里 (92.6〜111.1〔km〕) の範囲にある航空機の位置を探知することができる. 1 海里〔nm〕は，1.852〔km〕

(2) 精測進入レーダ (PAR : Precision Approach Radar)

　離着陸態勢にある航空機が滑走路への規定の降下路に沿っている地上から判定し，航空機を誘導するためのレーダです. 航空機の降下路上の位置は，滑走路中心線に対する**方位角**と滑走路面に対する**傾斜角** (高低角) で与えられます. PAR では方位角用と傾斜角用に水平および垂直の 2 組のアンテナを用いています.

(3) 航空路監視レーダ (ARSR : Air‑Route Serveillance Radar)

　空港周辺空域より外の航空路の管制に使用されるレーダです. 探知距離を大きくするために 1 300〔MHz〕帯が用いられ，またアンテナを大きくし送信出力を増大し，受信機の低雑音化が図られています.

ARSR は，山頂などに設置され，半径約 200 海里の範囲にある航空路を航行する航空機の位置を探知することができる．ASR および ARSR に用いられる移動目標表示装置（MTI）には，山岳，地面，および建物などの固定物標からの不要な反射波を除去する機能がある．

（4）空港面探知レーダ（ASDE：Airport Surface Detection Equipment）

空港の地表面を探知するレーダです．大規模空港において夜間や悪天候のときなど，滑走路や誘導路などを肉眼で確認することが困難な場合に，空港地表面の状況把握のために使用されます．

（5）航空用 2 次監視レーダ（SSR：Secondary Surveillance Radar）

地上装置（インタロゲータ）と航空機上の装置（トランスポンダ）から構成され，地上装置と機上装置との間で質問，応答パルスをやり取りし，航空機の識別コード，高度や速度のデータを得るシステムです．

 ASR および ARSR は，SSR を併用して得た航空機の高度情報を用いることにより，航空機の位置を 3 次元的に把握することができる．

5.4.3　VOR

VOR（VHF Omnidirectional Radio Range）は VHF 帯を用いて，航空機に位置情報（VOR 局から見た航空機の磁北を基準とする方位情報）を与えるシステムです．VOR からは，基準位相信号と可変位相信号の電波が発射され，二つの信号の位相を比較することにより航空機の方位を測位することができます．

VOR には，標準 VOR（CVOR）とドプラ VOR（DVOR）があります．

（1）標準 VOR（CVOR：Conventional VOR）

標準 VOR は，基準位相信号に FM 波，可変位相信号にはアンテナの 8 字指向特性を回転させることによる AM 波を用いています．方位誤差は約 2°です．

（2）ドプラ VOR（DVOR：Doppler VOR）

ドプラ VOR は，基準位相信号に AM 波，可変位相信号にはドプラ効果による FM 波を用いています．方位誤差は約 0.8°です．VOR 局のほとんどがドプラ VOR を使用しています．

原理は**図 5.20** に示すように，等価的に円周上を 1 800〔rpm〕の速さで周回す

るアンテナから電波を発射するものです．すなわち，円周上の各アンテナは毎秒30回に1回の割合で電波を発射しており，この電波を遠方の航空機で受信すると，ドプラ効果により **30〔Hz〕** で周波数変調された可変位相信号となります．また，中央のアンテナからは，周回するアンテナと同期した **30〔Hz〕** で振幅変調された基準位相信号を発射しています．航空機で基準位相信号および可変位相信号の位相差を測定することで，自機の相対方位を知ることができます．

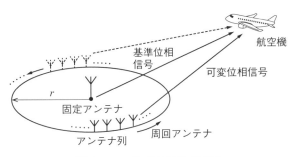

■図 5.20　ドプラ VOR 原理図

　実際には円周上に等間隔に並べられたアンテナ列（50個）に，給電するアンテナを次々と一定回転方向に切り換え，周回アンテナを実現しています．この際，標準 VOR（CVOR）との両立性を保つため，ドプラ効果による周波数偏移量が CVOR の基準位相信号の最大周波数偏移（480〔Hz〕）と等しくなるよう，円の直径 $2r$ を搬送波の波長の **約 5 倍** にするとともに，その回転方向を **CVOR と逆方向** にします．

5.4.4　DME

　DME（Distance Measuring Equipment）は距離測定装置のことで，航空機上の質問機（インタロゲータ）と地上の応答機（トランスポンダ）から構成される2次レーダです．

　航空用 DME は，追跡の状態において，航行中の航空機に対して，既知の地点からの距離情報を **連続的** に与える装置で，**UHF 帯** を使用します．

　図 5.21 に示す地上 DME は，航空機の機上 DME から送信された質問信号を受信すると，質問信号と **異なる** 周波数の応答信号を自動的に送信します．機上

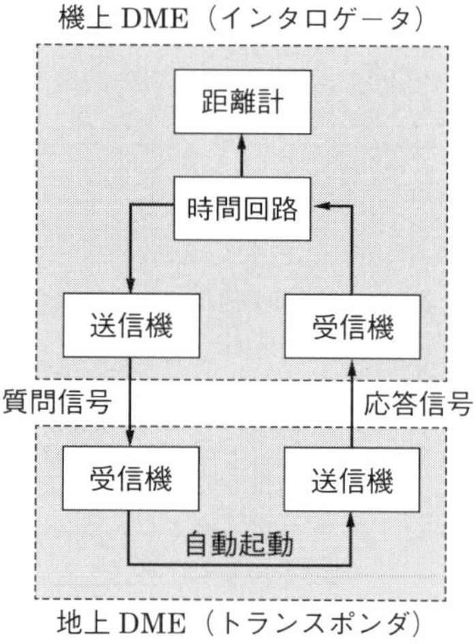

機上 DME（インタロゲータ）

距離計

時間回路

送信機　　　　受信機

質問信号　　　　　　　応答信号

受信機　　　　送信機

自動起動

地上 DME（トランスポンダ）

■図 5.21　DME の構成

DME は質問信号から応答信号の受信までの時間を計測して，航空機と地上装置までの距離を求めています．

関連知識　1 次レーダと 2 次レーダ

　1 次レーダは機体に当たって跳ね返ってきた電波をもとに，画面上に機影の存在を確認するだけのレーダです．
　2 次レーダは地上を質問装置，航空機側を応答装置とし，応答質問を行います．応答信号に情報を加えることで各機体の判別ができ，飛行計画と照らし合わせることで画面上に便名，機種などを表示することができます．

5.4.5　ILS

ILS（Instrument Landing System）は計器着陸装置のことで，ローカライザ，グライドパス，マーカの三つの装置から構成されています（**図 5.22**）．航空機が滑走路に着陸する際，正確に進入し安全に着陸できるように地上から指向性電波を発射し，最終進入中の航空機に滑走路に対する正確な進入経路（方向および降下経路）を示す装置です．

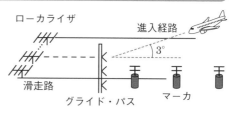

ローカライザ
進入経路
3°
滑走路
グライド・パス　　マーカ

■図 5.22　ILS 配置図

(1) ローカライザ

　滑走路の中心線上の停止終点に設置され，滑走路に進入および着陸する航空機に対して，**滑走路の中心線**に沿った進入コースを与えるための送信設備です（**図 5.23**）.

航空機の進入方向から見て進入路の右側：150〔Hz〕，左側：90〔Hz〕の変調信号が強く受信される指向性を持つ VHF 帯の電波を放射している.

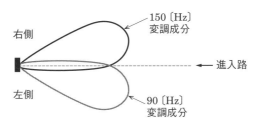

■図 5.23　ローカライザ水平面指向性

(2) グライド・パス

　滑走路着陸点付近の側方に設置され，滑走路に進入および着陸する航空機に対して**降下路の中心線**を与えるための送信設備です（**図 5.24**）.

航空機の降下路面の下側：150〔Hz〕，上側：90〔Hz〕の変調信号が強く受信される指向性を持つ UHF 帯の電波を放射している.

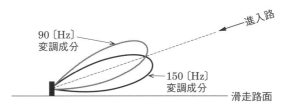

■図 5.24　グライド・パス垂直面指向性

(3) マーカ・ビーコン

　滑走路進入末端から特定の複数の位置に設置され，上空を通過する航空機に対して**着陸点までの概略位置**を与えるための送信設備です. 滑走路から遠い方から，アウタマーカ，ミドルマーカ，インナマーカの三つのマーカで構成されています.

5
章

特有の変調周波数で振幅変調された VHF 帯の電波を上空に向けて発射している.

5.4.6　GPS

GPS（Global Positioning System）は，人工衛星を利用して地球上の位置を正確に測定するシステムです．地球周回軌道に配置された人工衛星が発射する電波を利用し，受信機の緯度，経度，高度などを数 cm から数十 m の誤差で測位することができます.

GPS 衛星は高度約 21 000〔km〕の六つの軌道面にそれぞれ 4 個以上，計 24 個以上が配置され，約 12 時間周期で地球を周回しています．GPS 衛星からの電波を受信してそれぞれの衛星との距離を割り出すことにより，現在位置を測定することができます．三つの衛星が見えるところでは緯度と経度を，四つの衛星が見えるところではこれに加えて高度を測定することができます.

測位の原理は，軌道上の GPS 衛星 S_1, S_2, S_3 から発射された電波を受信点 P で同時に受信します．GPS 衛星から受信点 P までの距離を r_1, r_2, r_3 とします．各 GPS 衛星は軌道情報から位置が確定しているので，その座標を S_1 (x_1, y_1, z_1), S_2 (x_2, y_2, z_2), S_3 (x_3, y_3, z_3) とし，受信点 P の未知座標を (x_0, y_0, z_0) とすれば，距離 r_1, r_2, r_3 は次式で表されます.

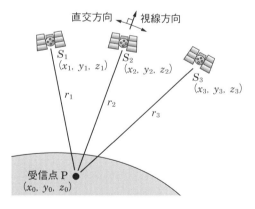

■図 5.25　GPS の測位原理

$$r_1 = \sqrt{(x_0 - x_1)^2 + (y_0 - y_1)^2 + (z_0 - z_1)^2} \qquad (5.17)$$

$$r_2 = \sqrt{(x_0 - x_2)^2 + (y_0 - y_2)^2 + (z_0 - z_2)^2} \qquad (5.18)$$

$$r_3 = \sqrt{(x_0 - x_3)^2 + (y_0 - y_3)^2 + (z_0 - z_3)^2} \qquad (5.19)$$

受信点が移動している場合には，測定誤差が生じます．GPS 衛星軌道誤差は，GPS 衛星からの情報をもとにした衛星位置と実際の衛星位置との誤差をいいます．受信点（移動局）と GPS 衛星を結ぶ直線の方向である**視線方向**とそれに直交する方向の誤差は視線方向の誤差と比べて少ないです．

測位制度等の指標として，DOP（Dilution Of Precision：精度低下率）が用いられ，DOP が小さい方が良好な測位精度が得られます．

また，DGPS（Differential GPS）により位置補正して，正確な測位ができますが，マルチパスによる誤差の補正はできません．

問題 12 ★★★　　　　　　　　　　　　　→ 5.4.2

次の記述は，ASR（空港監視レーダ）および ARSR（航空路監視レーダ）について述べたものである．　□　内に入れるべき字句の正しい組合せを下の番号から選べ．

(1) ASR は，空港から半径約 50〜60 海里の範囲内の航空機の位置を探知する．ARSR は，山頂などに設置され，半径約 200 海里の範囲内の航空路を航行する航空機の位置を探知する．いずれも，　A　を併用して得た航空機の高度情報を用いることにより，航空機の位置を 3 次元的に把握することが可能である．

(2) ASR および ARSR に用いられる MTI（移動目標指示装置）は，移動する航空機の反射波の位相が　B　によって変化することを利用している．受信した物標からの反射パルス（信号）をパルスの繰り返し周期に等しい時間だけ遅らせたものと，次の周期の信号とで　C　をとると，山岳，地面および建物などの固定物標からの反射パルスを除去することができ，移動物標（目標）のみが残ることになる．

	A	B	C
1	SSR（航空用二次監視レーダ）	トムソン効果	差
2	SSR（航空用二次監視レーダ）	トムソン効果	積
3	SSR（航空用二次監視レーダ）	ドプラ効果	差
4	DME（航行援助用距離測定装置）	ドプラ効果	差
5	DME（航行援助用距離測定装置）	トムソン効果	積

解説 山岳，地面および建物などの固定物標からの不要なパルスは，移動する航空機の反射波の位相などがドプラ効果によって変化することを利用して除去することができます．このとき，受信した物標からの反射パルスと，パルスの繰返し周期に等しい時間だけ遅らせたものとの差をとります．

C の答え ………………

答え▶▶▶ 3

出題傾向 下線の部分を穴埋めの字句とした問題も出題されています．

問題 ⑬ ★★　　　　　　　　　　　　　　　　　➡5.4.3

次の記述は，ドプラ VOR（DVOR）の原理について述べたものである．　　　内に入れるべき字句の正しい組合せを下の番号から選べ．

(1) DVOR は，**図 5.26** に示すように，等価的に円周上を 1 800〔rpm〕の速さで周回するアンテナから電波を発射するものである．この電波を遠方の航空機で受信すると，ドプラ効果により，　A　で周波数変調された可変位相信号となる．また，中央の固定アンテナから，周回するアンテナと同期した 30〔Hz〕で振幅変調された基準位相信号を発射する．

(2) 実際には，円周上に等間隔に並べられたアンテナ列に，給電するアンテナを次々と一定回転方向に切り換えることで，(1) の周回アンテナを実現している．この際，標準 VOR（CVOR）との両立性を保つため，ドプラ効果による周波数の偏移量が CVOR の基準位相信号の最大周波数偏移（480〔Hz〕）と等しくなるよう，円の直径 2r を搬送波の波長の約 B 倍にするとともに，その回転方向を，CVOR と C にする．

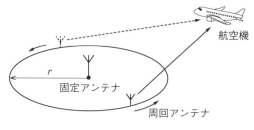

■図 5.26

	A	B	C
1	30〔Hz〕	5	同一方向
2	30〔Hz〕	5	逆方向
3	30〔Hz〕	8	同一方向
4	60〔Hz〕	5	同一方向
5	60〔Hz〕	8	逆方向

解説 アンテナの回転速度 v〔m/s〕は次式で表されます.

$$v = \omega r = 2\pi \times \mathbf{30} \times k\lambda = 2\pi \times 30 \times k\frac{c}{f} \ \text{〔m/s〕} \quad \text{①}$$

┈┈┈┈┈┈┈┈┈┈┈┈┈┈┈ A の答え

ここで,ω:アンテナの回転角速度($\omega = 2\pi f_s$),r:回転半径($r = k\lambda$),c:電波の速度,λ:波長

電波の発射源が $\pm v$〔m/s〕の速さで移動しながら,周波数 f の電波を発射するとき,受信点での受信周波数のドプラシフト量 $\pm\Delta f$ は

$$\Delta f = \frac{fv}{c}$$

$$= \frac{f}{c} \times 2\pi \times 30 \times k\frac{c}{f} = 2\pi \times 30 \times k \quad \text{②}$$

となり,式②を k について変形させ,$\Delta f = 480$ を代入します.

$$k = \frac{480}{60\pi} = \frac{8}{\pi} \fallingdotseq 2.55$$

回転の直径 D は以下のようになります.

$$D = 2r = 2k\lambda = 2 \times 2.55\lambda \fallingdotseq \mathbf{5}\lambda$$

┈┈┈┈┈┈┈┈┈ B の答え　　　　答え▶▶▶ 2

出題傾向 下線の部分を穴埋めの字句とした問題も出題されています.

問題 14 ★★　　　　　　　　➡ 5.4.4

次の記述は,航空用 DME(距離測定装置)の原理的な構成例について述べたものである.　□□□内に入れるべき字句を下の番号から選べ.

(1) 航空用 DME は,追跡の状態において,航行中の航空機に対し,既知の地点からの距離情報を ア に与える装置であり,使用周波数帯は, イ 帯である.

(2) 図 5.27 に示す地上 DME(トランスポンダ)は,航空機の機上 DME(インタロゲータ)から送信された質問信号を受信すると,質問信号と ウ 周波数の応答信号を自動的に送信する.

(3) 図 5.28 に示すように,インタロゲータの質問信号の送信から応答信号の受信までの時間が 150〔μs〕のとき,航空機とトランスポンダとの距離は,約 エ である.ただし,トランスポンダの応答遅延時間を 50〔μs〕とし,1〔nm〕は,1 852〔m〕とする.

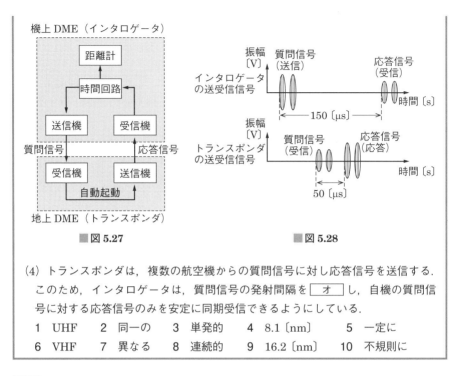

■図 5.27　　　　　　　　　　　　　■図 5.28

（4）トランスポンダは，複数の航空機からの質問信号に対し応答信号を送信する．
このため，インタロゲータは，質問信号の発射間隔を　オ　し，自機の質問信
号に対する応答信号のみを安定に同期受信できるようにしている．

1　UHF	2　同一の	3　単発的	4　8.1〔nm〕	5　一定に
6　VHF	7　異なる	8　連続的	9　16.2〔nm〕	10　不規則に

解説　航空機とトランスポンダとの距離は次式で表されます．

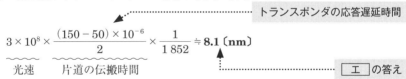

トランスポンダの応答遅延時間

$$3 \times 10^8 \times \frac{(150-50) \times 10^{-6}}{2} \times \frac{1}{1\,852} \fallingdotseq 8.1\,\textbf{〔nm〕}$$

光速　　片道の伝搬時間　　　　　　　　　　　エ　の答え

答え▶▶▶ア－ 8，イ－ 1，ウ－ 7，エ－ 4，オ－ 10

問題 15 ★★★　　　　　　　　　　　　　　　→5.4.5

次の記述は，航空機の航行援助に用いられる ILS（計器着陸装置）について述べ
たものである．　　　内に入れるべき字句の正しい組合せを下の番号から選べ．

（1）グライド・パスは，滑走路の側方の所定の位置に設置され，航空機に対して，
設定された進入角からの垂直方向のずれの情報を与えるためのものであり，航空
機の降下路面の　A　の変調信号が強く受信されるような指向性を持つ UHF
帯の電波を放射する．

(2) ローカライザは，滑走路末端から所定の位置に設置され，航空機に対して，滑走路の中心線の延長上からの水平方向のずれの情報を与えるためのものであり，航空機の進入方向から見て進入路の右側では 150〔Hz〕，左側では 90〔Hz〕の変調信号が強く受信されるような指向性を持つ ☐ B ☐ 帯の電波を放射する．

(3) マーカ・ビーコンは，滑走路進入端から複数の所定の位置に設置され，その上空を通過する航空機に対して，滑走路進入端からの距離の情報を与えるためのものであり，それぞれ特有の変調周波数で ☐ C ☐ された ☐ D ☐ 帯の電波を上空に向けて放射する．

	A	B	C	D
1	下側では 90〔Hz〕，上側では 150〔Hz〕	VHF	周波数変調	UHF
2	下側では 90〔Hz〕，上側では 150〔Hz〕	UHF	振幅変調	VHF
3	下側では 150〔Hz〕，上側では 90〔Hz〕	VHF	周波数変調	VHF
4	下側では 150〔Hz〕，上側では 90〔Hz〕	VHF	振幅変調	VHF
5	下側では 150〔Hz〕，上側では 90〔Hz〕	UHF	振幅変調	UHF

解説 グライドパスは，航空機の降下路面の**下側では 150〔Hz〕，上側では 90〔Hz〕**

☐ A ☐ の答え

の変調信号が強く受信されるような指向性を持つ **UHF 帯**の電波を放射します．

答え▶▶▶ 4

出題傾向 下線の部分は，ほかの試験問題で穴埋めの字句として出題されています．

問題 16 ★★　　　　　　　　　　　　　　　　　　　　　　　　→ 5.4.6

次の記述は，**図 5.29** に示す GPS（全地球的衛星航法システム）の測位原理について述べたものである． ☐ 内に入れるべき字句の正しい組合せを下の番号から選べ．

(1) GPS 衛星と受信点 P の GPS 受信機との間の距離は，GPS 衛星から発射した電波が，受信点 P の GPS 受信機に到達するまでに要した時間 t を測定すれば，t と電波の伝搬速度 c との積から求められる．

(2) 通常，GPS 受信機の時計の時刻は，GPS 衛星の時計の時刻に対して誤差があり，GPS 衛星と GPS 受信機の時計の時刻の誤差を t_d とすると擬似距離 r_1 と S_1 の位置 (x_1, y_1, z_1) および受信点 P の位置 (x_0, y_0, z_0) は，$r_1 =$ ☐ A ☐ の関係が成り立つ．

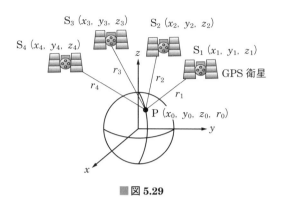

S_3 $(x_3,\ y_3,\ z_3)$ S_2 $(x_2,\ y_2,\ z_2)$

S_4 $(x_4,\ y_4,\ z_4)$

S_1 $(x_1,\ y_1,\ z_1)$

GPS 衛星

r_3 r_2 r_1

r_4

P $(x_0,\ y_0,\ z_0,\ r_0)$

■図 5.29

(3) (2) と同様に受信点 P と他の衛星 S_2，S_3 および S_4 との擬似距離 r_2，r_3 およ び r_4 を求めて 4 元連立方程式を立てれば，各 GPS 衛星からの航法データに含ま れる軌道情報から S_1，S_2，S_3 および S_4 の位置は既知であるため，四つの未知変 数 $(x_0,\ y_0,\ z_0,\ t_d)$ を求めることができる．このように三次元の測位を行うた めには，少なくとも ☐ B ☐ 個の衛星の電波を受信する必要がある．

	A	B
1	$\sqrt{(x_0 + x_1)^2 + (y_0 + y_1)^2 + (z_0 + z_1)^2} + t_d \times c$	3
2	$\sqrt{(x_0 - x_1)^2 + (y_0 - y_1)^2 + (z_0 - z_1)^2} + t_d \times c$	4
3	$\sqrt{(x_0 - x_1)^2 - (y_0 - y_1)^2 - (z_0 - z_1)^2} + t_d \times c$	4
4	$\sqrt{(x_0 + x_1)^2 - (y_0 + y_1)^2 - (z_0 + z_1)^2} + t_d \times c$	4
5	$\sqrt{(x_0 - x_1)^2 + (y_0 - y_1)^2 + (z_0 - z_1)^2} + t_d \times c$	3

解説 三次元の測位を行うには，**4** 個以上の衛星が必要となります．各衛星からの距 離を表す連立方程式は，次式で表されます． ……………………………… ☐ B ☐ の答え

$$r_1 = \sqrt{(x_0 - x_1)^2 + (y_0 - y_1)^2 + (z_0 - z_1)^2} + t_d \times c \;\longleftarrow$$
$$r_2 = \sqrt{(x_0 - x_2)^2 + (y_0 - y_2)^2 + (z_0 - z_2)^2} + t_d \times c$$

☐ A ☐ の答え

$$r_3 = \sqrt{(x_0 - x_3)^2 + (y_0 - y_3)^2 + (z_0 - z_3)^2} + t_d \times c$$
$$r_4 = \sqrt{(x_0 - x_4)^2 + (y_0 - y_4)^2 + (z_0 - z_4)^2} + t_d \times c$$

ここで，t_d：衛星の時計と受信機の時計との時刻のずれ

　　　　c：電波の速度

答え▶▶▶2

問題 17 ★★   → 5.4.6

　次の記述は，GPS（Global Positioning System）の測位誤差について述べたものである．　　　内に入れるべき字句の正しい組合せを下の番号から選べ．

(1) GPS を利用した移動局の位置の測位は様々な要因により誤差が生じるが，このうち GPS 衛星軌道誤差は，GPS 衛星から航法メッセージの一部として放送されている軌道情報である放送暦（broadcast ephemeris）等から計算した衛星位置と実際の衛星位置との誤差であり，視線方向（移動局と GPS 衛星を結ぶ直線の方向）と直交する方向の誤差は，視線方向と比べて測位結果への影響が　A　．

(2) 測位精度等の指標として衛星配置等から求められる DOP（Dilution of Precision：精度低下率）が用いられるが，一般的に DOP が　B　方が良好な測位精度が得られる．

(3) 測位精度を向上させる手法として，既知の地点（基準点）の測位誤差をもとに移動局の測位誤差を補正する DGPS が用いられているが，測位誤差の要因のうちマルチパスによる測位誤差は DGPS により補正　C　．

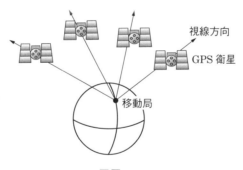

■図 5.30

	A	B	C
1	大きい	大きい	できない
2	大きい	小さい	できる
3	大きい	小さい	できない
4	少ない	大きい	できる
5	少ない	小さい	できない

答え▶▶▶ 5

5.5 スペクトル拡散通信

- 主に直接拡散方式と周波数ホッピング方式が用いられる
- 直接拡散方式では，拡散符号（PN 系列）によって，信号が広帯域に拡散される
- スペクトル拡散方式は秘匿性が高く，多元接続が可能

5.5.1 スペクトル拡散通信方式の概要

　スペクトル拡散通信は，周波数拡散通信とも呼ばれ，通常の通信帯域の 100 ～ 1 000 倍の帯域まで送信電力を拡散させる通信方式です．移動体通信，衛星通信，GPS，無線 LAN などで用いられています．

　スペクトル拡散方式は，主に**直接拡散方式**（**図 5.31**）と**周波数ホッピング方式**（**図 5.32**）があります．

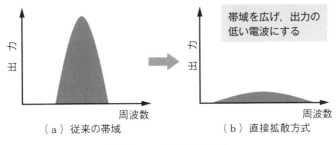

■図 5.31　直接拡散方式

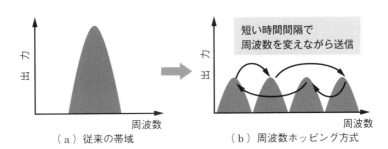

■図 5.32　周波数ホッピング方式

　スペクトル拡散方式の大きな特徴は次の通りです．

① 拡散により単位周波数当たりの信号密度が小さくなる．

② 拡散符号によりスペクトル拡散を行い，送信に使用したものと全く同一の符号拡散を用いなければ受信側で逆拡散（復調）できないため，秘匿性が高い．

③ 異なる拡散符号（PN 系列）を用いることにより，多元接続が可能．

5.5.2 直接拡散方式

（1）拡散と逆拡散の原理

送信側で信号のスペクトルを広帯域に拡散させて，受信側では逆拡散によって，拡散された信号を元の信号に戻します．信号を広帯域に拡散させるには，PN 系列（Pseudorandom Noise）と呼ばれる疑似雑音符号を使用します．**図5.33**に拡散と逆拡散の様子を示します．PN 系列は +1 または −1 がランダムな順序で発生する擬似的な乱数と考えることができます．拡散された信号を逆拡散により取り出すことができるのは，同じ PN 系列を 2 回乗積すると，$1 \times 1 = 1$，$(-1) \times (-1) = 1$ で常に 1 となり，もとの信号に戻るからです．

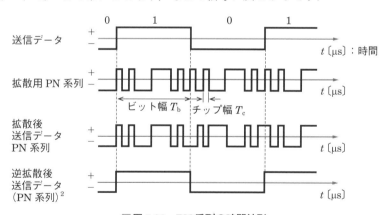

■**図5.33　PN 系列の時間波形**

ビット幅 T_b〔μs〕：拡散信号の一つのパルスの継続時間のことをいいます．

チップ幅 T_c〔μs〕：情報パルスの継続時間のことをいいます．

（2）直接拡散方式の基本構成

図5.34に直接拡散方式の基本構成を示します．スペクトル拡散通信は，変調を 2 段階に分けて行います．送信側で最初に行われる変調を**1 次変調**，拡散を行うための変調を**2 次変調**といいます．

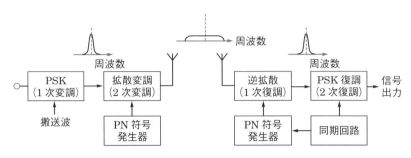

■図 5.34　直接拡散方式の基本構成

　受信側では，送信側と対称な操作が行われます．受信した信号を 1 次復調により狭帯域変調信号に戻し，2 次復調でもとの信号を得ています．

問題 18 ★★　　　　　　　　　　　　　　　　　　　　　　　→ 5.5.2

　次の記述は，スペクトル拡散（SS）通信方式の一つである直接拡散（DS）方式について述べたものである．このうち誤っているものを下の番号から選べ．

1　送信系において，デジタル信号は，擬似雑音符号との掛け算により，スペクトルが拡散処理された広帯域信号になる．

2　受信系において受信された広帯域信号は，送信系と同一の擬似雑音符号との逆拡散処理により，もとのデジタル信号に復元される．

3　広帯域の受信波に混入した狭帯域の妨害波は，逆拡散処理によりさらに狭帯域化されるので，受信波に妨害を与えない．

4　直接波とマルチパス波を受信したときの時間差が擬似雑音符号のチップ幅（chip duration）より短いときは，マルチパス波による妨害を受けやすい．

5　通信チャネルごとに異なる擬似雑音符号を用いることにより，多元接続ができる．

解説　誤っている選択肢を正すと次のようになります．

3　広帯域の受信波に混入した狭帯域の妨害波は，逆拡散処理によりさらに**広帯域化**されるので，受信波に妨害を与えない．

答え▶▶▶ 3

5.6 デジタル移動通信システム

 ● デジタル移動通信では π/4 シフト QPSK 方式と GMSK 方式が用いられる

5.6.1 移動通信システムのゾーン構成

移動通信システムのゾーン構成は，**大ゾーン方式**と**小ゾーン方式**（セル方式）があります．

（1）大ゾーン方式

図 5.35 で示すように，サービスエリア全体を一つの基地局でカバーする方式です．

＜特徴＞

① 送信電力が大きい（サービスエリアが広い）．

② 回線制御が安易である．

③ かなり距離が離れないと周波数の再利用ができない．

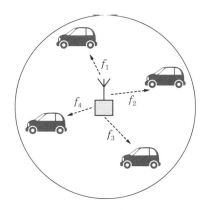

■図 5.35 大ゾーン方式

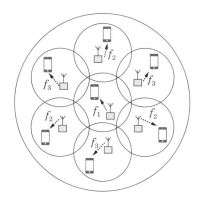

■図 5.36 小ゾーン方式

（2）小ゾーン方式（セル方式）

図 5.36 で示すように，それぞれに基地局を設置し，少し離れたゾーンで同じ周波数を繰返し使用する方式です．

＜特徴＞

① 送信電力が小さい．

② 高度な回線制御が必要である．

③　近い距離で同じ周波数を繰り返し利用することができる.

5.6.2　変調方式

(1) π/4 シフト QPSK 方式

図 **5.37** で示すように，**π/4 シフト QPSK** は，1 変調ごとに搬送波の位相を π/4〔rad〕(45°) だけ回転させる QPSK 変調方式です．信号点の遷移は原点を通過しないため，包絡線の振幅変動分は通常の QPSK よりも小さく，その分非線形伝送路に対して有利となります.

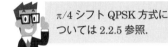

π/4 シフト QPSK 方式については 2.2.5 参照.

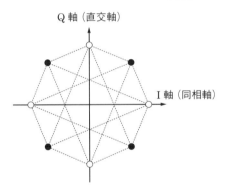

Q 軸 (直交軸)

I 軸 (同相軸)

■図 **5.37**　π/4 シフト **QPSK**

(2) GMSK 方式

図 **5.38** で示すように，GMSK (Gaussian filtered Minimum Shift Keying) は FSK 系の変調方式で，スペクトルの広がりを効率的に抑え，狭帯域化を行った方式です．FSK 系の変調方式には，変調によって搬送波の包絡線が変動しないため，非線形伝送路に対して強い特徴があります.

GMSK はガウスフィルタにより帯域制限した NRZ 信号系列を変調ベースバンド信号として，変調指数 0.5 で FSK 変調したものであり，MSK 方式よりさらに狭帯域化が実現されている．また，振幅が一定であるため，電力増幅器に C 級増幅器を使うことができる.

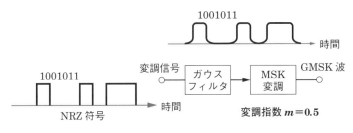

■図 5.38　GMSK 方式

5.6.3　WiMAX

　WiMAX（直交周波数分割多元接続方式広帯域移動無線アクセスシステム）は高速移動無線技術の標準規格の一つであり，2.5〔GHz〕帯の電波が利用されています．

(1) 接続方式

　スケーラブル直交周波数分割多重（スケーラブル OFDM）方式が採用され，使用帯域幅にかかわらず，サブキャリア間隔を一定にする方式です．

　この方法を採用することにより，システムの帯域幅が変わってもドプラ効果の影響がどの帯域幅でも同じとなり，すべての環境において同じ特性を得ることができます．

　OFDM を使用した無線 LAN と比較すると，WiMAX はサブキャリア数が多いため，フェージングに強く，長距離および見通し外通信などでも高速なデータ伝送が可能です（**表 5.1**）．OFDM については 6 章にも記述されています．

■表 5.1　サブキャリア数の比較

無線 LAN（WiFi）	WiMAX
64	最大 2 048

(2) 通信方式

時分割複信（TDD：Time Division Duplex）方式が採用されています．一つの周波数帯域を用い，情報を時間軸で圧縮し送受信方向を切り替えます（**図 5.39**）.

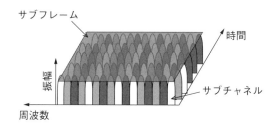

■**図 5.39　WiMAX での電波利用概念図**

(3) 変調方式

BPSK，QPSK，16QAM，64QAM が規定されています．受信状況などに応じて変調方式を選択しています．

5.6.4 デジタル通信の伝搬

デジタル通信路において，建物などの障害物によって，直接波以外に，反射波，散乱波，回折波が伝搬してきます．この伝搬路はマルチパスを有する通信路としてフェージングが生じます．マルチパスの状態では，場所によって電界強度が異なるだけでなく，時間選択性フェージングや周波数選択性フェージングが発生します．これらのフェージングは等化器によって対策を行うことができます．周波数領域での等化器として可変共振形自動等化器，時間領域での等化器としてトランスバーサル自動等化器があります．また，マルチパスによるフェージングを軽減させる方法としてダイバーシティ技術があります．ダイバーシティは互いに相関の低い受信波を合成または選択する方法です．

ダイバーシティには以下の方法があります．

- 空間ダイバーシティ
- 偏波ダイバーシティ
- 角度ダイバーシティ
- 周波数ダイバーシティ

●時間ダイバーシティ

　これらのほかに，デジタル通信においては，ルートダイバーシティ，送信ダイバーシティなどもあります．

電波伝搬については姉妹書（無線工学B）参照．

5.6.5　わが国の移動体通信システム

　携帯電話やスマートフォンなどの移動体通信システムは，方式の違いを1区切りとして世代（G：Generation）と呼ばれています．表5.2に示すように，移動体通信システムは世代を追うごとに大容量化しています．

■表5.2　移動体通信システム

世代	方式	特徴	多重方式
1G	アナログ	音声のみ	FDMA
2G	デジタル	データ通信	TDMA
3G	デジタル	静止画，IMT-2000（世界標準）	CDMA
LTE※	デジタル	動画	OFDMA，SC-FDMA
4G	デジタル	高精細動画	OFDMA，SC-FDMA
5G	デジタル	大容量	OFDMA，SC-FDMA

※ LTE（Long Term Evolution）は3Gと4Gの中間に位置する技術で，3.9Gともいわれています．

問題 19　★★★　　　　　　→ 5.6.2

　次の記述は，デジタル移動体通信に用いる変調方式について述べたものである．□□□内に入れるべき字句の正しい組合せを下の番号から選べ．なお，同じ記号の□□□内には，同じ字句が入るものとする．

(1) GMSK方式は，　A　フィルタにより帯域制限したNRZ信号系列を変調ベースバンド信号として，変調指数0.5でFSK変調したものであり，MSK方式よりさらに狭帯域化が実現されている．また，　B　が一定であるため，電力増幅器にC級増幅器が使える．

(2) π/4 シフト QPSK 方式は，同一の情報系列の場合でも必ず π/4〔rad〕の □ C □ が加えられるため，同一シンボルが連続しても QPSK に比べてタイミング再生が容易である．また，□ B □ 変動が緩和される．

	A	B	C
1	ガウス	振幅	位相遷移
2	ガウス	位相	同期パルス
3	ガウス	位相	位相遷移
4	ロールオフ	振幅	位相遷移
5	ロールオフ	位相	同期パルス

答え▶▶▶ 1

出題傾向 下線の部分を穴埋めの字句とした問題も出題されています．

問題 20 ★★ → 5.6.3

次の記述は，WiMAX と呼ばれ，法令等で規定された我が国の直交周波数分割多元接続方式広帯域移動無線アクセスシステムについて述べたものである．このうち正しいものを 1，誤っているものを 2 として解答せよ．なお，このシステムは，オール IP ベースのネットワークに接続することを前提とし，公衆向けの広帯域データ通信サービスを行うための無線アクセスシステムである．

ア　2.5〔GHz〕帯の電波が利用されている．

イ　使用帯域幅によって異なるサブキャリア間隔にするスケーラブル OFDM が採用されている．これにより，システムの使用帯域幅が変わっても高速移動の環境で生じるドプラ効果の影響をどの帯域幅でも同一とすることが可能である．

ウ　OFDM を使用した WiFi と呼ばれる無線 LAN（小電力データ通信システム）と比較すると，WiMAX は OFDM のサブキャリア数が多いため，長距離および見通し外通信などにおけるマルチパス伝搬環境下で高速なデータ伝送が可能である．

エ　通信方式は，一般に周波数の有効利用の面で有利な周波数分割複信（FDD）方式が規定されている．

オ　変調方式は，BPSK，QPSK，16QAM，64QAM が規定されている．また，電波の受信状況などに応じて，変調方式を選択して対応する適応変調が可能である．

解説▶ 誤っている選択肢を正すと次のようになります.

イ 使用帯域幅**にかかわらずサブキャリア間隔を一定にする**スケーラブル OFDM が採用されている.これにより,システムの使用帯域幅が変わっても高速移動の環境で生じるドプラ効果の影響をどの帯域幅でも同一とすることが可能である.

エ 通信方式は,一般に周波数の有効利用の面で有利な**時分割複信（TDD）**方式が規定されている.

答え▶▶▶アー 1, イー 2, ウー 1, エー 2, オー 1

出題傾向 下線の部分を穴埋めの字句とした問題も出題されています.

問題 21 ★★　　　　　　　　　　　　　　　　　　　　　　　　**➡ 5.6.4**

デジタル無線方式に用いられるフェージング補償（対策）技術に関する次の記述のうち,誤っているものを下の番号から選べ.

1 フェージング対策用の自動等化器には,大別すると,周波数領域で等化を行うものと時間領域で等化を行うものがある.

2 周波数領域の等化を行う代表的な可変共振形自動等化器は,フェージングによる振幅および遅延周波数特性を共振回路により補償するものであるため,例えば反射波の方が直接波より強い場合などでは原理的に補償できない場合が生じる.

3 スペースダイバーシティおよび周波数ダイバーシティなどのダイバーシティ方式は,同時に回線品質が劣化する確率が大きい二つ以上の通信系を用意し,その出力を選択または合成することによってフェージングの影響を軽減する.

4 トランスバーサル自動等化器などによる時間領域の等化は,符号間干渉の軽減に効果がある.

5 信号列をいくつかの信号列に分けて複数の副搬送波で伝送するマルチキャリア伝送方式は,波形ひずみの影響が強いマルチパスフェージングに対して効果的である.

解説▶ 誤っている選択肢を正すと次のようになります.

3 スペースダイバーシティおよび周波数ダイバーシティなどのダイバーシティ方式は,同時に回線品質が劣化する確率が**小さい**二つ以上の通信系を用意し,その出力を選択または合成することによってフェージングの影響を軽減する.

答え▶▶▶ 3

問題 22 ★★★　→5.6.5

次の記述は，移動通信システムで利用されている LTE（Long Term Evolution）と呼ばれる，我が国のシングルキャリア周波数分割多元接続（SC-FDMA）方式携帯無線通信のフレーム構成について述べたものである．　□□□内に入れるべき字句の正しい組合せを下の番号から選べ．

(1) 図 5.40 に示すように，周波数方向に 12 本の OFDM サブキャリア（＝ 180〔kHz〕），時間方向に 7 つの OFDM シンボルで構成されるブロックを，無線リソース割り当て単位である RB（Resource Block）とした場合，OFDM サブキャリアの有効シンボル期間長 T_e（変調シンボル長）は約 $\boxed{A}$ 〔μs〕となる．

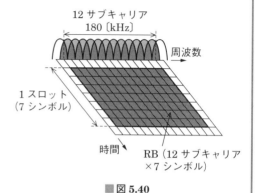

図 5.40

(2) 図 5.41 に示すように，CP（Cyclic Prefix）と呼ばれるガードインターバルを付加した 7 つの OFDM シンボルを 1 スロットとすると，OFDM シンボル♯1 のガードインターバル期間長は約 $\boxed{B}$ 〔μs〕となる．ただし，基本時間単位 T_s（Basic time unit）とサブキャリア間隔 Δf〔Hz〕との間に，$T_s = 1/(2\,048 \times \Delta f)$〔s〕の関係があるものとする．

(3) 時間的に連続する 2RB を 1 サブフレームとすると，1 サブフレーム長は $\boxed{C}$ 〔ms〕となる

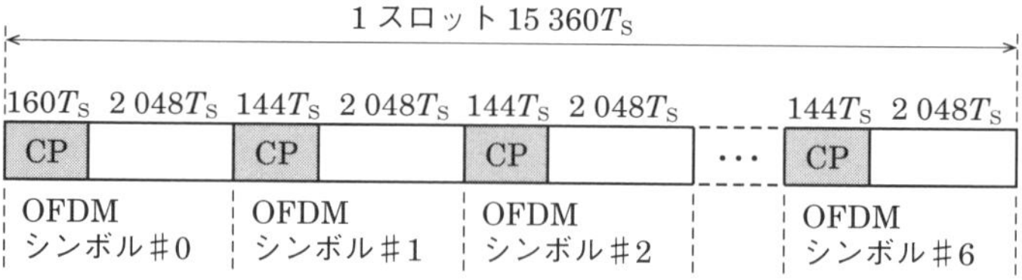

1 スロット 15 360T_S

$160T_S$　$2\,048T_S$　$144T_S$　$2\,048T_S$　$144T_S$　$2\,048T_S$　$144T_S$　$2\,048T_S$

| CP | | CP | | CP | | ⋯ | CP | |

OFDM シンボル♯0　OFDM シンボル♯1　OFDM シンボル♯2　OFDM シンボル♯6

図 5.41

	A	B	C
1	33.3	4.7	0.5
2	33.3	4.7	1.0
3	33.3	5.2	0.5
4	66.7	4.7	1.0
5	66.7	5.2	0.5

解説 （1）OFDM サブキャリアの有効シンボル期間長 T_e は次式で与えられます.

$$T_e = \frac{1}{\text{キャリア間隔}} = \frac{1}{\dfrac{180 \times 10^3}{12}} = 66.7 \times 10^{-6}\,\text{s} = \textbf{66.7}\ [\mu s]$$

A の答え

（2）サブキャリア間隔 $\Delta f = \dfrac{180 \times 10^3}{12} = 15 \times 10^3\ [\text{Hz}]$

#1 のガードインターバル期間長は

$$144 T_s = 144 \times \frac{1}{2\,048 \times 15 \times 10^3} = 4.7 \times 10^{-6}\,\text{s} = \textbf{4.7}\ [\mu s]$$

となります.

B の答え

（3）1 スロットは 15 360T_s ですので，1 サブフレーム（2RB）長は

$$2 \times 15\,360 \times \frac{1}{2\,048 \times 15 \times 10^3} = 1.0 \times 10^{-3}\,\text{s} = \textbf{1.0}\ [\text{ms}]$$

となります.

C の答え

答え ▶▶▶ 4

OFDM については 6 章参照.

5.7 固定通信システム

> **!要点**
> ● 中継方式には，直接中継方式，ヘテロダイン中継方式，無
> 給電中継方式などがある．

5.7.1 中継方式の概要

　遠距離の通信では途中で信号が減衰し，雑音の混入やフェージングの影響を受け，符号を正しく判別できなくなります．このため，中継を行い，信号の増幅などが必要となります．

(1) 直接中継方式

　図 **5.42** に示す直接中継方式は受信波を低雑音増幅器で増幅し，周波数を少し変え，電力増幅して送信する方式です．受信波をそのまま増幅して送信すると，送受信の回り込みによる不具合が起こるため周波数偏移を行います．希望波受信電力 C と自局内回込みにより干渉電力 I の比（C/I）は，規定値以上を確保しなければなりません．この方式は装置の構成が比較的簡単で安定していますが，回線の分岐や切替えはできません．

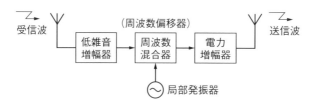

■図 **5.42**　直接中継方式

(2) ヘテロダイン中継方式

　図 **5.43** に示すヘテロダイン中継方式は受信波を中間周波数に変換し増幅した後，送信周波数に変換して送信する方式です．送受信共通の中間周波数を持つので，回線の分岐や切替えを行うことができます．

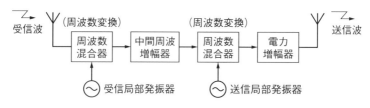

■図 **5.43**　ヘテロダイン中継方式

(3) 再生中継方式

　図 **5.44** に示す再生中継方式は受信し復調した信号から元の符号パルスを再生し，再度変調して送信する方式です．パルスを再生することにより波形ひずみが**累積されません**.

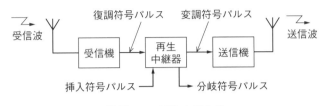

■図 **5.44**　再生中継方式

(4) 無給電中継方式

　図 **5.45** に示す無給電中継方式は中継途中に山などの障害物がある場合，送受信アンテナを背中合わせに直接接続するか，反射板を置いて目的の方向へ送出する方式です．電源を必要としないことから，無給電中継と呼ばれています．

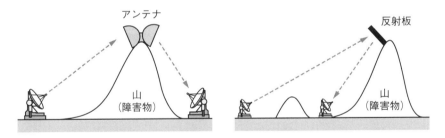

■図 **5.45**　無給電中継方式

5.7.2　デジタル無線伝送の *C/N* 配分

　デジタル無線伝送では，誤りビット率の規定値以下となるよう，*C/N* 値を見積もる必要があります．雑音には，熱雑音，干渉雑音，歪み雑音などがあり，それぞれが全体の *C/N* に対して *N* 成分として分配されます．

　図 **5.46** に *C/N* 配分の一例を示します．

　B，C，D の *C/N* 値の *N*（雑音）成分の和が A の *N* 成分に相当します．

所要 C/N〔dB〕

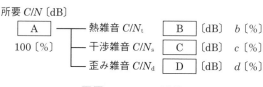

$$\boxed{\text{A}}$$ ── 熱雑音 C/N_t $\boxed{\text{B}}$ 〔dB〕 b〔%〕

100〔%〕 ── 干渉雑音 C/N_s $\boxed{\text{C}}$ 〔dB〕 c〔%〕

── 歪み雑音 C/N_d $\boxed{\text{D}}$ 〔dB〕 d〔%〕

■図 5.46 C/N 配分

まず，所要 C/N 値 A の真数を C/N_T にします．

$$\frac{C}{N_T} = 10^{\frac{A}{10}} \tag{5.20}$$

N_T が雑音の全体値なので，b，c，d を真数に変えて $N_t = bN_T$，$N_s = cN_T$，$N_d = dN_T$ が成り立ちます．

熱雑音 N_t について

$$\frac{C}{N_T}(真数) = \frac{C}{bN_T} = \frac{1}{b}\frac{C}{N_T} \tag{5.21}$$

dB 値にすると

$$B = \frac{C}{N_t}(dB) = 10\log_{10}\left(\frac{C}{N_T}\frac{1}{b}\right)$$

$$= 10\log_{10}\left(\frac{C}{N_T}\right) + 10\log_{10}\left(\frac{1}{b}\right)$$

$$= A + 10\log_{10}\left(\frac{1}{b}\right) = A - 10\log_{10}b \tag{5.22}$$

$$10\log_{10}\left(\frac{C}{N_T}\right) = A$$

同様にして．干渉雑音 C/N_s は

$$C = \frac{C}{N_s}(dB) = A + 10\log_{10}\left(\frac{1}{c}\right) = A - 10\log_{10}c \tag{5.23}$$

歪み雑音 C/N_d は

$$D = \frac{C}{N_d}(dB) = A + 10\log_{10}\left(\frac{1}{d}\right) = A - 10\log_{10}d \tag{5.24}$$

と求まります．

問題 23 ★★ ➡ 5.7.1

次の記述は，地上系マイクロ波（SHF）多重回線の中継方式について述べたものである．____内に入れるべき字句を下の番号から選べ．なお，同じ記号の____内には，同じ字句が入るものとする．

(1) ____ア____ 中継方式は，受信波を同一の周波数帯で増幅して送信する方式である．____ア____ 中継を行うときは，希望波受信電力 C と自局内回込みによる干渉電力 I の比（C/I）を規定値 ____イ____ に確保しなければならない．

(2) ____ウ____ 中継方式は，受信波を中間周波数に変換して増幅した後，再度マイクロ波に変換して送信する方式であり，信号の変復調回路を持たない．

(3) 再生中継方式は，復調した信号から元の符号パルスを再生した後，再度変調して送信するため，波形ひずみ等が累積 ____エ____ ．

(4) ____オ____ 中継方式は，送受アンテナの背中合わせや反射板による方式で，近距離の中継区間の障害物回避等に用いられる．

1　2 周波	2　以上	3　以下	4　パケット
5　無給電	6　直接	7　ヘテロダイン（非再生）	8　多段
9　されない	10　される		

答え▶▶▶ア－6，イ－2，ウ－7，エ－9，オ－5

出題傾向 下線の部分を穴埋めの字句とした問題も出題されています．

問題 24 ★★ ➡ 5.7.2

表に示す固定形マイクロ波帯デジタル無線伝送方式の C/N 配分において，____内に入れるべき字句の正しい組合せを下の番号から選べ．ただし，所要 C/N は，ビット誤り率（BER）$= 1 \times 10^{-4}$ を確保するために必要な搬送波電力対雑音電力比であり，理論 C/N 18〔dB〕に送受信装置の固定劣化 4〔dB〕を考慮したものである．また，熱雑音電力，干渉雑音電力および歪み雑音電力をそれぞれ所要 C/N における N の 48〔%〕，50〔%〕および 2〔%〕とし，$\log_{10} 2 = 0.3$，$\log_{10} 3 = 0.48$ とする．

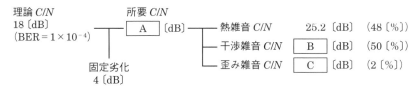

C/N 配分表

	A	B	C
1	16	17	39
2	16	17	37
3	16	25	34
4	22	25	39
5	22	24	37

解説 ▶ 所要 C/N は固定劣化を考慮して，$18 + 4 = \boldsymbol{22}$〔dB〕

A の答え

所要 C/N〔dB〕の真数を C/N_{T} とすると，次式が成り立ちます.

$$C/N = 10 \log_{10}(C/N_{\mathrm{T}})$$

$$22 = 10 + 3 + 3 + 3 + 3$$

$$= 10 \log 10 + 10 \log 2 + 10 \log 2 + 10 \log 2 + 10 \log 2$$

$$= 10 \log (10 \times 2 \times 2 \times 2 \times 2)$$

$$= 10 \log (160)$$

よって $\dfrac{C}{N_{\mathrm{T}}} = 160$

干渉雑音 N_{S} を $N_{\mathrm{S}} = 0.50 N_{\mathrm{T}}$ とすると，次式が成り立ちます.

$$\frac{C}{N_{\mathrm{S}}} = \frac{C}{0.50 N_{\mathrm{T}}} = \frac{1}{0.50}\frac{C}{N_{\mathrm{T}}} = \frac{160}{0.50} = 2 \times 160$$

dB 値にすると

$$\frac{C}{N_{\mathrm{S}}}\,〔\mathrm{dB}〕= 10 \log (2 \times 160) = 10 \log 2 + 10 \log 160 = 3 + 22 = \boldsymbol{25}\,〔\mathrm{dB}〕$$

となります. B の答え

同様に，歪み雑音 Nd を $Nd = 0.02 N_{\mathrm{T}}$ とすると，次式が成り立ちます.

$$\frac{C}{Nd} = \frac{C}{0.02 N_{\mathrm{T}}} = \frac{1}{0.02}\frac{C}{N_{\mathrm{T}}} = 50 \times 160 = 8\,000$$

dB 値にすると

$$\frac{C}{Nd}\,〔\mathrm{dB}〕= 10 \log 8\,000 = 10 \log (2^3 \times 10^3) = 30 \times 0.3 + 30 \times 1 = \boldsymbol{39}\,〔\mathrm{dB}〕$$

C の答え

答え ▶▶▶ 4

5.8 衛星通信システム

- 多元接続方式は，FDMA（周波数分割），TDMA（時分割），CDMA（符号分割）が用いられる
- SCPC方式は，1チャネルの信号に対して1搬送波を割り当てる

5.8.1 衛星通信の概要

衛星通信は，宇宙空間に電波の送受信および増幅，中継ができる衛星を打ち上げ，中継伝送を行うシステムです．大きく分けて次の三つに分類できます．

① **固定衛星業務**：固定地点間の通信を行う
② **移動衛星業務**：航空機，船舶，自動車などが対象
③ **放送衛星業務**：衛星から送られてくる放送電波を地上で受信者が直接受信

図5.47のように，地球局から衛星への回線を**アップリンク**（up link），衛星から地球局への回線を**ダウンリンク**（down link）といいます．アップリンクとダウンリンクでは，干渉を防ぐために使用周波数が異なります．伝搬損失は周波数が低いほうが少ないので，ダウンリンクには低い周波数が用いられます．

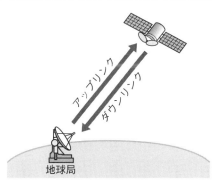

■図5.47 衛星通信

5.8.2 通信装置

（1）衛星中継器（トランスポンダ）

通信衛星に搭載する中継器のことを**トランスポンダ**といいます．受信周波数を送信周波数へ周波数変換を行い，アップリンクで減衰した信号を必要なレベルまで増幅し送信します．

① 低雑音増幅器

低雑音増幅器には，低雑音増幅素子として GaAsFET や HEMT が用いられます．

---

② 電力増幅器

　電力増幅器には，進行波管（TWT）や GaAsFET などの固体増幅器が用いられます．TWT は使用可能な周波数帯域幅が比較的広いです．

(2) 地球局装置

　送信系および受信系において良好な周波数変換を行うため，周波数安定度が高く，位相雑音のレベルが低い特性の局部発振器が用いられます．周波数混合器は，線形動作をするように入出力のレベルを適切な値に設定し，相互変調積などが発生しないようにします．

　固定衛星通信のアンテナは，一般的にパラボラアンテナまたはカセグレンアンテナが用いられます．

(3) 圧伸器（コンパンダ）

　音声信号では平均の振幅が小さく，小信号に対して S/N が悪くなります．そこで，S/N を改善するために信号を圧縮する回路（圧縮器），受信側で元の波形に戻す回路（伸張器）を用います．これらを総称して圧伸器（コンパンダ）と呼び，圧伸器には以下の特徴があります．

- 音声信号の振幅分布が**低レベル**領域に偏っていることを利用している
- 音声信号の振幅の**高レベル**領域を送信側では圧縮し，受信側では逆に伸張する方式である
- 雑音等の軽減対策に用いられ，音声信号のレベル範囲を圧縮伸張する
- 伸張比と圧縮比は**等しく**なるように設定する
- 圧縮比を大きくするほど信号対雑音比（S/N）の改善度は**大きくなる**

5.8.3 多元接続

　複数の無線局が伝送路を共有して，通信を行うことを**多元接続**といいます．多元接続の方式は，主に次の三つがあります．

(1) FDMA

　FDMA（Frequency Division Multiple Access：周波数分割多元接続）は搬送波の周波数領域を複数に分割して，各地球局に割り当てる方式です（**図5.48**）．

　FDMAでは，隣接する周波数帯のスペクトルが重なり合わないように，周波数帯と周波数帯の間に**ガードバンド**が設けられています．

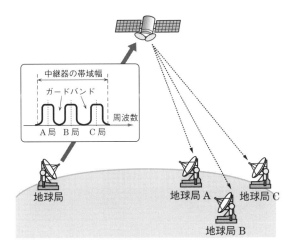

■図5.48　FDMA

　送信地球局では割り当てられた周波数を用いて信号を伝送し，受信地球局では周波数により相手を識別して自局向けの信号を取り出します．このとき増幅器の入力レベルを最大出力が得られる動作点よりも若干低く設定します．入力バックオフは，最大出力が得られるレベルとこの設定レベルとの差のことをいいます．音声信号1チャネルに対して1搬送波を割り当てる方式を**SCPC**（Single Channel Per Carrier）**方式**といいます

　一つのトランスポンダの帯域内に複数の搬送波を等間隔に並べて通信を行います．SCPC方式では，デマンドアサイメント（要求割当て）やボイスアクティ

ベーション（会話の音声信号を検出し，音声信号のある時だけ搬送波を送出する方式）を行うことができ，これらを併用することにより衛星中継の利用効率を高めることができます．

<特徴>

① 同期制御の必要がないため，地球局設備の構成が簡単．

② アクセス手順が簡単．

(2) TDMA

TDMA（Time Division Multiple Access：時分割多元接続）は衛星中継器の使用時間を分割して，一定時間幅のフレームを分割したスロットを各地球局に割り当てる方式です（**図 5.49**）．

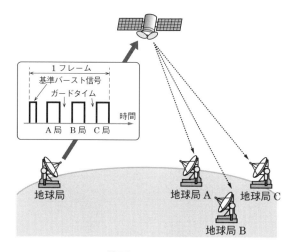

■**図 5.49　TDMA**

各地球局は割り当てられたスロット内に自局の信号を収めるために，もとのデジタル信号の伝送速度を大幅に上げてバースト信号として送出します．これにより，異なる伝送速度の信号伝送ができます．隣り合うスロットの間には，各地球局からの信号が重ならないように**ガードタイム**を設け，フレームの開始は，基準となる地球局が送出する基準バースト信号によって制御しています．

バースト（burst）とは爆弾などが破裂するという意味.

<特徴>

① アクセス局数が増加しても回線効率が良い.

② 中継器を時分割で使用し，増幅する搬送波は1波のため，混変調が生じない.

(3) CDMA

CDMA（Code Division Multiple Access：符号分割多元接続）は**同じ周波数**を使用し，各地球局に特定の拡散信号（PN符号）を割り当てることにより多元接続を行う方式です（図5.50）.

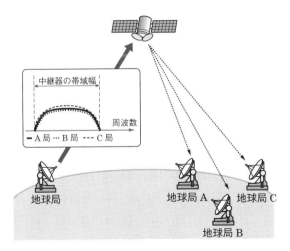

■図5.50　CDMA

送信地球局では割り当てられた符号列で変調し送信を行います．受信地球局では，送信側と同じ符号列で受信信号と相関をとり，自局向けの信号を取り出します.

<特徴>

① 信号は広帯域に拡散されるため，秘話性が高い.

② 広帯域伝送路を必要とする.

（4）回線の割当て

衛星通信システムでの回線割当てには，次の方法があります．

① デマンドアサインメント

デマンドアサインメント（要求割当て）は，発信する地球局がそのときに必要なトラヒックに応じて回線の割当てを要求する方式です．制御は複雑になりますが効率の高い回線を構成することができます．通信容量が**小さい**多数の地球局が衛星の中継器を共同使用する場合に，回線の利用効率が高くなります．

② プリアサインメント

プリアサインメント（固定割当て）は，あらかじめ定められた容量の回線を固定的に割り当てる方式です．陸上の固定地点間の通信を行う大容量固定衛星通信システムなどの，トラヒックが**一定**のシステムに用いられます．

5.8.4　衛星通信回線の雑音

地球局の受信系の性能を定量的に表現するために，G/T〔dB/K〕があります．G/T は受信機の入力端で測定されるアンテナの利得 G〔dB〕と低雑音増幅器の入力端で換算した雑音温度 T〔K〕の比です．

受信電力を P_r〔W〕，送信アンテナの利得を G_t（真数），受信アンテナの利得を G_r（真数）とすると，次式が成り立ちます．

$$P_r = \frac{P_t G_t G_r}{(4\pi d/\lambda)^2} \tag{5.25}$$

ここで，P_t：送信電力〔W〕，λ：波長〔m〕，d：アンテナ間の距離〔m〕

P_r は受信搬送波電力 C〔W〕に相当します．一方，雑音電力 N〔W〕は，ボルツマン定数を k〔J/K〕，システム雑音温度を T_s〔K〕，帯域幅を B〔Hz〕とすると，次式で与えられます．

$$N = kT_s B \tag{5.26}$$

式（5.25）と式（5.26）を用いて C/N 比を求めると，次式となります．

$$\frac{C}{N} = \frac{P_r}{N} = \frac{P_t G_t G_r}{kT_s B}\left(\frac{\lambda}{4\pi d}\right)^2 = \frac{P_t G_t}{kB}\left(\frac{\lambda}{4\pi d}\right)^2\left(\frac{G_r}{T_s}\right) \tag{5.27}$$

なお，G_r/T_s は受信機の性能を表す値となります．

衛星通信で用いられる機器の雑音特性は**等価雑音温度**で表されます．等価雑音

温度 T_e 〔K〕は，増幅器の内部で発生し，出力端に加わる雑音電力を入力端の値に換算し，雑音温度に変換したものです．

出力端の全雑音電力 N_0 〔W〕は，等価雑音温度 T_e 〔K〕と周囲温度 T_0 〔K〕を用いて

$$N_0 = k\,(T_0 + T_e)\,B = kT_0B + kT_eB \ \ 〔\mathrm{W}〕 \tag{5.28}$$

で表されます．

増幅器の雑音特性を表す雑音指数 F は，出力雑音電力と周囲温度による熱雑音電力の比なので，式（5.28）を用いて

$$F = \frac{N_0}{kT_0B} = \frac{kT_0B + kT_eB}{kT_0B} = 1 + \frac{T_e}{T_0} \tag{5.29}$$

また，T_e は

$$T_e = (F - 1)\,T_0 \tag{5.30}$$

で表されます．

システム雑音温度 T_s 〔K〕は，アンテナ雑音温度と受信機雑音温度との和で表されます．

5.8.5 衛星通信地球局

図 5.51 に衛星通信地球局の構成例を示します．各部には以下のような特徴があります．

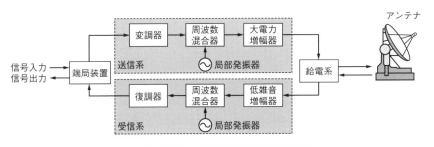

■図 5.51　衛星通信地球局の構成例

<送信系>
- 大電力増幅器（HPA）には進行波管（TWT）が用いられる
- TWT はクライストロンに比べて使用可能周波数帯域幅が広い

＜受信系＞

- アンテナの向いている方向によって等価雑音温度が異なる
- 地上に向けたときの等価雑音温度は天空に向けたときと比べて高くなる
- 低雑音増幅器（LNA）には GaAsFET や HEMT が用いられる

＜局部発振器＞

- 周波数安定度が高く，位相雑音レベルが低い特性のものが用いられる

＜周波数混合器＞

- 必要な周波数成分を取り出すために帯域フィルタ（BPF）を用いることで，不要な周波数成分をできるだけ抑えることができる

全体として，相互変調積などが発生しないように，線形動作により入出力レベルを適切な値に設計します．

問題 25 ★ ➡5.8.2

次の記述のうち，音声信号を伝送するときに用いられる圧伸器（コンパンダ）について述べたものとして，正しいものを下の番号から選べ．

1 音声信号の振幅分布が高レベル領域に偏っていることを利用している．
2 音声信号の振幅の低レベル領域を送信側では圧縮し，受信側では逆に伸張する方式である．
3 伸長比は圧縮比の 2 倍になるように設定される．
4 音声回線における雑音等の軽減対策として用いられ，音声信号のレベル範囲を圧縮伸張する．
5 圧縮比を大きくするほど信号対雑音比（S/N）の改善度は小さくなる．

答え▶▶▶4

問題 26 ★★★ ➡5.8.3

次の記述は，静止衛星を用いた通信システムの多元接続方式について述べたものである．　　　内に入れるべき字句の正しい組合せを下の番号から選べ．

(1) 時分割多元接続（TDMA）方式は，時間を分割して各地球局に回線を割り当てる方式である．各地球局から送られる送信信号が衛星上で重ならないように，各地球局の　A　を制御する必要がある．

(2) 周波数分割多元接続（FDMA）方式は，周波数を分割して各地球局に回線を割り当てる方式である．送信地球局では，割り当てられた周波数を用いて信号を伝送するので，通常，隣接するチャネル間の干渉が生じないように，　B　を設ける．

(3) 符号分割多元接続（CDMA）方式は，同じ周波数帯を用いて各地球局に特定の符号列を割り当てる方式である．送信地球局では，この割り当てられた符号列で変調し，送信する．受信地球局では，送信側と　C　符号列で受信信号との相関をとり，自局向けの信号を取り出す．

	A	B	C
1	周波数	ガードバンド	同じ
2	周波数	ガードタイム	同じ
3	周波数	ガードタイム	異なる
4	送信タイミング	ガードバンド	同じ
5	送信タイミング	ガードバンド	異なる

解説 周波数分割多元接続方式は，隣接するチャネル間の干渉が生じないように，**ガードバンド**を設けます．なお，時分割多元接続方式はガードタイムを設けます．

.... 　B　の答え

答え▶▶▶ 4

問題 27 ★★　　　　　　　　　　　　　　　　　　　➡ 5.8.3

次の記述は，衛星通信システムで用いられる周波数分割多元接続（FDMA）方式について述べたものである．□□□内に入れるべき字句の正しい組合せを下の番号から選べ．

(1) 送信地球局では，割り当てられた周波数を用いて信号を伝送するので，通常，隣接するチャネル間の衝突が生じないように，　A　を設ける．

(2) 送信地球局では，割り当てられた周波数を用いて信号を伝送し，受信地球局では，　B　により相手を識別して自局向けの信号を取り出す．

(3) 一つの中継器で複数の搬送波を同時に増幅するときの非線形増幅の影響を軽減するには，入力バックオフを　C　するなどの方法がある．

	A	B	C
1	ガードバンド	周波数	大きく
2	ガードバンド	タイムスロット	小さく
3	ガードバンド	タイムスロット	大きく
4	ガードタイム	周波数	小さく
5	ガードタイム	タイムスロット	大きく

解説 周波数分割多元接続方式は，隣接するチャネル間の干渉が生じないように，**ガードバンド**を設けます．

◀······························ A の答え

増幅器の入力レベルを最大出力が得られる動作点よりも若干低く設定します．入力バックオフは，最大出力が得られるレベルとこの設定レベルとの差のことをいいます．

答え▶▶▶ 1

問題 28 ★★ ➡5.8.3

次の記述は，SCPC 方式の衛星通信の中継器などに用いられる電力増幅器について述べたものである． 内に入れるべき字句を下の番号から選べ．

(1) 電力効率を良くするために増幅器が ア 領域で動作するように設計されていると，相互変調積が生じて信号と異なる周波数帯の成分が生じる．このため，単一波を入力したときの飽和出力電力に比べて，複数波を入力したときの帯域内の各波の飽和出力電力の総和は イ ．

(2) 増幅器の動作点の状態を示す入力バックオフは，単一波を入力したときの飽和 ウ P_1〔W〕と複数波の全入力電力 P_2〔W〕との比 P_1/P_2 をデシベルで表したものであり，通常 エ の値をとる．

(3) 相互変調積などの影響を軽減するには，入力バックオフを オ することなどがある．

1 小さく	2 正	3 増加する	4 線形	5 入力電力
6 大きく	7 負	8 減少する	9 非線形	10 出力電力

答え▶▶▶ アー9，イー8，ウー5，エー2，オー6

問題 ㉙ ★★ →5.8.3

次の記述は，衛星通信に用いる SCPC 方式について述べたものである． [____]
内に入れるべき字句の正しい組合せを下の番号から選べ．

(1) 音声信号の一つのチャネルに対して [A] の搬送波を割り当て，一つの中継
器の帯域内に複数の異なる周波数の搬送波を等間隔に並べる方式で， [B] 多
元接続方式の一つである．

(2) 要求割当て（デマンドアサインメント）方式は，固定割当て（プリアサイン
メント）方式に比べて，通信容量が [C] 多数の地球局が衛星の中継器を共同
使用する場合，回線の利用効率が高い．

	A	B	C
1	複数	周波数分割	小さい
2	複数	時分割	大きい
3	複数	時分割	小さい
4	一つ	周波数分割	小さい
5	一つ	周波数分割	大きい

答え▶▶▶ 4

問題 ㉚ ★★ →5.8.3

次の記述は，衛星通信システムに用いられる時分割多元接続（TDMA）方式に
ついて述べたものである． [____]内に入れるべき字句の正しい組合せを下の番号
から選べ．

(1) 衛星に搭載した一つの中継器を複数の地球局が時分割で使用するため， [A]
の時間幅のフレームを分割したスロットを各地球局に割り当てる．

(2) 地球局は， [B] と呼ばれる自局の信号を与えられたスロットの時間内に収
めて送出する．

(3) 各地球局から送られる送信信号が衛星上で重ならないように，各地球局の [C]
を制御する必要がある．

	A	B	C
1	一定	インターリーブ	周波数
2	一定	インターリーブ	送信タイミング
3	一定	バースト	送信タイミング
4	任意	インターリーブ	送信タイミング
5	任意	バースト	周波数

解説 バースト信号は，一定の間隔をおいて送出される信号のことをいいます．

答え▶▶▶ 3

問題 31 ★★   ➡ 5.8.3

　次の記述は，多元接続を用いた衛星通信システムの回線の割当て方式について述べたものである．□□□内に入れるべき字句の正しい組合せを下の番号から選べ．

(1) 回線割当て方式である □A□ 方式は，総伝送容量を固定的に分割し，各地球局間に定められた容量の回線を固定的に割り当てる方式であり，局間の伝送すべきトラヒックが □B□ 場合に有効な方式である．

(2) 各地球局から要求（電話の場合は呼）が発生するたびに回線を設定する方式は，□C□ 方式といい，□D□ 通信容量の多数の地球局が単一中継器を共同使用する場合に有効な方式である．

	A	B	C	D
1	デマンドアサイメント	一定の	プリアサイメント	小さな
2	デマンドアサイメント	一定の	プリアサイメント	大きな
3	デマンドアサイメント	変動している	プリアサイメント	大きな
4	プリアサイメント	一定の	デマンドアサイメント	小さな
5	プリアサイメント	変動している	デマンドアサイメント	小さな

答え▶▶▶ 4

問題 32 ★★★   ➡ 5.8.4

　次の記述は，衛星通信回線の雑音温度について述べたものである．□□□内に入れるべき字句を下の番号から選べ．

(1) アンテナを含む地球局の受信系の性能を定量的に表現するための G/T 〔dB/K〕は，一般に，受信機の低雑音増幅器の入力端で測定される □ア□ G 〔dB〕と低雑音増幅器の □イ□ 端で換算した雑音温度 T 〔K〕との比が用いられる．

(2) 低雑音増幅器の等価雑音温度 T_e 〔K〕は，増幅器の内部で発生し，出力端に加わる雑音電力を入力端の値に換算し，雑音温度に変換したものであり，出力端の全雑音電力は，□ウ□ 〔W〕で表される．ただし，k 〔J/K〕はボルツマン定数，T_0 〔K〕は周囲温度，B 〔Hz〕および g （真数）は，それぞれ低雑音増幅器の帯域幅および利得である．

(3) 低雑音増幅器の雑音指数 F は，等価雑音温度 T_e 〔K〕および周囲温度 T_0 〔K〕との間に，$F = $ □エ□ の関係がある．

(4) システム雑音温度は，アンテナ雑音温度と受信機雑音温度（多くの場合，初段の低雑音増幅器の等価雑音温度）との　オ　で表される．

1　アンテナの利得	2　入力	3　$k(T_0 - T_e)Bg$
4　T_e/T_0	5　和	6　低雑音増幅器の利得
7　出力	8　$k(T_0 + T_e)Bg$	9　$1 + (T_e/T_0)$
10　積		

答え ▶▶▶ アー1，イー2，ウー8，エー9，オー5

問題 ㉝ ★★　　　　　　　　　　　　　　　　　　　　　➡ 5.8.4

衛星通信回線における総合の搬送波電力対雑音電力比（C/N）の値として，正しいものを下の番号から選べ．ただし，雑音は，アップリンク熱雑音電力，ダウンリンク熱雑音電力，システム間干渉雑音電力およびシステム内干渉雑音電力のみとし，搬送波電力対雑音電力比は，いずれも 20〔dB〕とする．また，各雑音は，相互に相関を持たないものとし，$\log_{10} 2 = 0.3$ とする．

1　8〔dB〕　　2　10〔dB〕　　3　12〔dB〕　　4　14〔dB〕　　5　16〔dB〕

解説 各 C/N_{dB} の 20〔dB〕を真数に変換すると

$$C/N = 10^{\frac{C/N_{dB}}{10}} = 10^{\frac{20}{10}} = 10^2 = 100$$

衛星通信回線におけるアップリンク熱雑音電力を N_U，ダウンリンク熱雑音電力を N_D，システム間干渉雑音電力を N_S，システム内干渉雑音電力を N_I，総合の搬送波電力対雑音電力比を C/N_T（真数）とすると次式で表されます．

$$\frac{N_T}{C} = \frac{N_U}{C} + \frac{N_D}{C} + \frac{N_I}{C} + \frac{N_S}{C} = \frac{1}{100} + \frac{1}{100} + \frac{1}{100} + \frac{1}{100} = \frac{4}{100}$$

よって $C/N_T = 100/4$ となり，デシベルに変換します．

$$\frac{C}{N_{TdB}} = 10 \log_{10}\left(\frac{C}{N_T}\right) = 10 \log_{10}\frac{100}{4} = 10 \log_{10} 10^2 - 10 \log_{10} 2^2$$

$$= 20 - 20 \times 0.3 = \mathbf{14〔dB〕}$$

答え ▶▶▶ 4

C/N の算出方法は 5.7.2 参照．

問題 34 ★★　　　　　　　　　　　　　　　　　　➡ 5.8.5

次の記述は，図 **5.52** に示す衛星通信地球局の構成例について述べたものである．□□□内に入れるべき字句を下の番号から選べ．

(1) 送信系の大電力増幅器（HPA）として，クライストロンは以前から用いられてきたが，現在では，進行波管（TWT）などが用いられている．TWT は，クライストロンに比べて使用可能な周波数帯域幅が　ア　．

(2) アンテナを天空に向けたときの等価雑音温度は，通常，地上に向けたときと比べて　イ　なる．受信系の等価雑音温度をアンテナ系の等価雑音温度に近づけることにより，利得対雑音温度比（G/T）を改善できる．このため，受信系の低雑音増幅器には，　ウ　や HEMT が用いられている．

(3) 送信系および受信系において良好な周波数変換を行うため，　エ　が高く，位相雑音のレベルが低い特性の局部発振器が用いられる．また，周波数を混合した後で，帯域フィルタ（BPF）で必要な周波数成分だけを取り出す際に，不要な周波数成分が出力されないように注意するとともに，　オ　をするように入出力のレベルを適切な値に設計し，相互変調積などが発生しないようにする．

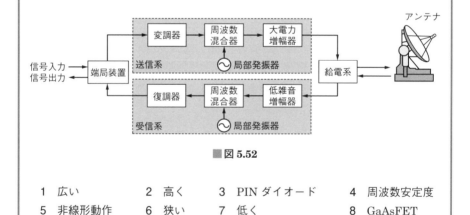

■図 **5.52**

1　広い	2　高く	3　PIN ダイオード	4　周波数安定度
5　非線形動作	6　狭い	7　低く	8　GaAsFET
9　出力インピーダンス	10　線形動作		

答え▶▶▶アー 1，イー 7，ウー 8，エー 4，オー 10

出題傾向　下線の部分を穴埋めの字句とした問題も出題されています．

デジタル放送

この章から **2**問 出題

【合格へのワンポイントアドバイス】

この分野は，主に地上系デジタル方式テレビジョン放送の伝送方式に関する問題が出題されます．関連する多くの用語が穴あき問題で出題されていますので，正確に覚えてください．また，同じような問題が繰り返して出題されています．特に正誤式の問題では正しい内容の選択肢と異なった内容の選択肢が入れ替わって出題されています．選択肢の誤った箇所については，解説の正しい記述を確認してください．

また，アナログ方式ラジオ放送の伝送方式に関する問題は，5章通信システムに掲載しています．

6.1 直交周波数分割多重（OFDM）方式

!要点 ● OFDM 方式は多数の周波数で同時にデータを送信する

6.1.1 OFDM 方式の概要

地上デジタル放送の送受信の構成を**図 6.1** に示します.

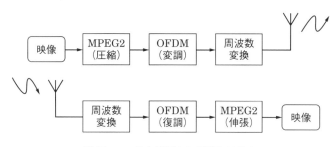

■図 6.1 地上デジタル放送システム

OFDM（Orthogonal Frequency Division Multiplexing）は，多数（数百〜数千）の周波数を同時に使いデータを送信する方式のことをいいます．それぞれの周波数の送信データにより，QAM 変調や PSK 変調が行われます.

6.1.2 OFDM の原理とフーリエ変換

OFDM の周波数スペクトルは，パルス長 T_p の方形波パルスをフーリエ変換して**図 6.2** のようになります.

シンボル長を T_p〔s〕とすると，周波数スペクトルは $1/T_\mathrm{p}$〔Hz〕の間隔で強度がゼロになります．強度がゼロになる周波数が Δf の間隔で表れるので，その周波数に

デジタル変調をすると特定の周波数間隔に側波が発生して，周波数帯域が広がる.

搬送波を設定することで，互いに妨害を与えることを避けることができます.

周波数スペクトルは，次式で表されます.

$$S(f) = \int_{-\infty}^{\infty} x(t)\, e^{-j2\pi ft}\, dt = \int_{-T_\mathrm{p}/2}^{T_\mathrm{p}/2} E e^{-j2\pi ft}\, dt = E T_\mathrm{p} \frac{\sin(\pi f T_\mathrm{p})}{\pi f T_\mathrm{p}} \qquad (6.1)$$

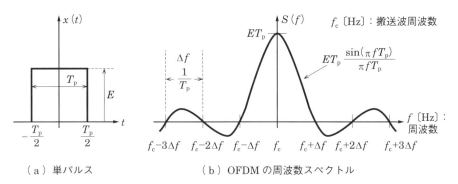

（a）単パルス　　　　（b）OFDM の周波数スペクトル

■図 6.2　フーリエ変換

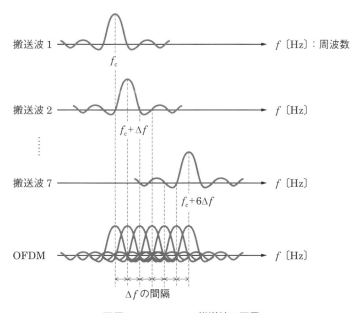

■図 6.3　OFDM の搬送波の配置

　搬送波が独立して互いに影響を及ぼさないことを，直交（orthogonal）といいます．サブキャリアの間隔が Δf〔Hz〕なので，$\Delta f \times T_{\mathrm p} = 1$ が直交条件となります．

　OFDM では，高速のデータを複数の低速データ列に分割し，複数のサブキャリアを用いて並列伝送を行うため，各サブキャリア信号のシンボル時間が遅延ス

プレッドに比較して相対的に**長く**なるので，マルチパス遅延波による干渉を低減することができます．

図6.4 に示すような方形波パルス列のときの振幅スペクトルは離散値をとり，その包絡線が式（6.1）で表されるような関数となります．このとき $f=0$ は直流を表すので，ET_{p}/T は直流成分となります．また，最初に零点（ヌル点）となる周波数 f_{z}〔Hz〕が基本周波数（繰り返し周波数）f_0〔Hz〕の整数倍となるとき，式（6.1）の sin 関数の変数 $\pi f T_{\mathrm{p}}$ が $\pi f_{\mathrm{z}} T_{\mathrm{p}} = \pi$ のときなので

$$f_{\mathrm{z}} = \frac{1}{T_{\mathrm{p}}} = nf_0 = n \times \frac{1}{T} \quad (n：整数) \tag{6.2}$$

となります．なお，$T = nT_{\mathrm{p}} = 1/f_0$ の関係があります．T_{p} を一定にして，T を大きくしていくと，スペクトルの周波数間隔は狭くなります．$T = \infty$（単パルス）とすると，式（6.1）の包絡線の関数となります．

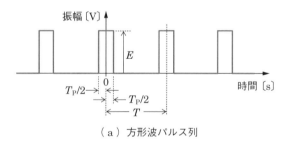

（a）方形波パルス列

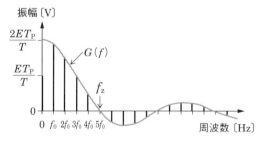

（b）振幅スペクトル

■図6.4　方形波パルス列の周波数スペクトル

6.1.3 OFDM 変復調

OFDM は多数の搬送波を処理するため，変換器を個別に用意することができません．OFDM の変復調にはフーリエ変換が用いられます．**変調には逆離散フーリエ変換，復調には離散フーリエ変換**を用います．

逆離散フーリエ変換（IDFT）：周波数軸から時間軸への変換
離散フーリエ変換（DFT）：時間軸から周波数軸への変換

OFDM 変復調器の構成を**図 6.5** に表します．

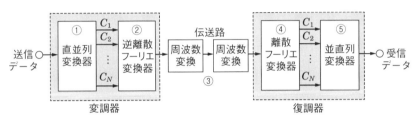

$C_1 \sim C_N$：分割されたデータの振幅と位相の複素数情報

■図 6.5　OFDM 変復調器の構成

OFDM 変復調の過程を次に示します．

＜変調＞

① 入力された送信データは直並列変換器で，N 個のデータに分割（複素平面にマッピング）して，振幅と位相の複素数情報（$C_1 \sim C_N$）に変換します．

送信データは，振幅と位相の 2 次元の情報を持つ．

② 振幅と位相の複素数情報（$C_1 \sim C_N$）は各搬送波に対応して逆離散フーリエ変換が行われ，時間軸波形に変換します．

③ 周波数変換器で送信周波数に変換し送信します．

＜復調＞

④ 離散フーリエ変換器で時間軸波形から周波数軸波形に変換します．

⑤ 並直列変換器により，振幅と位相の複素数情報（$C_1 \sim C_N$）から受信データに復調します．

6.1.4 OFDM の伝送速度

OFDM は 1 シンボル当たりの n ビットの情報をサブキャリア c_s 個分伝送します．このときの最大情報伝送速度 D_m〔bps〕は，1 サブキャリア当たりのシンボルレート t_{sm}〔s〕の有効シンボル長 t_d〔s〕そのものになり

$$D_m = \frac{nc_s}{t_{sm}} = \frac{nc_s}{t_d} \tag{6.3}$$

で表されます（図 6.6）．

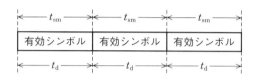

■図 6.6　最大伝送

ガードインターバル長 t_g〔s〕（6.2.3 参照）や誤り訂正の符号（符号化率 η）によって伝送速度が制限されます．有効シンボル長 t_d〔s〕と t_g〔s〕の比を**ガードインターバル比**といい，t_g/t_d で表されます．このとき，t_d〔s〕と 1 サブキャリア当たりのシンボルレート t_s〔s〕の比は次式となります．

$$\frac{t_d}{t_s} = \frac{t_d}{t_d + t_g} \tag{6.4}$$

したがって，伝送速度の最大値 D は次式で表されます．

$$D = D_m \eta \frac{t_d}{t_s} \tag{6.5}$$

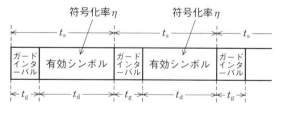

■図 6.7　実際の伝送

6.1.5 OFDMの受信

送信されたOFDM信号を正しく受信するために，以下のことが求められます．

(1) 送信シンボルの区切りを同じタイミングを検出するためのシンボルに対する同期

- 受信したOFDM信号と，それを1有効シンボル期間長分遅延させた信号との積を取り積分する
- 遅延させた信号のシンボルのガードインターバル期間のみを受信したOFDM信号のシンボルの後半の一部分と相関があるために出力が現れる
- 相関値を演算してピークを求めることにより，シンボルの区切りを検出できる

(2) 搬送波周波数に対する同期

- ガードインターバル期間の相関を利用し，搬送波周波数の誤差によって生じる信号間の位相差を利用する

(3) 離散フーリエ変換処理に必要な標本を生成するための標本化周波数に対する同期

- 標本化周波数の誤差によって生じる信号間の位相差を利用する

問題 1 ★★★　　　　　　　　　　　　　　　　　　　　　➡ 6.1.2

　次の記述は，直交周波数分割多重（OFDM）方式について述べたものである．このうち正しいものを下の番号から選べ．

1　各サブキャリアを直交させてお互いに干渉させずに最小の周波数間隔で配置している．情報のシンボルの長さを T〔s〕とし，サブキャリアの間隔を ΔF〔Hz〕とすると直交条件は，$\Delta F \times T = 1$ である．

2　周波数領域から時間領域への変換では，変調シンボルをサブキャリア間隔で配置し，これに高速フーリエ変換（FFT）を施すことによって時間波形を生成する．

3　高速のデータを複数の低速データ列に分割し，複数のサブキャリアを用いて並列伝送を行うため，各サブキャリア信号のシンボル時間が遅延スプレッドに比較して相対的に短くなるので，マルチパス遅延波による干渉を低減することができる．

4　高速フーリエ変換（FFT）を施した出力データに外符号という干渉を軽減させるための冗長信号を挿入することによって，マルチパス遅延波の干渉を効率よく除去できる．

> 5　サブキャリア信号のそれぞれの変調波がランダムにいろいろな振幅や位相を
> とり，これが合成された送信波形は，各サブキャリアの振幅や位相の関係に
> よってその振幅変動が大きくなるため，送信増幅では，非線形領域で増幅を行
> う必要がある．

解説　誤っている選択肢を正すと次のようになります．

2　周波数領域から時間領域への変換では，変調シンボルをサブキャリア間隔で配置し，
これに**逆高速フーリエ変換（IFFT）**を施すことによって時間波形を生成する．

3　高速のデータを複数の低速データ列に分割し，複数のサブキャリアを用いて並列伝
送を行うため，各サブキャリア信号のシンボル時間が遅延スプレッドに比較して相対
的に**長く**なるので，マルチパス遅延波による干渉を低減することができる．

4　**逆高速フーリエ変換（IFFT）を施した出力データにガードインターバル**という干
渉を軽減させるための冗長信号を挿入することによって，マルチパス遅延波の干渉を
効率よく除去できる．

5　サブキャリア信号のそれぞれの変調波がランダムにいろいろな振幅や位相をとり，
これが合成された送信波形は，各サブキャリアの振幅や位相の関係によってその振幅
変動が大きくなるため，送信増幅では，**線形領域**で増幅を行う必要がある．

答え▶▶▶ 1

問題 ②　★★★　　　　　　　　　　　　　　　　　　　　　　　→ 6.1.2

　次の記述は，**図 6.8** に示す方形
波パルス列とその振幅スペクト
ルについて述べたものである．
□□□内に入れるべき字句の正
しい組合せを下の番号から選べ．
ただし，方形波パルスのパルス幅
を T_P〔s〕，振幅を E〔V〕，繰り
返し周期を T〔s〕とする．

(1) 方形波パルス列の直流成分は
ET_p/T〔V〕であり，基本周波
数 $f_0 = 1/T$ の整数倍の周波数
成分をもつ振幅スペクトルの包
絡線 $G(f)$ は，周波数を f〔Hz〕
として $G(f) = (2ET_p/T) \times$

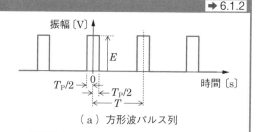

（a）方形波パルス列

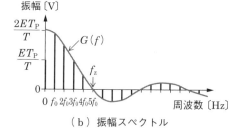

（b）振幅スペクトル

■図 6.8

　　　A〔V〕で表せる.

(2) $G(f)$ の大きさが最初に零（ヌル点）になる周波数 f_z が $5f_0$〔Hz〕のとき, T の値は　B　である.

(3) T_P が同一で T の値を大きくしていくと振幅スペクトルの周波数間隔は　C　なっていく.

	A	B	C
1	$\dfrac{\pi f T_P}{\sin(\pi f T_P)}$	$10\,T_P$〔s〕	広く
2	$\dfrac{\pi f T_P}{\sin(\pi f T_P)}$	$5\,T_P$〔s〕	狭く
3	$\dfrac{\sin(\pi f T_P)}{\pi f T_P}$	$5\,T_P$〔s〕	広く
4	$\dfrac{\sin(\pi f T_P)}{\pi f T_P}$	$5\,T_P$〔s〕	狭く
5	$\dfrac{\sin(\pi f T_P)}{\pi f T_P}$	$10\,T_P$〔s〕	広く

解説　図 6.8（a）のパルス波形は, 周期 T〔s〕を持つ周期波形を表しています. 周期波形を表す周期関数はフーリエ級数を用いて展開式で表すことができます.

　方形波パルス列の直流成分は, 図 6.8（a）のパルスの面積 ET_P を周期 T で割れば求めることができます.

　方形波パルス列をスペクトルに展開したときの包絡線は次式で表されます.

$$G(f) = \frac{2ET_P}{T} \times \frac{\sin(\pi f T_P)}{\pi f T_P} \qquad ①$$

　　　　　　　　　　　　　　　　A　の答え

　式①は $f \fallingdotseq 0$ のとき $\{\sin(\pi f T_P)\}/(\pi f T_P)$ の値が 1 となり, $G(f)$ の分子は sin 関数なので周期的に零になりますが, 最初に $\sin \pi f T_P = 0$ になるヌル点 f_z は, $\pi f_z T_P = \pi$ のときなので

　　　　　　　　　　　　　　　　　　　　B　の答え

$$f_z = \frac{1}{T_P} = 5f_0 = 5 \times \frac{1}{T} \quad \text{よって} \quad T = \mathbf{5T_P}$$

　$T = 1/f_0 = nT_P$ の関係があるので, T_P が同一で T を大きくしていくと n が大きくなるので, f_0 が小さくなってスペクトルの周波数間隔は**狭く**なります.

　　　　　C　の答え

　　　　　　　　　　　　　　　　　　　　　　　答え ▶▶▶ 4

209

問題 **3** ★★★　　　　　　　　　　　　　　　　　　**→** 6.1.3

図 **6.9** は，我が国の地上系デジタル方式標準テレビジョン放送の標準方式に用いられる直交周波数分割多重（OFDM）方式の変復調器の原理的な構成例を示したものである. ［　　　］内に入れるべき字句の正しい組合せを下の番号から選べ. ただし，送信データおよび受信データは，離散コサイン変換された画像データとする. また，C_i $(i = 1, 2, \cdots N)$ は，第 i 番目の搬送波で送られるデータとする.

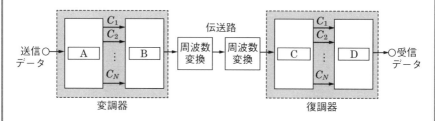

■図 **6.9**

	A	B	C	D
1	直並列変換	離散フーリエ変換	逆離散フーリエ変換	並直列変換
2	直並列変換	逆離散フーリエ変換	離散フーリエ変換	並直列変換
3	直並列変換	離散フーリエ変換	離散フーリエ変換	並直列変換
4	並直列変換	離散フーリエ変換	逆離散フーリエ変換	直並列変換
5	並直列変換	逆離散フーリエ変換	離散フーリエ変換	直並列変換

解説　OFDM 変復調の流れは次のようになります.

＜変調器＞

　　　　　　　　　　　　　　　　　　　　［ A ］の答え

① 入力された送信データは**直並列変換器**で，N 個のデータに分割（複素平面にマッピング）されて，振幅と位相の複素数情報（$C_1 \sim C_N$）に変換します.

② 振幅と位相の複素数情報（$C_1 \sim C_N$）は各搬送波に対応して**逆離散フーリエ変換**が行われ，時間軸波形に変換します.

　　　　　　　　　　　　　　　　　　　　［ B ］の答え

＜復調器＞

　　　　　　　　　　　　　　　　［ C ］の答え

① **離散フーリエ変換器**で時間軸波形から周波数軸波形に変換します.

② **並直列変換器**により，振幅と位相の複素数情報（$C_1 \sim C_N$）から受信データに復調します.

　　　　　　　　　　　　　　　　［ D ］の答え

答え▶▶▶2

問題 4 ★★ → 6.1.4

　OFDM において原理的に伝送可能な情報の伝送速度（ビットレート）の最大値として，正しいものを下の番号から選べ．ただし，情報を伝送するサブキャリアの個数を 50 個，変調方式を 64QAM および有効シンボル期間長を 4〔μs〕とし，ガードインターバル期間長を 1〔μs〕（ガードインターバル比「1/4」）および情報の誤り訂正の符号化率を「5/6」とする．

　1　10〔Mbps〕　2　15〔Mbps〕　3　30〔Mbps〕　4　40〔Mbps〕　5　50〔Mbps〕

解説　64QAM 方式では，1 シンボル当たり $n = 6\,\text{bit}$ の情報を伝送することができます．1 サブキャリア当たりのシンボルレートを $t_{sm} = 4 \times 10^{-6}\,\text{s}$，サブキャリア数を $c_s = 50$ とすると，最大情報伝送速度 D_m〔bps〕は

64 = 2⁶ だから
6 ビット

$$D_m = \frac{nc_s}{t_{sm}} = \frac{6 \times 50}{4 \times 10^{-6}} = 75 \times 10^6 \,\text{〔bps〕}$$

ガードインターバル比が 1/4 より，ガードインターバル t_g と有効シンボル t_d の比が $t_g : t_d = 1 : 4$ となるので，$t_d/t_s = 4/5$ となります（**図 6.10**）．符号化率を η とすると，伝送速度の最大値 D〔bps〕は

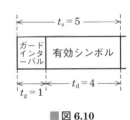

■図 6.10

$$D = D_m \eta \frac{t_d}{t_s} = 75 \times 10^6 \times \frac{5}{6} \times \frac{4}{5}$$

$$= 50 \times 10^6 \,\text{〔bps〕} = \textbf{50〔Mbps〕}$$

となります．

答え▶▶▶ 5

➡ 6.1.5

問題 **5** ★★

　次の記述は，我が国の地上系デジタル方式標準テレビジョン放送の標準方式に用いられる直交周波数分割多重（OFDM）方式において，OFDM信号を正しく受信するために必要な同期の原理について述べたものである. ＿＿＿内に入れるべき字句の正しい組合せを下の番号から選べ.

(1) OFDM方式では，送信側のシンボルの区切りと同じタイミングを検出するためのシンボルに対する同期，送信側で送られた搬送波と同一周波数にするための搬送波周波数に対する同期および ＿A＿ フーリエ変換処理に必要な標本を生成するための標本化周波数に対する同期がそれぞれ必要である.

(2) シンボルに対する同期は，シンボルの前後にある同じ情報を利用してとることができる. 具体的な方法としては，受信したOFDM信号と，それを1有効シンボル期間長分遅延させた信号との積をとり ＿B＿ すれば，遅延させた信号のシンボルのガードインターバル期間のみは，受信したOFDM信号のシンボルの後半の一部と<u>相関がある（同じ波形）</u>ため出力が現れる. この相関値を演算し，ピークを求めることによってシンボルの区切りを検出できる.

(3) 搬送波周波数に対する同期および標本化周波数に対する同期は，(2) と同様にガードインターバル期間の相関を利用し，搬送波周波数および標本化周波数の誤差によって生じる信号間の ＿C＿ の差を利用してとることができる.

	A	B	C
1	離散	積分	振幅
2	離散	積分	位相
3	逆離散	微分	位相
4	逆離散	微分	振幅
5	逆離散	積分	振幅

答え▶▶▶ 2

 下線部を問う問題も出題されています.

6.2 地上デジタル放送の伝送信号

 ● ガードインターバルを設けてマルチパス波の干渉を防ぐ

6.2.1 伝送モード

地上デジタル放送の伝送モードは3種類あり，搬送波の数で区分されています（**表6.1**）．

■**表6.1 地上デジタル放送の伝送モード**

モード	モード1	モード2	モード3
搬送波数	1 405	2 809	5 617
搬送波間隔	3.968〔kHz〕	1.984〔kHz〕	0.992〔kHz〕
使用用途	移動体受信	－	固定受信

モード1は搬送波間隔が広く干渉にも強いため，伝送路の変動が大きい移動体受信に用いられます．**モード3**は搬送波間隔が狭いため，伝送路の変動が小さい固定受信（家庭のテレビ受信など）に適しています．**モード2**は，モード1とモード3の中間的な存在です．

6.2.2 伝送パラメータ

地上デジタル放送に割り当てられた周波数は，UHF帯（470 ～ 710〔MHz〕：13 ～ 52ch）で，帯域幅6〔MHz〕を14ブロックに分け，そのうちの13ブロックでOFDM送信信号を構成しています．このブロックのことをOFDMセグメントといいます．残りの1セグメント分は近接チャネルとの干渉防止のため，ガードバンドとしています．

 13 ～ 52ch の物理チャネルは一般の受像機では表示されない．

地上デジタル放送のモード3のパラメータを**表6.2**に示します．

有効シンボル期間長 t_s〔s〕は，サンプリング点数 n とサンプリング周波数 f_s〔Hz〕を用いて次式で表されます．

■表6.2　地上デジタル放送　モード3

OFDM セグメント	13
全帯域幅	5.572〔MHz〕
搬送波間隔	0.992〔kHz〕
搬送波数	5 617
搬送波変調方式	QPSK，16QAM，64QAM，DQPSK
ガードインターバル長	有効シンボル長の 1/4，1/8，1/16，1/32

$$t_\mathrm{s} = \frac{n}{f_\mathrm{s}} \tag{6.6}$$

ガードインターバル期間長 t_g〔s〕は t_s〔s〕とガードインターバル比 η により次式で表されます．

$$t_\mathrm{g} = \eta t_\mathrm{s} \tag{6.7}$$

搬送波間隔（キャリア間隔）f_c〔Hz〕は次式となります．

$$f_\mathrm{c} = \frac{1}{t_\mathrm{s}} \tag{6.8}$$

なお，キャリアの総数 N は1セグメントの帯域幅 B_s〔Hz〕，セグメント数 n_s を用いて次式で表されます．

$$N = \left(\frac{B_\mathrm{s}}{f_\mathrm{c}} \times n_\mathrm{s} \right) + 1 \tag{6.9}$$

6.2.3　ガードインターバル

ガードインターバル（図6.11）とは，送信側で逆離散フーリエ変換を行った後に**末尾の一部を先頭にコピーすること**で，遅延波（マルチパス波）による干渉を防ぐ役割をします．ガードインターバル長以内の遅延波があっても，シンボル間干渉のない受信ができます．

ガードバンドは，隣接チャネルからの混信保護のための周波数帯域.
ガードインターバルは，マルチパス干渉を防止するための時間間隔.

　ガードインターバルを設けることにより，有効シンボル期間に隣接シンボルが

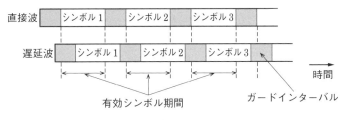

■図 6.11　ガードインターバル

入ることなく受信することができます．ガードインターバルの長さは表 6.2 に示した，有効シンボル長の 1/4，1/8，1/16，1/32 を選択することができます．

6.2.4　セグメント

　地上デジタル放送のモード 3 はセグメント数が 13 であり，セグメントの組合せにより，複数のプログラム伝送を行うことができます．**図 6.12** はセグメント 0 をワンセグ放送，セグメント 1 ～ 12 を地上デジタル放送（ハイビジョン放送）に割り当てた一例です．

#0：ワンセグ放送用
#1 ～ #12：地上デジタル放送

■図 6.12　セグメント

6.2.5　SFN

　SFN（Single Frequency Network）は複数の放送局から同一の送信周波数で同一のプログラムを放送するネットワークのことをいいます（**図 6.13**）．SFN は周波数利用効率が良く，地域によって受信チャネルを変える必要もありません．

　中継器が送出する電波は，親局から到達する電波に対して，距離による遅延時間が発生します．この遅延時間が，ガードインターバル t_g〔s〕以内でなければ干渉が発生します．

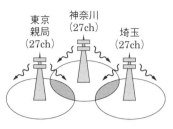

東京
親局
(27ch)

神奈川
(27ch)

埼玉
(27ch)

デジタル放送では SFN を用いることができるが，アナログ放送と同じ MFN（Multi Frequency Network）が用いられる場合もある．

■図 6.13　SFN

親局と中継局の最大距離を d_m〔km〕とすると，親局と中継局を往復する距離になるため $2d_\mathrm{m}$〔km〕と表すことができ，次式の関係が成り立ちます．

$$2d_\mathrm{m} = t_\mathrm{g}c \quad (c = 3 \times 10^8 \,\text{〔m/s〕：光速}) \tag{6.10}$$

式（6.10）より，d_m〔km〕は次式で求まります．

$$d_\mathrm{m} = \frac{t_\mathrm{g}c}{2} \tag{6.11}$$

問題 6　★★★　　　　　　　　　　　　　　→ 6.2.2

表 6.3 は，我が国の標準テレビジョン放送のうち地上系デジタル放送の標準方式（ISDB-T）で規定されているモード 1 における伝送信号パラメータおよびその値の一部を示したものである．　　　　内に入れるべき字句の正しい組合せを下の番号から選べ．

ただし，OFDM の IFFT のサンプリング周波数は，512/63〔MHz〕，モード 1 の IFFT のサンプリング点の数は，2 048 であり，$512 = 2^9$，$2\,048 = 2^{11}$ である．また，表中のガードインターバル比の値は，有効シンボル期間長およびガードインターバル期間長が表に示す値のときのものであり，キャリア総数は，**図 6.14** の OFDM フレームの変調波スペクトルの配置に示す 13 個の全セグメント中のキャリア数に，帯域の右端に示す復調基準信号に対応するキャリア数 1 本を加えた値である．

■表6.3

伝送信号パラメータ	値
セグメント数	13〔個〕 （No. 0 〜 No. 12）
有効シンボル期間長	$\boxed{A}$ 〔μs〕
ガードインターバル期間長	$\boxed{B}$ 〔μs〕
ガードインターバル比	1/4
キャリア間隔	$\boxed{C}$ 〔kHz〕
1 セグメントの帯域幅	6 000/14 〔kHz〕
キャリア総数	$\boxed{D}$ 〔本〕

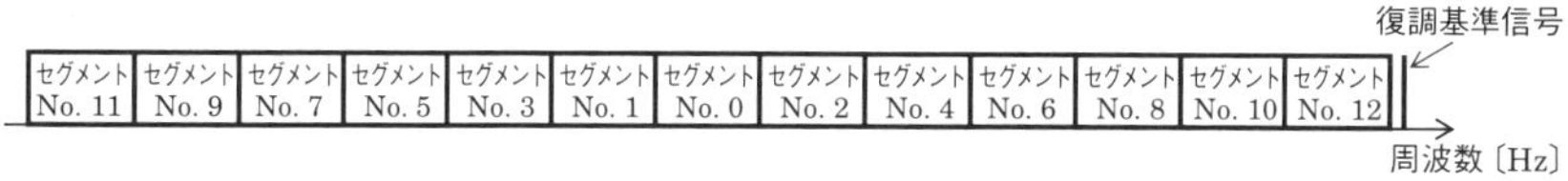

復調基準信号

セグメント No. 11	セグメント No. 9	セグメント No. 7	セグメント No. 5	セグメント No. 3	セグメント No. 1	セグメント No. 0	セグメント No. 2	セグメント No. 4	セグメント No. 6	セグメント No. 8	セグメント No. 10	セグメント No. 12

周波数〔Hz〕

■図6.14

	A	B	C	D
1	1 008	252	125/126	5 617
2	504	126	125/63	2 809
3	504	126	250/63	1 405
4	252	63	125/63	1 405
5	252	63	250/63	1 405

解説

A　有効シンボル期間長 $= \dfrac{\text{サンプリング点の数}}{\text{サンプリング周波数}}$

$63 \times 2^2 = (2^6 - 1) \times 2^2$
$= 2^8 - 2^2 = 256 - 4 =$
252

$= \dfrac{2^{11}}{\dfrac{512}{63} \times 10^6} = 63 \times 2^{11-9} \times 10^{-6}$

$\boxed{A}$ の答え

$= 63 \times 2^2 \times 10^{-6} = 252 \times 10^{-6}\,\text{s} = \mathbf{252}$ 〔μs〕

B　ガードインターバル期間長 ＝ 有効シンボル期間長×ガードインターバル比

$= 252\,〔μs〕 \times \dfrac{1}{4} = \mathbf{63}\,〔μs〕$

$\boxed{B}$ の答え

C　キャリア間隔 $= \dfrac{1}{\text{有効シンボル期間長}}$

$= \dfrac{1}{252 \times 10^{-6}} = \dfrac{1}{63 \times 4} \times 10^6$

B で求めた数値を
使うと計算が楽

$= \dfrac{1}{63} \times \dfrac{10^3}{4} \times 10^3 \,(\text{Hz}) = \boldsymbol{\dfrac{250}{63}} \,(\text{kHz})$

$\boxed{C}$ の答え

D　キャリア総数 $= \dfrac{1 \text{セグメントの帯域幅}}{\text{キャリア間隔}} \times 13 + 1$

$= \dfrac{\dfrac{6\,000}{14}\,(\text{kHz})}{\dfrac{250}{63}\,(\text{kHz})} \times 13 + 1 = \dfrac{6\,000 \times 63}{250 \times 14} \times 13 + 1$

$\boxed{D}$ の答え

$= \dfrac{6 \times 4 \times 63}{14} \times 13 + 1 = 108 \times 13 + 1 = \boldsymbol{1\,405}$

答え▶▶▶5

出題傾向 他のモードについての計算も出題されています.

問題 7 ★★★　　　　　　　　　　　　➡6.2.3 ➡6.2.5

　次の記述は，我が国の地上系デジタル方式の標準テレビジョン放送に用いられるガードインターバルについて述べたものである．　　　内に入れるべき字句の正しい組合せを下の番号から選べ.

(1) ガードインターバルは，送信側において OFDM（直交周波数分割多重）セグメントを逆高速フーリエ変換（IFFT）した出力データのうち，時間的に $\boxed{A}$ 端の出力データを有効シンボルの $\boxed{B}$ に付加することによって受信が可能となる期間を延ばし，有効シンボル期間において正しく受信できるようにするものである.

(2) ガードインターバルを用いることにより，中継局で親局と同一の周波数を使用する（SFN：Single Frequency Network）ことが可能であり，ガードインターバル長 $\boxed{C}$ の遅延波があってもシンボル間干渉のない受信が可能である.

(3) **図 6.15** に示すようにガードインターバル長が，126〔μs〕のとき，SFN とすることができる親局と中継局間の最大距離は，原理的に約 $\boxed{D}$ 〔km〕となる．ただし，中継局は，親局の放送波を中継する放送波中継とし，親局と中継局の放送波の送出タイミングは両局間の距離による伝搬遅延のみに影響されるものとする．また，親局と中継局の放送波のデジタル信号は，完全に同一であり，受信点において，遅延波の影響により正しく受信するための有効シンボル期間分の時間

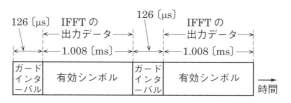

■ 図6.15 親局のデジタル信号（放送波）

を確保できない場合はシンボル間干渉により正しく受信できず，SFNとすることができないものとする．

	A	B	C	D
1	前	後	以上	37.8
2	前	後	以内	18.9
3	後	前	以内	37.8
4	後	前	以内	18.9
5	後	前	以上	37.8

解説 （1）ガードインターバルは，末尾の一部を先頭にコピーします．

（2）ガードインターバル長**以内**の遅延波は，干渉が起きません．

・・・・・・・・・ C の答え

D の答え

（3）親局と中継局間の最大距離は次式となります．

$$d_m = t_g c \times \frac{1}{2} = 126 \times 10^{-6} \times 3 \times 10^8 \times \frac{1}{2} = 189 \times 10^2 \, \text{m} = \mathbf{18.9} \, [\text{km}]$$

答え ▶▶▶ 4

問題 8 ★★★　　　　　　　　　　　　　　➡ 6.2.3 ➡ 6.2.5

　次の記述は，我が国の地上系デジタル方式の標準テレビジョン放送に用いられるガードインターバルの原理的な働きについて述べたものである．　　内に入れるべき字句の正しい組合せを下の番号から選べ．ただし，親局の放送波および中継局の放送波のデジタル信号は完全に同一であるものとする．また，親局の放送波のデジタル信号が次のシンボルに変化してから，中継局の信号が遅れて変化するまでの時間が，ガードインターバル内に入れば，親局の放送波の有効シンボル期間分の情報を「シンボル間干渉なく正しく受信すること」が可能であるものとし，一方で，ガードインターバルを超えると親局の放送波の有効シンボル期間分の情報を「シンボル間干渉なく正しく受信すること」が不可能となるものとする．

(1) ガードインターバルを用いることにより，中継局で親局と同一の周波数を使用する（SFN：Single Frequency Network）ことが可能である．ガードインターバルは，　A　において OFDM（直交周波数分割多重）セグメントを逆高速フーリエ変換（IFFT）した出力データのうち，時間的に　B　端の出力データを有効シンボルの　C　に付加することによって受信が可能となる期間を延ばし，有効シンボル期間において「シンボル間干渉なく正しく受信すること」ができるようにするものである．

(2) 図 **6.16** は，受信点において，親局からの放送波に対して τ〔s〕遅延した中継局からの放送波が同時に受信された場合のそれぞれの放送波を分離して示したものである．この図は，親局の放送波の有効シンボル期間分の情報を「シンボル間干渉なく正しく受信すること」が　D　となる場合を示している．

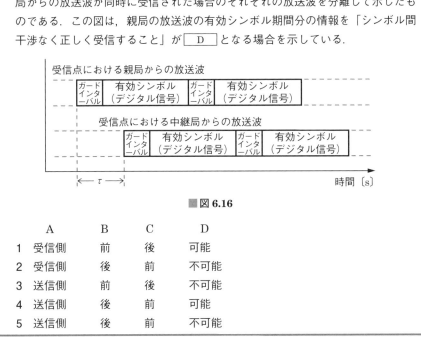

■図 **6.16**

	A	B	C	D
1	受信側	前	後	可能
2	受信側	後	前	不可能
3	送信側	前	後	不可能
4	送信側	後	前	可能
5	送信側	後	前	不可能

解説　ガードインターバルを用いることによって，ガードインターバル長以内の遅延があってもシンボル間干渉のない受信が可能です．図 6.16 は遅延時間 τ〔s〕がガードインターバル以上になっているので，シンボル間干渉が発生して正しく受信することが**不可能**となる場合を表しています．

↑……………　D　の答え

答え▶▶▶ 5

 下線の部分を穴埋めの字句とした問題も出題されています．

6.3 標準方式（ISDB-T）

- OFDM
- ガードインターバル
- 伝送路の評価

6.3.1 OFDM 伝送

我が国の地上デジタルテレビ放送の標準方式では，OFDM 方式（6.1）が用いられ，以下の特徴があります．

- ガードインターバルを設けることによりマルチパス（6.2.3）によるゴーストの軽減
- すべての搬送波を同期変調する条件下で直交関数系を用いて各搬送波の周波数間隔を最小にできる
- 一つの搬送波を低ビットレートかつ狭帯域で変調する（そのため，合成電力のスペクトルの肩の傾きが急峻となり，帯域外への電力漏れが少ない）

6.3.2 復調と同期

OFDM 信号の復調のための同期は以下のようにして行われます．

- 送信側のシンボル区切りと同じタイミングを検出する必要がある
- 送信側の搬送波と同一周波数とするために搬送波周波数に対する同期と離散フーリエ変換処理に必要な標本を生成するための標本化周波数に対する同期が必要である
- CP（Continuous Pilot）信号による高い精度の同期が可能となる
- CP 信号は電力拡散信号を加算して生成され，そのシンボルは OFDM セグメントのキャリア 0 番に配置されている

6.3.3 伝送信号の評価

伝送信号の評価については，MER（Modulation Error Ratio：変調誤差比）が用いられます．

MER は理想シンボル点 (I_j, Q_j) のベクトル量の絶対値の二乗を合計した値を，そこから誤差ベクトル量 $(\delta I_j, \delta Q_j)$ の二乗の合計で除算した電力比で表し

ます.

図**6.17** で示す例では，j をシンボル番号，N をシンボル数として次式で表されます.

$$\text{MER} = 10 \log_{10} \left\{ \frac{\sum_{j=1}^{N}(I_j{}^2 + Q_j{}^2)}{\sum_{j=1}^{N}(\delta I_j{}^2 + \delta Q_j{}^2)} \right\} \text{〔dB〕} \tag{6.12}$$

測定信号の CNR の劣化が加法性白色ガウス雑音のみと考えられる場合，理論的に MER と CNR は等価となります．MER を利用することによって，高い CNR 値を持つ信号でも精度高く測定できます.

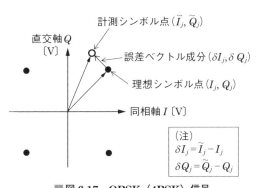

■図 **6.17** QPSK（4PSK）信号

 C/N 比がある値より小さくなると全く受信できなくなる現象をクリフエフェクト（cliff effect）という.

6.3.4 伝送路符号化部

図 **6.18** に伝送路の符号化部の基本構成のブロック図を示します.

情報源から各種 TS（Transport Stream）が入力され

① 「TS 最多重化」で 16 バイトのヌルデータを付加します.

② 「リードソロモン符号化」では，付加されたヌルデータを誤り訂正のためのパリティバイトに置き換えます．リードソロモン符号はパケット単位で誤りを訂正できる外符号です.

③ 「エネルギー（電力）拡散」では，変調波のエネルギーを特定の箇所に集

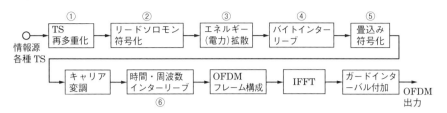

■ 図 6.18 伝送路符号化部の基本構成

中することを抑えるとともに，受信側で信号からクロック再生を容易にするために，同じ値のデジタル符号が長く続かないように擬似乱数符号系列と伝送するデジタル符号を加算します．

④ 「バイトインターリーブ」では，受信側で内符号の畳込み符号（⑤）により，誤り訂正を行った後のバースト誤りを拡散させます．それにより，リードソロモン符号の誤り訂正の性能を向上させています．

⑥ 「時間・周波数インターリーブ」では，誤り訂正の効果を高めて移動受信性能と耐マルチパス性能を向上させています．

問題 9 ★★★　　　　　　　　　　　　　　　　　　　　　➡ 6.3.2

　次の記述は，我が国の地上デジタルテレビ放送の標準方式に用いられる直交周波数分割多重（OFDM）方式の特徴について述べたものである．　□□□内に入れるべき字句の正しい組合せを下の番号から選べ．

(1) 送信データを N 個の搬送波に分散して送ることによって伝送シンボルの継続時間が従来の単一キャリア方式の約 N 倍に長くなることと，時間軸上に　A　を設けることにより，マルチパスによるゴーストが加わっても伝送特性の劣化が少ない．

(2) すべての搬送波を　B　変調するという条件のもとで，直交関数系を用いて各搬送波の周波数間隔を最小にすることができる．

(3) OFDM の一つの搬送波を　C　のデジタル信号で変調するため，これらを集合した OFDM の電力スペクトルの形は，肩の部分の傾きが急峻になり，帯域外への電力の漏れが少ない．

	A	B	C
1	ガードインターバル	同期させて	低ビットレート，狭帯域
2	ガードインターバル	非同期で	高ビットレート，広帯域
3	ガードインターバル	同期させて	高ビットレート，広帯域
4	ガードバンド	非同期で	低ビットレート，狭帯域
5	ガードバンド	同期させて	高ビットレート，広帯域

解説 OFDM の合成電力スペクトルは**図 6.19** のような形になります.

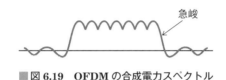

急峻

■**図 6.19 OFDM の合成電力スペクトル**

答え▶▶▶ 1

問題 ⑩ ★★　　　　　　　　　　　　　　　　　　　　➡ 6.3.2

　次の記述は，我が国の地上系デジタル方式標準テレビジョン放送の標準方式に用いられる直交周波数分割多重（OFDM）方式の信号を復調するための同期方式について述べたものである．　　　　内に入れるべき字句の正しい組合せを下の番号から選べ．なお，同じ記号の　　　　内には，同じ字句が入るものとする．

(1) OFDM 方式では，送信側のシンボルの区切りと同じタイミングを検出するためのシンボルに対する同期，送信側で送られた搬送波と同一　A　にするための搬送波　A　に対する同期および離散フーリエ変換処理に必要な標本を生成するための標本化周波数に対する同期がそれぞれ必要である．

(2) ガードインターバルは，　B　による妨害を軽減するために OFDM 信号のシンボルの後半の一部分を複製し，先頭部分に付け加えたものであるが，シンボルの前後に同じ情報があるので，これを利用して同期をとることができる．

(3) 　C　信号により高い精度で同期をとることができる．電力拡散信号を加算した　C　信号から生成される　C　シンボルは，OFDM セグメントのキャリア番号 0 番に配置される．

	A	B	C
1	振幅	遅延波	CP（Continuous Pilot）
2	振幅	遅延波	AC（Auxiliary Control）
3	振幅	外部雑音	CP（Continuous Pilot）
4	周波数	遅延波	CP（Continuous Pilot）
5	周波数	外部雑音	AC（Auxiliary Control）

答え▶▶▶ 4

 出題傾向 下線の部分を穴埋めの字句とした問題や下線部を問う問題も出題されています．

問題 ⓫ ★★ ➡ 6.3.3

　次の記述は，地上系デジタル放送の標準方式（ISDB-T）において，親局や放送波中継局またはフィールド等での伝送信号に含まれる雑音，歪み等の影響を評価する指標の一つである MER（Modulation Error Ratio：変調誤差比）の原理等について述べたものである．　□□□　内に入れるべき字句を下の番号から選べ．なお，同じ記号の□□□内には，同じ字句が入るものとする．

(1) デジタル放送では，CNR（C/N）がある値よりも　ア　なると全く受信できなくなる，いわゆる　イ　現象があるため，親局や放送波中継局等の各段の CNR 劣化量を適切に把握する必要があり，その回線品質を管理する手法において MER が利用されている．

(2) MER は，デジタル変調信号を復調して，I-Q 平面に展開した際，各理想シンボル点のベクトル量の絶対値を二乗した合計を，そこからの誤差ベクトル量の絶対値を二乗した合計で除算し，　ウ　比で表すことができる．

(3) 図 **6.20** は，理想シンボル点に対する計測シンボル点とその誤差ベクトルとの関係を QPSK の信号空間ダイアグラムを用いて例示したものである．

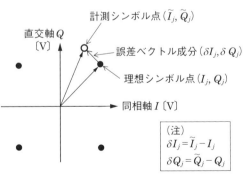

■図 **6.20** QPSK（4PSK）信号

(4) j をシンボル番号, N をシンボル数とすると, MER は, □ウ□ 比として次式
で表すことができる.

$$\text{MER} = 10 \log_{10} \boxed{\quad \text{エ} \quad} \ \text{(dB)}$$

(5) 測定信号の CNR の劣化要因が加法性白色ガウス雑音のみで, 復調法等それ以
外の要因が MER の測定に影響がない場合, 理論的に MER は CNR と等価にな
る. MER を利用すれば □オ□ CNR の信号でも精度よく測定できるため, 高品
質な親局装置出力等の監視に有効である.

1　大きく

2　クリフエフェクト (cliff effect)

3　電圧

4　$\left\{\dfrac{\sum_{j=1}^{N}\left(\sqrt{I_j{}^2+Q_j{}^2}\right)}{\sum_{j=1}^{N}\left(\sqrt{\delta I_j{}^2+\delta Q_j{}^2}\right)}\right\}$

5　高い

6　小さく

7　ゴースト (ghost)

8　電力

9　$\left\{\dfrac{\sum_{j=1}^{N}\left(I_j{}^2+Q_j{}^2\right)}{\sum_{j=1}^{N}\left(\delta I_j{}^2+\delta Q_j{}^2\right)}\right\}$

10　低い

解説　クリフエフェクトはデジタル放送の品質劣化状態を表す用語で, 崖 (cliff) か
ら落ちるように受信品質が急激に低下する現象のことです.
　変調誤差比 (MER) は受信したデジタル信号の計測シンボル点が送信信号の理想シ
ンボル点からの誤差を電力比で表したものです.

答え▶▶▶アー6, イー2, ウー8, エー9, オー5

問題 12 ★★　　　　　　　　　　　　　　　　→6.3.4

　次の記述は, 我が国の標準テレビジョン放送のうち地上系デジタル放送の標準方
式 (ISDB-T) で用いられる送信システムについて, **図6.21** の伝送路符号化部基本
構成に示す主要なブロック中, 五つのブロックの働きについてそれぞれ述べたもの
である. □□□内に入れるべき字句を下の番号から選べ. なお, 同じ記号の□□□
内には, 同じ字句が入るものとする.

(1)「TS 再多重化」では, 放送の各種 TS (Transport Stream) が入力され, 16
バイトのヌルデータを付加したパケットストリームに変換する.

(2)「□ア□化」では,「TS 再多重化」で付加された 16 バイトのヌルデータを誤
り訂正のためのパリティバイトに置き換えて, パケット単位で誤りを訂正できる
ようにする. 誤り訂正符号は, □ア□ (外符号) が使われる.

(3)「エネルギー (電力) 拡散」では, 変調波のエネルギーを特定のところに集中
□イ□とともに, 受信側で信号からクロック再生を容易にするため, 同じ値の

デジタル符号（"0" または "1"）が長く ウ ように，擬似乱数符号系列と伝送するデジタル符号を加算する．

(4)「バイトインターリーブ」では，受信側で エ （内符号）により誤り訂正を行った後のバースト誤りを拡散させることによって， ア （外符号）の誤り訂正の性能を向上させる．

(5)「時間・周波数インターリーブ」では，誤り訂正の効果を高め，移動受信性能と オ を向上させる．

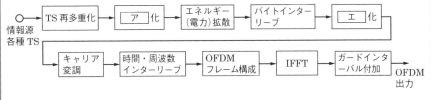

■図 6.21

1 グレイ符号	2 させる	3 続かない	4 AMI 符号
5 耐マルチパス性能	6 リードソロモン符号		7 することを抑える
8 続く	9 畳込み符号		10 交差偏波識別度

解説 　誤り訂正符号化は，内符号と外符号の二重の符号を用いることによって受信性能を高めています．伝送路に近い内符号は散発的に発生するランダムエラーによる誤り

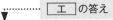

を訂正できるようにする**畳込み符号**が使われています．外符号にはパケット単位で誤りを訂正できるようにする**リードソロモン符号**が使われています．

答え▶▶▶ア－6，イ－7，ウ－3，エ－9，オ－5

 文章の正誤を問う問題も出題されています．

6.4 映像信号の圧縮方式 (MPEG-2)

● MPEG-2 は，動き補償予測符号化方式，離散コサイン変換
方式，可変長符号化方式を組み合わせた画像圧縮方式

6.4.1 動き補償予測符号化方式

　動き補償予測符号化方式（**図 6.22**）
は，画面を複数のブロックに分割した
後，各ブロックで前のフレームと現在
のフレームを比較（差分）し，2 次元
の動き量を求めます．差分信号および
動き量のみを送信することで，映像信
号の情報量を減らしています．

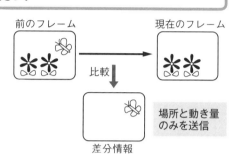

■図 6.22　動き補償予測符号化方式

6.4.2 離散コサイン変換 (DCT) 方式

　離散コサイン変換方式とは，画像圧縮の技術で，画像データの 8 画素 × 8 画
素単位で空間周波数に変換することをいいます．人間の視覚は高周波成分に対し
て鈍感なため，高周波成分の情報量を減らします．

　低周波の画像は，真っ白な画像であり，画素の隣どうしの色が同じで変化がな
い状態です．高周波の画像は，白と黒の急激な色の変化がある状態です（**図
6.23**）．

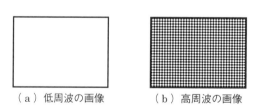

（a）低周波の画像　　　　（b）高周波の画像

■図 6.23　低周波・高周波の画像例

関連知識　**空間周波数**
　空間周波数は画像の周期構造の細かさを表します．明暗が粗いと空間周波数が低い，細か
いと空間周波数が高いことを表します．

6.4.3 可変長符号化方式

図 **6.24** のように画像データに離散フーリエ変換を行い，量子化データを作成します．作成した量子化データより，可変長符号化を行います．

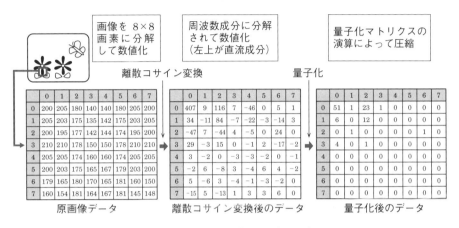

■図 **6.24** 量子化データの作成順序

可変長符号化方式は，量子化された信号の出現頻度に応じてビット長の異なる符号を割り当てる方式で，出現頻度の高い信号ほど短いビット長で表現し，映像信号の情報量を減らしています．

図 **6.25** のような読み出し方を**ジグザグスキャン**といいます．読み出す順序は

150 6 3 0 0 0 0 0 0 0 0 1 0 0 …

となります．データ 150 は個別で伝送し，残りのデータはランレングス符号化という方式を使用します．0 以外の係数間の 0 の数と，0 ではない係数の値を組み合わせた方式です．図 6.25 のデータは次のように表されます．

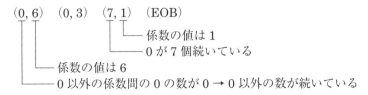

EOB は End Of Block を意味し，それ以降はすべて 0 ということになります．

229

150	6	0	0	0	0	0	0
3	0	0	0	0	0	0	0
0	0	0	0	0	0	0	0
0	0	0	0	0	0	0	0
1	0	0	0	0	0	0	0
0	0	0	0	0	0	0	0
0	0	0	0	0	0	0	0
0	0	0	0	0	0	0	0

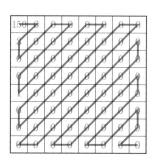

■図 6.25 量子化係数の読出し

6.4.4 MPEG-2

ハイビジョン等の原信号（画像信号）は情報量が多いため，原信号を圧縮符号化し，情報量を減らして伝送します．

原信号の画像符号化方式には，動き補償予測符号化方式，離散コサイン変換方式および可変長符号化方式などを組み合わせた **MPEG-2 方式**があります．

問題 13 ★★★　　　　　　　　　　　　　　　　　　　　　→ 6.4.2

次の記述は，我が国の地上系デジタル方式標準テレビジョン放送の送信の標準方式に用いられる離散コサイン変換方式について述べたものである．このうち誤っているものを下の番号から選べ．

1 画像信号のデータ圧縮に用いられる変換符号化方式の一種である．

2 N 個の時間軸上のデータは，N 個の周波数軸上のデータに変換される．

3 変換は，画像信号を 8 画素四方（8 × 8 画素）のブロックに分割して行われる．

4 画像信号を変換したときのデータは，水平方向の周波数成分と垂直方向の周波数成分で構成される．

5 変換により得られたデータのうち，低い周波数成分は人間の視覚が鈍感なので，高い周波数成分よりも量子化ステップを粗くして情報量を減らすことができる．

解説　誤っている選択肢を正すと次のようになります．

5 変換によって得られたデータのうち，**高い**周波数成分は人間の視覚が鈍感なので，**低い**周波数成分よりも量子化ステップを粗くして情報量を減らすことができる．

答え▶▶▶ 5

問題 ⑭ ★★　　　　　　　　　　　　　　　　　　　　　　➡ 6.4.2

　次の記述は，我が国の地上系デジタル放送の標準方式（ISDB-T）に用いられている離散コサイン変換（DCT）および画像信号のデータ圧縮の原理について述べたものである．このうち誤っているものを下の番号から選べ．

1　画像信号は，最初に 8 画素四方（8×8 画素）のブロックに分割される．

2　2 次元 DCT では，分割された画像信号のブロックを周波数成分毎に 64 種類の基本パターンに分解し，それぞれの周波数成分（DCT 係数）を求める．

3　一般的に，2 次元 DCT で変換した周波数成分（DCT 係数）は，高い周波数成分が圧倒的に多く，低い周波数成分はごく少なくなる．

4　2 次元 DCT で変換した周波数成分（DCT 係数）一つ一つは，個々の係数（量子化マトリクスと呼ばれる数値群）で除算される．

5　2 次元 DCT で変換した周波数成分（DCT 係数）のうち，高い周波数成分に対して人間の視覚が鈍感であり，高い周波数成分を大きな値の係数（量子化マトリクスと呼ばれる数値群）で除算することで数値が間引かれる．これが画像信号のデータ圧縮の原理である．

解説　誤っている選択肢は次のようになります．

3　一般的に，2 次元 DCT で変換した周波数成分（DCT 係数）は，**低い**周波数成分が圧倒的に多く，**高い**周波数成分はごく少なくなる．

答え ▶▶▶ 3

231

問題 15 ★★★　　　　　　　　　　　　　→6.4.1 →6.4.2 →6.4.3

　　次の記述は，我が国の地上系デジタル方式の標準テレビジョン放送等で映像信号の情報量を減らす圧縮方式である「動き補償予測符号化」，「離散コサイン変換（DCT）を用いた変換符号化」および「可変長符号化」の各方式について述べたものである．　　　内に入れるべき字句の正しい組合せを下の番号から選べ．

(1) 動き補償予測符号化を用いて，映像信号の前後のフレームまたはフィールドからの動き量を検出し，動き量に応じて補正したフレームまたはフィールド信号と原信号との　A　および動き量のみを送信することにより，伝送する情報量を減らすことができる．

(2) 2次元 DCT で変換した周波数成分（DCT 係数）のうち，高い周波数成分はごく少なく，低い周波数成分が圧倒的に多い．変換符号化を用いて，人間の視覚が鈍感である　B　周波数成分を大きな値の係数（量子化マトリクスと呼ばれる数値群）で除算して数値を間引くことにより，伝送する情報量を減らすことができる．

(3) 可変長符号化は，量子化された符号の発生頻度に合わせた長さのビット列を割り当てる方式であり，統計的に発生頻度の高い符号を発生頻度の低い符号より　C　ビット列で表現することにより，伝送する情報量を減らすことができる．

	A	B	C
1	差	高い	短い
2	差	低い	短い
3	差	高い	長い
4	和	低い	長い
5	和	高い	長い

解説　離散コサイン変換（DCT）方式は，原画像を 8 画素四方の単位で空間周波数成分に変換し，その周波数成分を人間の視覚特性を反映して量子化することにより情報量を減らす方式です．

答え▶▶▶ 1

出題傾向　下線の部分を穴埋めの字句とした問題も出題されています．

問題 16 ★★ ➡ 6.4.3 ➡ 6.4.4

　次の記述は，我が国の標準テレビジョン放送等のうち，放送衛星（BS）による BS デジタル放送（広帯域伝送方式）で使用されている画像の符号化方式等について述べたものである．_____ 内に入れるべき字句の正しい組合せを下の番号から選べ．なお，同じ記号の _____ 内には，同じ字句が入るものとする．

(1) ハイビジョン（HDTV，高精細度テレビジョン放送）等の原信号（画像信号）は，情報量が多いため，原信号を圧縮符号化し，情報量を減らして伝送することが必要になる．原信号の画像符号化方式は，動き補償予測符号化方式，離散コサイン変換方式および ____A____ などを組み合わせた ____B____ 方式である．

(2) 原信号の画像符号化方式のうち，____A____ は，一般に，信号をデジタル化すると，デジタル化した値は均等な確率で発生するのではなく，同じような値が偏って発生する傾向があることから，統計的に発生頻度の ____C____ 符号ほど短いビット列で表現して，全体として平均的な符号長を短くし，データの統計的な冗長性を除去することにより，伝送するビット数を減らす方式である．

	A	B	C
1	マルチキャリア方式	JPEG	低い
2	マルチキャリア方式	MPEG-2	高い
3	可変長符号化方式	MPEG-2	低い
4	可変長符号化方式	MPEG-2	高い
5	可変長符号化方式	JPEG	低い

答え ▶ ▶ ▶ 4

下線の部分を穴埋めの字句とした問題も出題されています．

電　源

この章から **2** 問 出題

【合格へのワンポイントアドバイス】

この分野は，電池と電源回路や電源装置に関する問題がほぼ1問ずつ出題され，同じような問題が繰り返して出題されています．特に正誤式の問題では正しい内容の選択肢と異なった内容の選択肢が入れ替わって出題されています．選択肢の誤った箇所については，解説の正しい記述を確認してください．電源回路の問題では回路図の一部が異なった問題もよく出題されています．回路の全体の動作から考えれば解答を見つけることができます．

7.1 電 池

● 太陽電池の変換効率は，光エネルギーが電気エネルギーに
変換される割合であり，温度上昇とともに低下する
● 静止衛星の太陽電池は，春分または秋分の時期に太陽食の
ため発電できない時間がある
● 鉛蓄電池のトリクル充電方法は，電池を停電時の予備電源
として接続するため常に充電状態に保っておく

7.1.1　1 次電池

　化学エネルギーを電気エネルギーに変換して外部に取り出す電源を**電池**といいます．

　電池から電流を取り出すと化学変化する物質が変化して動作しなくなり，充電ができない電池を**1 次電池**といいます．主な 1 次電池の種類と公称電圧は，次の通りです．

① マンガン乾電池（公称電圧 1.5〔V〕）
② アルカリマンガン乾電池（公称電圧 1.5〔V〕）
③ リチウム電池（公称電圧 3〔V〕など）
④ 酸化銀電池（公称電圧 1.55〔V〕）

7.1.2　2 次電池

　充電をすることで，繰返し使用できる電池を**2 次電池**といいます．主な 2 次電池の種類は，次の通りです．

① ニッケル・水素電池（公称電圧 1.2〔V〕）
② リチウムイオン電池（公称電圧 3.6〔V〕程度）
③ 鉛蓄電池（公称電圧 2.0〔V〕）

　電池の容量は，放電電流〔A〕と時間〔h：時〕の積で表され，単位は〔Ah〕が用いられます．一般に 10 時間率で表されるので，容量が 40〔Ah〕の電池は，4〔A〕の電流を 10 時間継続して流すことができます．

7.1.3　太陽電池

(1) 太陽電池の構造

　図 7.1 に示すように，シリコン太陽電池は n 形半導体と p 形半導体を接合した構造になっています．太陽光を入射すると，光は pn 接合部で吸収され，そのエネルギーにより電子が励起されて p 側が正（＋），n 側が負（－）に帯電します．1 個の素子（セル）からなる太陽電池の出力の開放電圧は，$0.5 \sim 1.0$〔V〕程度です．また，開放電圧よりも高い電圧が必要なときは，複数個の素子を直列接続して用います．

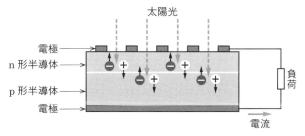

■図 7.1　太陽電池の構造

　変換効率とは，太陽電池に入射する光エネルギーが電気エネルギーに変換される割合のことをいいます．変換効率は，光の反射などの光学的損失と，半導体や電極の抵抗損失やキャリアの再結晶などによる電気的損失により，低下します．また，温度の上昇とともに短絡電流は微増しますが，開放電圧が大幅に減少するので，変換効率は温度の上昇とともに低下します．

　太陽電池に用いられる素子の材料によって，主にシリコン系とインジウムガリウムヒ素などを用いた化合物系に分類されます．シリコン系の太陽電池は，単結晶シリコン，多結晶シリコンおよびアモルファスシリコンなどの材料に不純物を添加して pn 接合を作っています．シリコン太陽電池の主な種類は材料や構造により図 7.2 のように分類されます．

■図 7.2　太陽電池の種類

(2) 衛星用電源

　衛星用電源に用いられる太陽電池は，日照時は太陽電池から衛星搭載機器に電

力が供給されますが，静止衛星では春分および秋分の日を中心に前後約1か月の間，1日に最長70分程度地球の影に隠れる（太陽食）ために発電ができません．

通信衛星は，太陽食の間も継続して通信を行うため，ニッケル・水素電池などの2次電池を搭載しています．放送衛星は消費電力が大きく，太陽食の間も継続して放送を行うには大きな2次電池が必要になります．そこ

天の赤道面と太陽の位置が一致する春分と秋分に太陽食が発生する．

で，衛星軌道位置（経度）をサービスエリアに対応した経度より西に15 〜 45°ずらし，太陽食が発生する時間を深夜以後になるようにして電波を停波していましたが，現在は2次電池の容量が大きくなったので太陽食による停波はありません．

7.1.4　2次電池の充電

鉛蓄電池などの2次電池は，充放電を繰り返して使用することができます．主な充電方法は次の通りです．

(1) 定電流充電

電池の端子電圧に関係なく，一定の電流で充電する方法です．電池の充電終期には電流の値が小さい方がよいので，充電電流を制限します．

(2) 準定電流充電

直流電源と電池との間に抵抗を直列に入れて充電電流を制限する方法です．充電電流は初期には大きいが過大ではなく，また，終期には所定値以下になるように直列抵抗の値を設定します．

(3) 定電圧充電

充電器の出力電圧を充電終止電圧に保って充電します．充電初期に大きな電流が流れるので，電池の電極に負担がかかります．

(4) 定電流・定電圧充電

充電の初期および中期は定電流で比較的急速に充電し，その後，鉛蓄電池ではガス発生電圧になったとき定電圧に切り換え充電する方法です．

(5) 浮動充電

充電器または整流電源（直流電源）に対して負荷と電池が並列になるように接

続します．常に充電状態にしておいて，負荷電流が大きくなったときは電池から負荷に電流が供給されます．

(6) トリクル充電

電池を停電時の予備電源とし，停電時のみ電池を負荷に接続します．電池が負荷に接続されていないときは，常に充電状態に保っておくため，自己放電電流に近い電流で絶えず充電します．

問題 ① ★★★　　　　　　　　　　　　　　　　　　　→ 7.1.3

次の記述は，シリコン太陽電池について述べたものである．このうち誤っているものを下の番号から選べ．

1　pn 接合は，単結晶シリコン，多結晶シリコンおよびアモルファスシリコンなどの材料に不純物を添加して形成する．

2　受光面の放射照度が一定等の基準条件における温度特性は，温度の上昇とともに開放電圧は微増するが，短絡電流が大幅に減少するので，変換効率は温度の上昇とともに低下する．

3　太陽電池の素子に太陽光を入射すると，pn 接合部で吸収され，そのエネルギーにより電子が励起されて，p 側が正，n 側が負に帯電する．

4　変換効率は，一般的に太陽電池に入射する光のエネルギーに対する最大出力（電気エネルギー）の割合で評価できる．

5　変換効率は，光の反射等の光学的損失，半導体や電極の抵抗損失およびキャリアの再結合等による電気的損失により影響を受ける．

解説　誤っている選択肢は次のようになります．

2　受光面の放射照度が一定等の基準条件における温度特性は，温度の上昇とともに**短絡電流**は微増するが，**開放電圧**が大幅に減少するので，変換効率は温度の上昇とともに低下する．

答え▶▶▶ 2

問題 ② ★★　　　　　　　　　　　　　　　　　　　→ 7.1.4

次の記述は，鉛蓄電池の一般的な充電方法について述べたものである．このうち誤っているものを下の番号から選べ．

7章

1　トリクル充電では，電池を停電時の予備電源とし，停電時のみ電池を負荷に接続するという使い方において，電池が負荷に接続されていないときは，常に充電状態に保っておくため，自己放電電流に近い電流で絶えず充電する．

2　浮動充電では，整流電源（直流電源）に対して負荷と電池が並列に接続された状態で，負荷を使用しつつ充電する．

3　定電圧充電は，直流電源と電池との間に抵抗を直列に入れて充電電流を制限する方法である．充電電流は初期には大きいが過大ではなく，また，終期には所定値以下になるようにセットできる．

4　定電流充電は，電池の端子電圧に関係なく一定の電流で充電する方法である．

5　定電流・定電圧充電は，充電の初期および中期は定電流で比較的急速に充電し，その後定電圧に切り換え充電する方法である．

解説　3　定電圧充電は，最初から**充電器の出力電圧を充電終止電圧に設定して一定電圧に保って充電する**方法です．電池にとって**充電終期の電流値は小さく**好ましいですが，**充電初期には大きな電流が流れる**ため電極に負担がかかります．

答え▶▶▶3

問題 3　★★★　　　　　　　　　　　　　　　　　　➡7.1.3 ➡7.1.4

次の記述は，静止通信衛星の電源系に用いられる太陽電池，2次電池および太陽食について述べたものである．このうち誤っているものを下の番号から選べ．

1　日照時に太陽電池から衛星搭載機器に電力が供給される．

2　夏至または冬至の日を中心にして前後で約1箇月の間は，1日に最長70分程度，衛星が地球の陰に隠れる（太陽食）ため，太陽電池は発電ができなくなる．

3　太陽電池のセルは，一般に，3軸衛星では展開式の平板状のパネルに実装される．

4　サービスエリアからみた太陽食が始まる時間は，衛星軌道位置がサービスエリアに対応した経度よりも西にあるほど遅くなる．

5　太陽食により太陽電池が発電できなくなる間は，リチウムイオン電池などの2次電池により衛星搭載機器に電力が供給される．

解説　誤っている選択肢は次のようになります．

2　**春分**および**秋分**の日を中心にして前後で約1箇月の間は，1日に最長70分程度，衛星が地球の陰に隠れる（太陽食）ため，太陽電池は発電ができなくなる．

答え▶▶▶2

7.2 整流電源

- 整流効率は，出力電力と入力電力の比を表す．全波整流回路は半波整流回路の2倍
- リプル率は交流成分の実効値電流（または電圧）と直流成分（平均値）の電流（または電圧）の比を表す
- 電圧変動率は，負荷に定格電流を流したときの定格電圧を基準として，（無負荷の電圧−定格電圧）/（定格電圧）を表す

7.2.1 整流電源回路

　商用電源の交流を直流に変換する電源装置を**整流電源**といいます．整流電源回路の構成を**図7.3**に示します．図において商用電源の交流電圧は，変圧器（トランス）によって所定の電圧に変換されます．整流回路は正負に変化する交流を一方向の極性で変化する脈流とします．整流回路には主にシリコン接合形ダイオードが用いられます．平滑回路は脈流を直流とするために用いられ，コンデンサあるいはコイルとコンデンサによって構成されます．

■図7.3　整流電源回路の構成

7.2.2 整流回路

（1）半波整流回路

　半波整流回路の回路例を**図7.4**に示します．ダイオードの整流作用によって交流の半サイクルのみ電流が流れます．

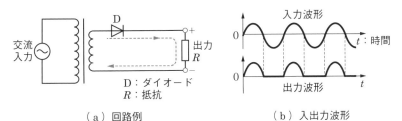

（a）回路例　　　　　　　　　（b）入出力波形

■図7.4　半波整流回路

　回路構成は簡単ですが，交流波形の半サイクルのみ電流が流れるので，変換効率が悪くなります.

　整流回路の**整流効率**η（イータ）〔%〕は，負荷に供給される直流電力をP_{DC}〔W〕，交流入力電力をP_i〔W〕とすると，次式で表されます.

$$\eta = \frac{P_{DC}}{P_i} \times 100 \ \ \text{〔%〕} \tag{7.1}$$

　半波整流回路の整流効率η〔%〕は，ダイオードの順方向抵抗などを無視すると次式で表されます.

$$\eta = \frac{4}{\pi^2} \times 100 \doteq 40.5 \ \ \text{〔%〕} \tag{7.2}$$

関連知識　ダイオード
　最大逆方向電圧（逆耐電圧）と最大許容電流の大きいシリコン接合形ダイオードが用いられます.

(2) 全波整流回路

　全波整流回路の回路例を**図7.5**に示します．交流の正，負の両方の期間に電流を流し，整流を行う回路です.

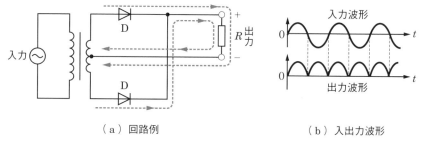

（a）回路例　　　　　　　　　（b）入出力波形

■**図7.5　全波整流回路**

(3) ブリッジ整流回路

　ブリッジ整流回路の回路例を**図7.6**に示します．4個のダイオードを組み合わせて接続した回路です．2個のダイオード対が交流波形の半分ずつを受け持って整流を行います.

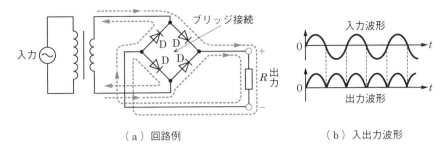

（a）回路例　　　　　　　　　　　　（b）入出力波形

■図 7.6　ブリッジ整流回路

　全波整流回路およびブリッジ形整流回路の整流効率 η〔%〕は，ダイオードの順方向抵抗などを無視すると次式で表されます．

$$\eta = \frac{8}{\pi^2} \times 100 \fallingdotseq 81.1 〔\%〕 \tag{7.3}$$

　入力交流電圧の最大値が V_m〔V〕のとき，各整流回路の出力電圧の平均値，実効値，それぞれのダイオードの逆耐電圧を**表 7.1** に示します．

■表 7.1　整流回路の電圧の特性

整流回路 電圧	半波整流回路	全波整流回路	ブリッジ整流回路
出力電圧の平均値	$\dfrac{V_m}{\pi}$	$\dfrac{2V_m}{\pi}$	$\dfrac{2V_m}{\pi}$
出力電圧の実効値	$\dfrac{V_m}{2}$	$\dfrac{V_m}{\sqrt{2}}$	$\dfrac{V_m}{\sqrt{2}}$
ダイオードの逆耐電圧	$2V_m$	$2V_m$	V_m

7.2.3　リプル率

　リプルとは，直流の電圧（または電流）の中に含まれている脈動の成分（交流分）のことをいいます．**リプル率**またはリプル含有率とはその割合のことをいいます．

　整流波形のリプル率 γ（ガンマ）〔%〕は，整流波形の交流分の実効値電圧を V_e〔V〕，整流波形の直流分の電圧を V_{DC}〔V〕とすると，次式で表されます．

$$\gamma = \frac{V_{\mathrm{e}}}{V_{\mathrm{DC}}} \times 100 \ [\%] \tag{7.4}$$

7.2.4　平滑回路

平滑回路は整流回路の出力波形を直流に近づける回路で，片方向の極性の整流回路出力に含まれる交流成分（リプル）を除去する回路です．**図 7.7** のコンデンサ入力形と**図 7.8** のチョーク入力形があります．

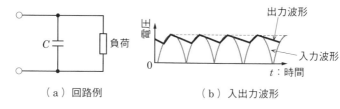

（a）回路例　　　　　　　　　　（b）入出力波形

■図 7.7　コンデンサ入力形

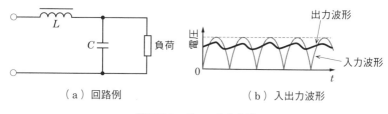

（a）回路例　　　　　　　　　　（b）入出力波形

■図 7.8　チョーク入力形

7.2.5　電圧変動率

電源回路に負荷を接続して，負荷電流 I〔A〕を流すと電源回路の変圧器や整流回路の損失抵抗などによって，**図 7.9** のように出力電圧 V〔V〕が低下します．無負荷の電圧を V_0〔V〕，負荷に定格電流 I_{n}〔A〕を流したときの定格電圧を V_{n}〔V〕とすると，**電圧変動率** δ〔%〕は次式で表されます．

$$\delta = \frac{V_0 - V_{\mathrm{n}}}{V_{\mathrm{n}}} \times 100 \ [\%] \tag{7.5}$$

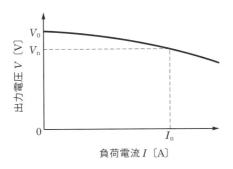

■図7.9　出力電圧の特性

問題 4 ★　　　　　　　　　　　　　　　　　　　　　　➡ 7.2.2

　次の記述は，**図7.10 ～ 7.12** に示す各種整流回路の原理的な構成例について述べたものである．このうち誤っているものを下の番号から選べ．ただし，各図において，交流入力は正弦波であり，変圧器の二次側電圧v〔V〕は同一とし，負荷抵抗R_1，R_2 およびR_3〔Ω〕に流れる電流の平均値は同一とする．また，変圧器 T は無損失であり，ダイオード D は理想ダイオードとする．

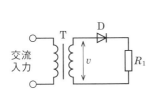

■図7.10　単相半波整流回路

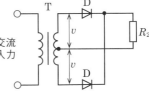

■図7.11　単相全波整流回路

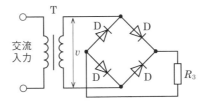

■図7.12　単相ブリッジ形整流回路

1　図7.11 の各ダイオードに流れる電流の平均値は，図7.10 のダイオードに流れる電流の平均値の1/2 である．

　2　図7.12の各ダイオードに流れる電流の平均値は，図7.11の各ダイオードに
　　流れる電流の平均値と同じである．
　3　図7.11の回路の整流効率は，図7.10の回路の整流効率の2倍である．
　4　図7.12の回路の整流効率は，図7.11の回路の整流効率と同じである．
　5　図7.12の回路のR_3の値は，図7.11の回路のR_2の値の2倍である．

解説　各ダイオードに流れる電流は，三つの回路ともに交流の1/2周期だけ電流が
流れます．図7.10の半波整流回路のダイオードに流れる電流は，負荷抵抗R_1に流れる
電流と同じになります．図7.11の全波整流回路と図7.12のブリッジ形整流回路のダイ
オードに流れる電流は，負荷抵抗R_2およびR_3に流れる電流の1/2になります．よっ
て，選択肢1，2は正しいことがわかります．

　これらのことから，各負荷抵抗に流れる電流を等しくするためには，負荷抵抗R_3の
値は，R_2の値と**同じ**にしなければなりません．よって，選択肢5は誤りです．

　整流回路の整流効率η〔%〕は，負荷に供給される直流電力をP_{DC}〔W〕，交流入力電
力をP_i〔W〕とすると，次式で表されます．

$$\eta = \frac{P_{DC}}{P_i} \times 100 \ 〔\%〕 \tag{①}$$

図7.10の半波整流回路の整流効率η〔%〕は，次式で表されます．

$$\eta = \frac{P_{DC}}{P_i} \times 100$$

$$= \frac{R_1 V_{max}{}^2 / \{\pi(r + R_1)\}^2}{V_{max}{}^2 / \{4(r + R_1)\}} \times 100$$

$$= \frac{4}{\pi^2} \times \frac{1}{1 + r/R_1} \times 100 \ 〔\%〕 \tag{②}$$

ダイオードの順方向抵抗r〔Ω〕を無視した場合は，次式で表されます．

$$\eta = \frac{4}{\pi^2} \times 100 \fallingdotseq 40.5 \ 〔\%〕$$

図7.11の全波整流回路および図7.12のブリッジ形整流回路の整流効率η〔%〕は，
次式で表されます．

$$\eta = \frac{P_{DC}}{P_i} \times 100$$

$$= \frac{4 R_2 V_{max}{}^2 / \{\pi(r + R_2)\}^2}{V_{max}{}^2 / \{2(r + R_2)\}} \times 100$$

$$= \frac{8}{\pi^2} \times \frac{1}{1 + r/R_2} \times 100 \ [\%] \tag{③}$$

ダイオードの順方向抵抗 r 〔Ω〕を無視した場合は，次式で表されます．

$$\eta = \frac{8}{\pi^2} \times 100 \fallingdotseq 81.1 \ [\%]$$

よって，選択肢 3, 4 は正しいことがわかります．

答え▶▶▶ 5

問題 5 ★★★ ➡ 7.2.2 ➡ 7.2.3 ➡ 7.2.5

整流回路のリプル率 γ，電圧変動率 δ および整流効率 η を表す式の組合せとして，正しいものを下の番号から選べ．ただし，負荷電流に含まれる直流成分を I_{DC} 〔A〕，交流成分の実効値を i_r 〔A〕，無負荷電圧を V_o 〔V〕，負荷に定格電流を流したときの定格電圧を V_n 〔V〕とする．また，整流回路に供給される交流電力を P_1 〔W〕，負荷に供給される電力を P_2 〔W〕とする．

1 $\gamma = \{i_r/(i_r + I_{DC})\} \times 100 \ [\%]$ $\delta = \{(V_o - V_n)/V_n\} \times 100 \ [\%]$
  $\eta = (P_1/P_2) \times 100 \ [\%]$

2 $\gamma = \{i_r/(i_r + I_{DC})\} \times 100 \ [\%]$ $\delta = \{(V_o - V_n)/V_o\} \times 100 \ [\%]$
  $\eta = (P_2/P_1) \times 100 \ [\%]$

3 $\gamma = (i_r/I_{DC}) \times 100 \ [\%]$ $\delta = \{(V_o - V_n)/V_o\} \times 100 \ [\%]$
  $\eta = (P_1/P_2) \times 100 \ [\%]$

4 $\gamma = (i_r/I_{DC}) \times 100 \ [\%]$ $\delta = \{(V_o - V_n)/V_o\} \times 100 \ [\%]$
  $\eta = (P_2/P_1) \times 100 \ [\%]$

5 $\gamma = (i_r/I_{DC}) \times 100 \ [\%]$ $\delta = \{(V_o - V_n)/V_n\} \times 100 \ [\%]$
  $\eta = (P_2/P_1) \times 100 \ [\%]$

解説 リプル率 γ は整流回路の負荷電流において，交流成分の実効値電流 i_r と直流成分の電流（平均値電流）I_{DC} の比を表します．

電圧変動率 δ は，電源の電圧変動 $V_o - V_n$ と負荷に定格電流を流したときの定格電圧 V_n の比を表します．

整流効率 η は，負荷に供給される電力 P_2 と整流回路に供給される電力 P_1 の比を表します．

答え▶▶▶ 5

問題 6 ★　　　　　　　　　　　　　　　**→7.2.2** **→7.2.3** **→7.2.5**

　　整流回路のリプル率 γ，電圧変動率 δ および整流効率 η の値の組合せとして，最も近いものを下の番号から選べ．ただし，γ は負荷の直流電圧を 6〔V〕，交流分の実効値電圧を 0.3〔V〕，δ は負荷に定格電流を流したときの定格電圧を 6〔V〕，無負荷時の電圧を 7〔V〕 および η は整流回路に供給される交流電力を 12〔W〕，負荷に供給される電力を 10〔W〕 として求めるものとする．

	γ	δ	η
1	5.0〔%〕	14.3〔%〕	80.0〔%〕
2	5.0〔%〕	16.7〔%〕	83.3〔%〕
3	5.0〔%〕	14.3〔%〕	83.3〔%〕
4	4.7〔%〕	16.7〔%〕	80.0〔%〕
5	4.7〔%〕	14.3〔%〕	83.3〔%〕

解説　　負荷の直流電圧を V_{DC}〔V〕，交流分の実効値電圧を v_r〔V〕 とすると，リプル率 γ は次式で表されます．

$$\gamma = \frac{v_r}{V_{DC}} \times 100 = \frac{0.3}{6} \times 100 = \frac{30}{6} = \mathbf{5}〔\%〕$$

負荷に定格電流を流したときの定格電圧を V_n〔V〕，無負荷時の電圧を V_0〔V〕 とすると，電圧変動率 δ〔%〕 は次式で表されます．

$$\delta = \frac{V_0 - V_n}{V_n} \times 100 = \frac{7 - 6}{6} \times 100 = \frac{100}{6} \fallingdotseq \mathbf{16.7}〔\%〕$$

整流回路に供給される交流電力を P_i〔W〕，負荷に供給される電力を P_{DC}〔W〕 とすると，整流効率 η は次式で表されます．

$$\eta = \frac{P_{DC}}{P_i} \times 100 = \frac{10}{12} \times 100 = \frac{1\,000}{12} \fallingdotseq \mathbf{83.3}〔\%〕$$

答え▶▶▶ 2

7.3 安定化電源回路

!要点

- 安定化電源回路は，直流出力電圧を常に一定値になるように制御する
- 直列制御形安定化電源回路には過電流保護回路が必要
- スイッチング方式安定化電源回路の各部の動作原理

安定化（定電圧）電源回路とは，入力電圧や負荷により起こる直流出力電圧の変動を防ぎ，直流出力電圧が常に一定の値になるように制御する回路のことをいいます．

7.3.1 直列制御形安定化電源回路

直列制御形安定化電源回路の構成および回路例を**図 7.13** に示します．

制御部は入力電圧や負荷に変動が起きた場合，直流出力電圧の変動量が増幅器を通って帰還され，直流出力電圧が一定の値になります．基準部は，直流出力電圧の変化を検出するための基準電圧を得る回路であり，ツェナーダイオード D_Z が用いられます．

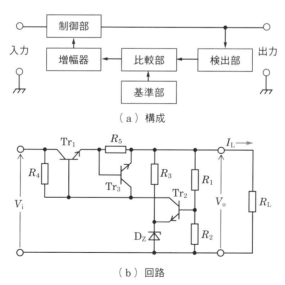

（a）構成

（b）回路

■図 7.13　直列制御形安定化電源回路

図 7.13（a）の構成図において，制御部は図 7.13（b）のトランジスタ Tr_1，増幅器は Tr_1 および Tr_2，検出部は R_1，R_2，比較部は Tr_2，基準部はツェナーダイオード D_Z，それぞれの動作を表します．

出力電圧に変動があれば，検出部によってその変化分を検出し，比較部によって基準電圧と比較し，さらにその変化量を増幅して制御部に送ります．制御部では，比較部，増幅部からの入力に応じて出力電圧を制御し，一定の値に保つよう制御します．

制御部に使用される Tr_1 は，コレクタ損失の大きな素子が用いられます．コレクタ損失の最大値 P_{Cmax}〔W〕は，入力電圧が最大値 V_{imax}〔V〕，出力電圧が最小値 V_{omin}〔V〕，負荷電流が最大値 I_{Lmax}〔A〕のとき生じ，次式によって求めることができます．

$$P_{Cmax} = (V_{imax} - V_{omin}) I_{Lmax} \text{〔W〕} \tag{7.6}$$

図 7.13（b）のトランジスタ Tr_3 は，出力側が短絡したり過大な電流が流れたりしたときに，制御部のトランジスタ Tr_1 が破壊されるのを防止するための**過電流保護回路**です．Tr_3 の抵抗 R_5 に加わる電圧 V_{BE} は，負荷電流を I_L〔A〕とすると，$V_{BE} = R_5 I_L$ で表されます．この電圧が Tr_3 の動作電圧 $V_S \fallingdotseq 0.6$〔V〕より小さいときは，Tr_3 のコレクタ・エミッタ間は非導通なので Tr_1 の動作に影響はありませんが，I_L が増加して V_S より大きくなると Tr_3 が導通することによって，Tr_1 のベース電流が減少するので I_L の増加を抑えて保護回路として動作します．このとき動作し始める電流 I_L は次式で表されます．

$$I_L \fallingdotseq \frac{V_S}{R_5} \text{〔A〕} \tag{7.7}$$

出力側に並列に接続されたトランジスタによって，出力電圧を制御する並列制御形定電圧電源回路では過電流保護回路は必要ありません．

関連知識　ツェナーダイオード

　基準部に用いられるツェナーダイオード D_Z は，低電圧ダイオードとも呼ばれ，逆方向電圧を増加させたときに，電流がほとんど流れない飽和領域から，ある電圧で急に大きな電流が流れ，電圧がほぼ一定の降伏領域となる特性を持ちます．そのときの動作電圧を**ツェナー電圧**と呼び，ツェナーダイオードの**許容電力損失**の範囲内で定電圧特性を利用することができます．一般的傾向として，ツェナー電圧が $5 \sim 6$〔V〕以上のツェナーダイオードは，正の**温度特性**を持っているので，負の温度特性を持つシリコン・ダイオードを直列に接続して温度特性を改善することができます．

7.3.2 スイッチング方式安定化電源回路

スイッチング方式には，**チョッパ方式**，**インバータ方式**などがあります．
チョッパ方式スイッチングレギュレータの構成図を**図 7.14** に示します．

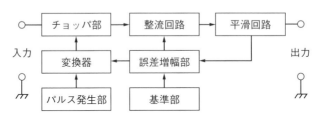

■**図 7.14　スイッチングレギュレータの構成**

　平滑回路に流れる電流の**平均値**を変えるため，チョッパ部の FET などのスイッチング素子は変換器からのパルス電圧に応じて ON–OFF の動作をし，パルス電圧を出力します．このパルス電圧は，整流回路や平滑回路を通りパルス成分が除去され，直流電圧が出力されます．この際に，**パルス電圧のパルス幅が狭い場合は出力電圧が低下し，パルス幅が広い場合は出力電圧が高くなります**．そのため，パルス幅を制御することで出力電圧を調整することができます．

　図 7.15 および**図 7.16** に降圧型 DC–DC コンバータを，**図 7.17** に昇圧型 DC–DC コンバータを示します．

　いずれの回路も出力電圧の変化に対応したパルス幅変換器の出力によって，FET が入力電圧を制御して PWM（パルス幅変調）された直流電圧を発生させます．FET が導通しているときに直流入力電圧がコイル L に加わり，L に電磁エネルギーが蓄積されます．FET が非導通になるとコイルに蓄積されたエネルギーによって，ダイオード D を通って負荷とコンデンサ C に電流が流れます．コンデンサ C には電荷が蓄積されるので，パルス電圧を平滑することができます．図 7.16 の回路ではコンデンサ C を充電する電流は，下から上の向きにコンデンサ C を流れるので，コンデンサ C は下が＋の向きに充電されます．

　図 7.17 の昇圧型 DC–DC コンバータでは，コイル L の誘導起電力に直流入力電圧 V_i 〔V〕が加わるので直流出力電圧 V_o 〔V〕は，V_i より高くすることができます．

7章

251

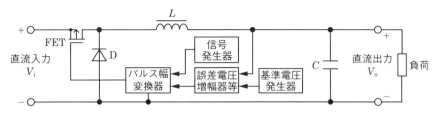

■図7.15　降圧型 DC–DC コンバータ

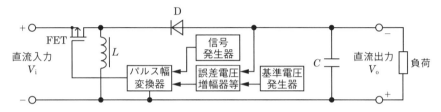

■図7.16　降圧型 DC–DC コンバータ

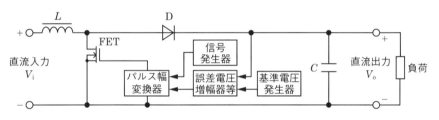

■図7.17　昇圧型 DC–DC コンバータ

 昇圧型 DC–DC コンバータは直流入力電圧よりも
高い出力電圧を得ることができる.

問題 7 ★★★　　　　　　　　　　　　　　　　　　　　　→ 7.3.1

次の記述は，電源回路に用いるツェナー・ダイオード（D_Z）に関して述べたものである．　　内に入れるべき字句の正しい組合せを下の番号から選べ．なお，同じ記号の　　内には，同じ字句が入るものとする．

(1) D_Z の定格には，ツェナー電圧，　A　などが規定されている．　A　によって D_Z に流せる電流が制限される．

(2) D_Z の逆方向特性は，ごくわずかの電流しか流れない飽和領域と，逆電流が急激に流れる降伏領域に分かれるが，定電圧素子として利用されるのは　B　領域である．

(3) 一般に，ツェナー電圧が 5〜6〔V〕以上の D_Z とシリコン・ダイオードを直列に接続して，　C　特性を改善することができる．

	A	B	C
1	許容電力損失	飽和	温度
2	許容電力損失	降伏	温度
3	許容電力損失	飽和	スイッチング
4	許容ゲート損失	飽和	温度
5	許容ゲート損失	降伏	スイッチング

解説　　一般に，ツェナー電圧が 5〜6〔V〕以上のツェナー・ダイオードは正の電圧温度特性を持っています．シリコン・ダイオードの順方向電圧温度特性は負なので，直列に接続して**温度**特性を改善することができます．

　　↑······ 　C　の答え

答え▶▶▶ 2

7章

問題 8 ★★★　　　　　　　　　　　　　　　　　　　　　→ 7.3.1

次の記述は，**図 7.18** に示す直列形定電圧回路に用いられる電流制限形保護回路の原理的な動作について述べたものである．　　内に入れるべき字句の正しい組合せを下の番号から選べ．

(1) 負荷電流 I_L〔A〕が規定値以内のとき，保護回路のトランジスタ Tr_3 は非導通である．I_L が増加して抵抗　A　〔Ω〕の両端の電圧が規定の電圧 V_S〔V〕より大きくなると，Tr_3 が導通する．このとき Tr_1 のベース電流が　B　するので，I_L の増加を抑えることができる．

(2) Tr_3 が導通して保護回路が動作し始める I_L は，$I_L ≒$　C　〔A〕である．

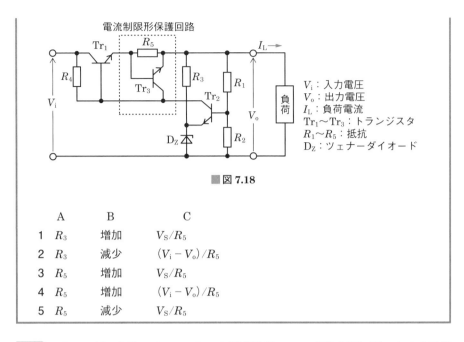

電流制限形保護回路

■図7.18

	A	B	C
1	R_3	増加	V_S/R_5
2	R_3	減少	$(V_i - V_o)/R_5$
3	R_5	増加	V_S/R_5
4	R_5	増加	$(V_i - V_o)/R_5$
5	R_5	減少	V_S/R_5

解説 トランジスタは，ベースエミッタ間電圧 $V_{BE} \fallingdotseq 0.6$ 〔V〕以下ではコレクタ電流が流れないので，この電圧が規定の電圧 $V_S \fallingdotseq 0.6$ 〔V〕となります．**R_5〔Ω〕両端の電**

【　A 　】の答え　‥‥‥‥▲

圧が V_S〔V〕より大きくなると保護回路が動作して Tr_3 のコレクタ電流が流れるので，Tr_1 のベース電流が**減少**します．このとき電流の値 I_L〔A〕は次式で表されます．

▲　‥‥‥‥‥‥‥‥‥‥‥‥‥‥‥‥‥‥‥‥‥【　B 　】の答え

$$I_L \fallingdotseq \frac{V_S}{R_5} \,〔A〕 \quad \longleftarrow \cdots\cdots 【\,C\,】\text{の答え}$$

答え▶▶▶ 5

出題傾向 下線の部分を穴埋めの字句とした問題も出題されています．

次の記述は，**図 7.19** に示す PWM（パルス幅変調）制御の DC–DC コンバータの原理的な構成例についてその動作を述べたものである． ◻ 内に入れるべき字句の正しい組合せを下の番号から選べ．なお，同じ記号の ◻ 内には，同じ字句が入るものとする

(1) FET の導通（ON）時間，つまりパルス幅変換器出力のパルス幅を変化させ，直流出力の電圧 V_o を制御する．

(2) FET が ◻A◻ している期間では， ◻B◻ にエネルギーを蓄積するとともに負荷に電力を供給する．

(3) FET が ◻C◻ のとき，電流を流れ続けさせようとする ◻B◻ に蓄積されたエネルギーによって，負荷に電力が供給される．

(4) 直流出力の電圧 V_o は，直流入力の電圧 V_i より高くすることが ◻D◻ ．

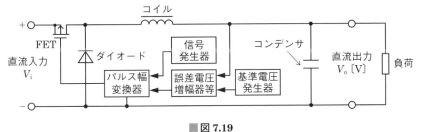

■図 7.19

	A	B	C	D
1	非導通（OFF）	コイル	導通（ON）	できない
2	非導通（OFF）	コンデンサ	導通（ON）	できる
3	導通（ON）	コイル	非導通（OFF）	できる
4	導通（ON）	コンデンサ	非導通（OFF）	できる
5	導通（ON）	コイル	非導通（OFF）	できない

解説　この回路は降圧形 DC–DC コンバータです．FET が**導通**しているときに直流
　　　　　　　　　　　　　　　　　　　　　　　　　　　▲ ········· [A] の答え
入力電圧 V_i〔V〕のパルスが**コイル**に加わり，コンデンサと負荷に電流が流れます．
　　　　　　　　▲ ··· [B] の答え
FET が**非導通**になるとコイルに蓄積されたエネルギーによって，負荷に電流が流れま
　　　▲ ··· [C] の答え
す．このとき，直流入力電圧 V_i は遮断されているので直流出力電圧 V_o は，直流入力電
圧 V_i より高くすることが**できません．**
　　　　　　　　　　　　　　▲ ·································· [D] の答え

　コイルに発生する電圧と直流入力電圧が加わる回路構成の昇圧形の DC–DC コン
バータでは，直流出力電圧 V_o は直流入力電圧 V_i より高くすることができます．

答え▶▶▶ 5

問題 ⑩　★★　　　　　　　　　　　　　　　　　　　　　➡ 7.3.2

　次の記述は，**図 7.20** に示す PWM（パルス幅変調）制御の DC–DC コンバータ
の原理的な構成例についてその動作を述べたものである．□□□内に入れるべき
字句の正しい組合せを下の番号から選べ．なお，同じ記号の□□□内には，同じ
字句が入るものとする．

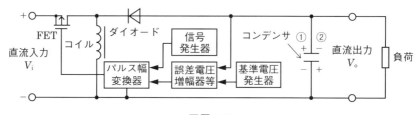

■**図 7.20**

（1）FET の導通（ON）時間，つまり [A] の出力のパルス幅を変化させ，直流
　　出力の電圧 V_o を制御する．FET が導通（ON）している期間では，[B] にエ
　　ネルギーが蓄積される．

（2）FET が断（OFF）になると，電流の方向は，電流を流れ続けさせようとする
　　[B] に蓄積されたエネルギーによって，負荷から [B] に流れ込む方向とな
　　る．このため，ダイオードのカソード側の電位は負に振れ，ダイオードを導通
　　（ON）にしてコンデンサを図の [C] に示す極性に充電する．

	A	B	C
1	信号発生器	コンデンサ	②
2	信号発生器	コイル	①
3	パルス幅変換器	コイル	①
4	パルス幅変換器	コイル	②
5	パルス幅変換器	コンデンサ	①

解説　この回路は反転形 DC–DC コンバータです．FET が導通しているときに直流入力電圧 V_i〔V〕のパルスがコイルに加わり，コイルは上から下向きに電流が流れます．FET が非導通になると**コイル**に蓄積されたエネルギーによって，同じ方向の電流が継続する方向に負荷側から電流が流れるので，コンデンサを充電する電流は，下から上の向きにコンデンサを流れるので，コンデンサは下が + となる②の向きに充電します．

············· B の答え

············· C の答え

答え ▶ ▶ ▶ 4

出題傾向　下線の部分を穴埋めの字句とした問題も出題されています．

7章

257

7.4 電源装置

- UPS は商用電源が途絶えた場合，蓄電池とインバータまたは発電機に切り換えることで電力を供給する
- CVCF は負荷側に一定電圧で一定周波数の電源を供給する装置

7.4.1 UPS

UPS（**無停電電源装置**）の構成を**図 7.21** に示します．何らかの理由で商用電源が途絶えた場合，UPS は蓄電池や発電機に切り換えることで電力を供給することができます．

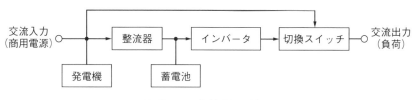

■図 7.21　無停電電源装置

インバータは，交流入力または発電機出力を整流して得た直流電力を交流電力に変換します．交流入力があるときは交流出力が供給されるとともに蓄電池が充電されます．交流入力の瞬断には，蓄電池の直流電圧がインバータにより交流電圧に変換されて出力されます．蓄電池の容量には限界があるので，長時間の停電では発電機に切り換えて電力が供給されます．交流入力があるときにも常にインバータを動作させ，交流出力が瞬断しないようにすれば，定電圧定周波数電源装置となります．

7.4.2 CVCF

CVCF（**定電圧定周波数電源装置**）の構成を**図 7.22** に示します．電源の変動による瞬間的な電圧や周波数変動などに対して，負荷側に定電圧で定周波数の電源を供給する装置です．

■ 図 7.22　定電圧定周波数電源装置

問題 11 ★★★　　　　　　　　　　　　　　　　　　　　　→ 7.4.1

次の記述は，発電機と組み合わせた一般的な無停電電源装置（UPS）について述べたものである．このうち正しいものを下の番号から選べ．

1 商用電源が瞬時停電したときは，発電機から負荷に電力を供給する．

2 商用電源が長時間停電したときは，蓄電池に蓄えられていた直流電力を負荷に供給する．

3 定常時には，商用電源からの交流入力を安定した直流電力に変換し，その直流電力を負荷に供給する．

4 無停電電源装置の基本構成要素の一つであるインバータは，交流電力を直流電力に変換する．

5 無停電電源装置の出力は，一般的に PWM 制御を利用してその波形が正弦波に近く，また，定電圧・定周波数を得ることができる．

解説　誤っている選択肢は次のようになります．

1 商用電源が瞬時停電したときは，**蓄電池に蓄えられていた直流電力がインバータにより交流電力に変換され**負荷に供給される．

2 商用電源が長時間停電したときは，**発電機から負荷に交流電力を**供給する．

3 定常時には，商用電源からの交流入力を安定した**交流電力**に変換し，その**交流電力**を負荷に供給する．

4 無停電電源装置の基本構成要素の一つであるインバータは，**直流電力を交流電力に**変換する．

答え▶▶▶ 5

問題 12 ★ ➡ 7.4.1 ➡ 7.4.2

　次の記述は，蓄電池および発電機を用いた無停電電源装置（CVCF または UPS）について述べたものである．このうち正しいものを下の番号から選べ．

1　電圧および周波数が変動する交流入力を安定した電圧の直流出力に変換する．

2　基本構成要素の一つであるインバータは，交流を直流に変換する．

3　商用電源が短時間停電したとき，無停電電源装置の入力端に接続されている発電機からの交流入力により，負荷に電力を供給する．

4　商用電源が長時間停電したとき，インバータの入力端に接続されている蓄電池の電力を交流電力に変換し，負荷に電力を供給する．

5　インバータ出力のパルス幅変調（PWM）による制御や多重インバータによる制御は，大電力の無停電電源装置の出力電圧を安定化するのに適している．

解説　誤っている選択肢は次のようになります．

1　電圧および周波数が変動する交流入力を安定した**電圧および周波数の交流出力**に変換する．

2　基本構成要素の一つであるインバータは，**直流を交流**に変換する．

3　商用電源が短時間停電したとき，**インバータの入力端に接続されている蓄電池の電力を交流電力に変換し**，負荷に電力を供給する．

4　商用電源が長時間停電したとき，**無停電電源装置の入力端に接続されている発電機からの交流入力により**，負荷に電力を供給する．

答え▶▶▶ 5

関連知識　インバータ，コンバータ

　インバータは，直流電圧から交流電圧を作り出す装置です．コンバータには，交流を直流に変換する AC–DC コンバータ，直流電圧を異なる直流電圧に変換する DC–DC コンバータがあります．

無線設備に関する測定

この章から **6問** 出題

【合格へのワンポイントアドバイス】

この分野は測定機器の問題が3問，測定方法が3問出題されます．測定方法についてはアナログ送受信機に関する問題が多く出題されています．測定方法の一部が穴埋めとなっている問題が多く，問題文が長いので，測定手順をよく理解して学習してください．

測定の問題で用いられている用語や数値は，法規の無線設備の分野において用語の定義として出題されている内容や電波の質の許容偏差として出題されている内容が多いので，それらの問題も合わせて学習するとよいでしょう．

8.1 高周波測定機器

● サンプリングオシロスコープは，サンプリングにより高い
  周波数の波形を測定することができる
● オシロスコープは時間軸表示

8.1.1 周波数カウンタ

（1）周波数カウンタの構成

周波数カウンタとは，信号の周波数を 10 進数で表示する測定器のことをいいます．周波数カウンタの基本構成を**図 8.1** に示します．

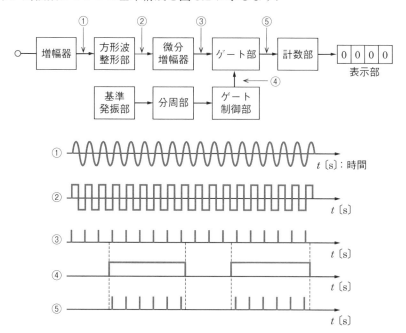

■図 8.1　周波数カウンタの構成

① **増幅器**：被測定高周波を増
　幅します．

② **方形波整形部**：増幅した被
　測定高周波を方形波に整形し
　ます．

周波数カウンタは，入力波形のパルス
数を数える．周波数は 1〔s〕間の周
期の数なので，ゲート時間が 0.1〔s〕
の場合は，計数値の 10 倍の値を表示
する．

③ **微分増幅器**：方形波が微分回路を通ると，パルス波になります．パルスの

数は入力正弦波の1周期当たり1個の正(または負)のパルスが出力されます.

④ **ゲート部**:パルスを一定の単位時間(0.1〔s〕,1〔s〕など)だけゲート回路を通過させ,それ以外の時間は遮断します.ゲート部の開閉はゲート制御部で制御されますが,この開閉の正確さが測定確度に影響します.

⑤ **計数部**:ゲート部を通過したパルスの数を計数します.

⑥ **表示部**:LEDや液晶表示器に周波数を表示します.

⑦ **基準発振部**:ゲート部の開閉時間の基準となる基準周波数を発振します.この周波数の正確さが測定確度に影響します.

⑧ **分周部**:基準周波数を分周し,ゲート部を制御するために必要な基準周波数(10〔Hz〕,1〔Hz〕など)を作ります.

⑨ **ゲート制御部**:ゲート部の開閉を制御するための信号を出力します.同時に計数部および表示部の制御に必要な基準時間の信号を与えています.

(2) レシプロカルカウント方式

被測定波形の周期に同期したパルスを(1)の構成で直接測定する方式を**直接カウント方式**といいます.直接カウント方式では,低い周波数の測定ではゲート時間を長時間にとらないと精度の高い測定ができません.

レシプロカルカウント方式は入力信号パルスを分周してゲート制御するための周波数(周期)とします.入力信号の周期の時間に通過する基準パルスを計数することで,周期の逆数から周波数を測定します.このとき,基準パルスの周波数を高くすれば,±1カウント誤差による分解能を向上させることができます.また,周波数にかかわらず,同じ分解能(桁数)で測定することができるので,低い周波数の測定精度を上げることができます.

(3) 周波数カウンタの誤差

① **カウント誤差**:パルスに整形された入力信号のパルス列とゲート信号の位相は同期していないので,入力信号とゲート波形の相互の位相関係により,入力信号を計数するたびに±1カウントに相当する誤差が発生します.

② **トリガ誤差**:被測定高周波の周期を測定するときに,雑音によってトリガが動作することで発生する誤差です.

③ **周波数精度による誤差**:ゲート制御部の基準時間を発生する基準発振部の安定度に基づいた誤差が発生します.

8.1.2 デジタルマルチメータ

デジタルマルチメータは，1台で直流電圧・電流，交流電圧・電流，抵抗の測定が可能な測定器です（**図8.2**）．

＜特徴＞（アナログ計器との比較）

・入力インピーダンスが高い．

・高精度の測定を行うことができる．

・測定結果に測定者による個人誤差が生じない．

■**図8.2　デジタルマルチメータの構成**

① **入力変換部**：アナログ入力信号を増幅して，交流電圧・電流，直流電圧・電流，抵抗値に比例した直流電圧に変換します．

② **A–D変換部**：入力変換部によって作られた直流アナログ電圧をデジタル量に変換します．変換方式には，比較方式・積分方式などがあります．比較方式のうち，直接比較方式は，入力量と基準量とを比較器で直接比較する方式で，高速な測定に適します．間接比較方式は，入力量を積分してその波形の傾きから比較器により測定する方式です．クロックパルス発生器のパルスをアナログ電圧に応じてゲート開閉時間の制御を行い，そのパルスをカウンタ回路に送ります．

③ **計数回路**：A–D変換されたパルスを計数して，10進数のデータとします．

④ **デジタル表示器**：計数回路で10進数に変換されたデータを4〜6桁程度の数字で表示します．

 電流値を測定するときは基準抵抗によって，抵抗値を測定するときは，基準電流によって直流電圧に変換される．

図8.3に二重積分方式（デュアルスロープ方式）のA–D変換部の構成と各部の電圧を示します．

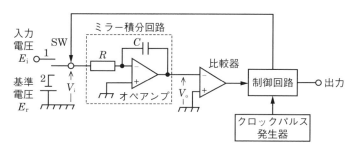

（a）構成

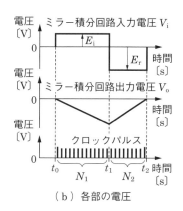

（b）各部の電圧

■図8.3　A-D変換器

　制御回路によってスイッチSWが1に入ると，正の入力直流電圧 E_i〔V〕がミラー積分回路に加わります．ミラー積分回路は CR の定数で決まる直線的に変化する出力電圧を得ることができるので，図8.3（b）のようにミラー積分回路の出力電圧 V_o〔V〕が零から負方向に直線的に変化し，同時に比較器が動作します．制御回路は，比較器が動作を始めた時刻 t_0〔s〕からクロックパルスを計数し，計数値が一定数 N_1 になった時刻 t_1〔s〕にSWを2に切り替え，E_i〔V〕と逆極性の負の基準電圧 E_r〔V〕を加えます．

　ミラー積分回路の出力電圧は，t_1 から正方向に直線的に変化し，時刻 t_2 で零になります．このとき，コンデンサ C〔F〕には $i = E_i/R$〔A〕の電流が流れるので，C に蓄積される電荷は $Q = i(t_1 - t_0)$〔C〕で表されます．また，C に加わる電圧 $-V_o$〔V〕より電荷は $Q = -V_o C$〔C〕となるので，次式が成り立ちます．

8章

$$i\,(t_1 - t_0) = -V_o C \ \text{(C)} \tag{8.1}$$

$$\frac{E_i}{R}\,(t_1 - t_0) = -V_o C \tag{8.2}$$

よって式（8.1）と式（8.2）より

$$V_o = -\frac{t_1 - t_0}{CR} E_i \ \text{(V)} \tag{8.3}$$

 オペアンプの入力端子間の電位差は零，入力インピーダンスは∞となる．

時刻 t_1〔s〕に SW を 2 に切り替えて，オペアンプの入力が E_i と逆の極性の基準電圧 E_r となると V_o は式（8.3）より次式で表されます．

$$V_o = -\frac{t_1 - t_0}{CR} E_i + \frac{t_2 - t_1}{CR} E_r \ \text{(V)} \tag{8.4}$$

時刻が t_2〔s〕になると $V_o = 0$ となるので，そのとき式（8.4）は次式となります．

$$0 = -\frac{t_1 - t_0}{CR} E_i + \frac{t_2 - t_1}{CR} E_r \tag{8.5}$$

よって

$$E_i = \frac{t_2 - t_1}{t_1 - t_0} E_r \ \text{(V)} \tag{8.6}$$

図8.3（b）のように t_0 から t_1 のクロックパルスの計数値が N_1，t_1 から t_2 のクロックパルスの計数値が N_2 とすると，E_i は式（8.6）によって次式で表されます．

$$E_i = \frac{N_2}{N_1} E_r \ \text{(V)} \tag{8.7}$$

よって，クロックパルス数を計数すれば基準電圧 E_r と式（8.7）より入力電圧 E_i を求めることができます．このとき式（8.7）には CR の定数が含まれていないので，部品の定数の誤差が測定精度に影響しません．

 積分回路に用いられる CR の定数が周囲温度の変化などによって変化すると積分定数が変化するが，二重積分方式では積分を 2 回行うことにより，出力パルス数が積分定数と無関係となるので，部品の定数が変化しても誤差が生じない．

測定時にはさまざまな場面で誤差が生じます．誤差の種類は次のようになります．

■表8.1 誤差の種類

過失誤差		観測者の単純ミスによる誤差（目盛の読み間違いなど）
系統誤差	機械誤差	計測器が持つ固有の誤差（規則的に発生する誤差など）
	理論誤差	間接測定において使用される理論式などによる誤差 （測定値を計算により求めるときの省略による誤差など）
	個人誤差	観測者の個人差に起因する誤差（観測値を読むときのくせなど）
偶然誤差		計測環境による偶発的な誤差（観測者の心理の変化など）

8.1.3 オシロスコープ

オシロスコープは，一定の周期を持つ電気信号を，観測・測定することができる測定器です．

（1）トリガ同期方式オシロスコープ

トリガ同期方式オシロスコープの基本構成は**図8.4**のようになります．トリガパルスを用いて，同期のかかりにくい信号波も確実に同期をとることができます．入力信号波がないときはトリガ信号が発生せず，水平軸（時間軸）の掃引もしません．入力信号が入ると垂直軸に振れが生じ，同時にその周期に対応したトリガ信号が発生し，のこぎり波を発生させます．そして表示器の時間軸を掃引して静止した観測波形を描きます．また，トリガパルスは信号波がある大きさになった時に作られるので，信号波を遅延回路により一定の時間遅らせることで，信号波形の最初の立上がり部分から観測することができます．

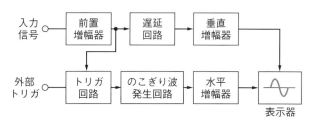

■図8.4 トリガ同期方式オシロスコープの構成

増幅部で入力波形に時間的な遅れが生じるので，遅延回路がないと波形の立上がりが切れて表示されてしまう．

（2）サンプリングオシロスコープ

　サンプリングオシロスコープの基本構成を**図 8.5** に示します．観測する高い周波数の信号を一定の時間間隔でサンプリングを行い，一つの波形に合成し，表示器に表示します．

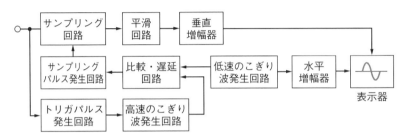

■**図 8.5　サンプリングオシロスコープの構成**

　図 8.6 に各部の波形を示します．トリガパルス発生回路で，入力信号の周期と等しいか整数倍の周期を持つトリガパルスが作られます．高速のこぎり波発生回路では，このトリガパルスに同期したのこぎり波が作られます．低速のこぎり波発生回路は，表示器に表示される波形周期と同じのこぎり波が作られます．比較・遅延回路では，高速のこぎり波と低速のこぎり波を比較し，二つの波形のレベルが一致したときサンプリングパルスが発生します．サンプリング回路では，幅の広い階段状のパルス波形が作られます．平滑回路により階段状の波形が，滑らかな波形となり，時間軸方向に拡大された波形が表示されます．

① サンプリングによって，入力信号は低い周波数領域に変換される．
② サンプリング周期は，入力信号の周期より長くしなければならない．
③ 周波数が f 〔Hz〕の正弦波を，1 周期に 1 回ずつ n 個サンプリングして波形を得たとき，垂直増幅器の所要高域遮断周波数は，f/n 〔Hz〕となる．

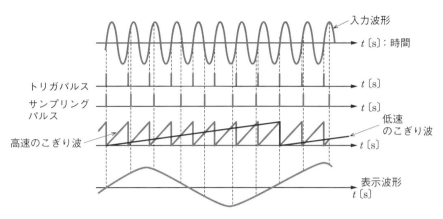

■図 8.6　サンプリングオシロスコープの各部の波形

(3) デジタルストレージオシロスコープ

　デジタルストレージオシロスコープの基本構成を**図 8.7** に示します．入力端子に加えられたアナログ信号は，A–D コンバータでデジタル量に変換されてデジタルメモリに順次記憶します．同時に，メモリに記憶したデータを読み出して表示処理器で表示データに処理し，表示器に入力波形を表示させます．

　アナログ信号をサンプリングする方式には，次の方式があります．

① 　実時間サンプリング方式

　　入力信号をナイキスト周波数でサンプリングする方式です．入力信号にナイキスト周波数より高い周波数成分が含まれていると折り返し誤差（エイリアシング）を生ずるため，アンチエイリアシングフィルタ（低域フィルタ）を用います．ナイキスト周波数とは入力信号の最高周波数の，2 倍以上の周波数のことです．

② 　等価時間サンプリング方式

　　シーケンシャルサンプリング方式とランダムサンプリング方式があります．

■図 8.7　デジタルストレージオシロスコープ

シーケンシャルサンプリング方式は，入力信号のトリガ時点を基準にして入力信号の波形のサンプリング位置を一定時間ずつ遅らせてサンプリングを行います．**ランダムサンプリング方式**は，入力信号の波形をランダムにサンプリングし，全データを一度記憶した後に，データに並び変えて波形を再生します．

 　等価時間サンプリング方式は，ナイキスト周波数に関らず，高い周波数の観測ができる．単発性のパルスなど周期性のない波形の観測には適さない．

(4) プローブ

　オシロスコープの入力端子と被測定端子を接続するために用いられる測定用の同軸ケーブルを**プローブ**といいます．同軸ケーブルは分布容量によって周波数特性が平坦ではなくなり，波形ひずみが発生するので，特性を補正するために**図8.8**のような回路で構成されています．

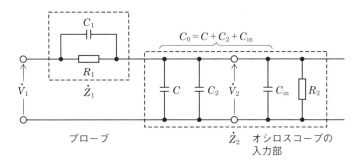

■**図8.8　プローブの回路**

　プローブ部の回路は，抵抗 R_1〔Ω〕と調整用のコンデンサ C_1〔F〕が並列接続されたインピーダンス $\dot{Z}_1$〔Ω〕の回路で構成され，オシロスコープの入力回路は，ケーブルの分布容量 C〔F〕，調整用のコンデンサ C_2〔F〕，オシロスコープの入力抵抗 R_2〔Ω〕，入力静電容量 C_{in}〔F〕が並列接続されたインピーダンス $\dot{Z}_2$〔Ω〕の回路で構成されています．このうち，C_1 と C_2 のどちらかが調整用の可変コンデンサとして取り付けられています．$C_0 = C + C_2 + C_{\text{in}}$〔F〕とすると，インピーダンス $\dot{Z}_1$ と $\dot{Z}_2$ は次式で表されます．

$$\dot{Z}_1 = \frac{R_1 \dfrac{1}{j\omega C_1}}{R_1 + \dfrac{1}{j\omega C_1}} = \frac{R_1}{1 + j\omega C_1 R_1} \ \text{〔}\Omega\text{〕} \quad (8.8)$$

分母と分子に$j\omega C_1$を掛けて式を分かりやすくする.

$$\dot{Z}_2 = \frac{R_2 \dfrac{1}{j\omega C_0}}{R_2 + \dfrac{1}{j\omega C_0}} = \frac{R_2}{1 + j\omega C_0 R_2} \ \text{〔}\Omega\text{〕} \quad (8.9)$$

　一般に，被測定回路におよぼす影響を少なくするため，入出力電圧の大きさの比 $V_1 : V_2$ は 10：1 に設定されています．直流に近い周波数においては，$\omega = 0$ とすると $V_1 : V_2$ は次式で表されます.

$$\frac{V_1}{V_2} = \frac{R_1 + R_2}{R_2} = 10 \qquad (8.10)$$

分圧回路の抵抗の比で表される. $R_1 = 1$〔MΩ〕，$R_2 = 9$〔MΩ〕などの大きな値.

よって，$R_1 = 9R_2$ となります.

　次に C_1 および C_2 を考慮して，減衰比が式（8.10）と同じ比率となるようにすると次式が成り立ちます.

$$\dot{Z}_1 = 9\dot{Z}_2$$

$$\frac{R_1}{1 + j\omega C_1 R_1} = \frac{9R_2}{1 + j\omega C_0 R_2}$$

$$\frac{1 + j\omega C_0 R_2}{1 + j\omega C_1 R_1} = \frac{9R_2}{R_1} \qquad (8.11)$$

　式（8.11）において，$9R_2/R_1 = 1$ なので，左辺の虚数項が等しいときに周波数と無関係な値となるから，次式が成り立ちます.

$$C_0 R_2 = C_1 R_1 \qquad (8.12)$$

したがって，

$$\frac{C_0}{C_1} = \frac{R_1}{R_2} \qquad (8.13)$$

の関係が成り立つように，C_1 または C_2 の調整用の可変コンデンサを調整すれば，周波数に無関係となるので波形ひずみが生じません.

インピーダンスの実数項の比と虚数項の比が等しいときに周波数と無関係な値となる.

8章

C_1 を可変コンデンサとしてその大きさを変化させると，式 (8.12) の条件では入力波形を忠実に観測することができますが，この条件より C_1 が大きいときは微分回路として動作し，波形の立ち上がりが鋭くなります．C_1 が小さいときは積分回路として動作するので，波形の立ち上がりが鈍って**図 8.9** のように波形ひずみが発生します．

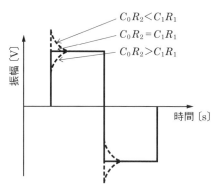

■図 8.9　オシロスコープの表示

8.1.4　パルス波形

パルス波形（**図 8.10**）の各部の名称は次のように定義されています．

① 　パルス幅 t_w 〔s〕：パルス波形の立上り振幅値 50〔％〕から立下り振幅値 50〔％〕までの時間

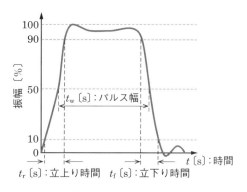

■図 8.10　パルス波形

② 立上り時間 t_r〔s〕：パルス波形の立上り振幅値 10〔%〕から 90〔%〕になるまでに要する時間

③ 立下り時間 t_f〔s〕：パルス波形の立下り振幅値 90〔%〕から 10〔%〕になるまでに要する時間

8.1.5 パルス波形の測定

(1) オシロスコープによる測定誤差

パルス波形の観測でオシロスコープの性能に大きく影響されるのは，立上り時間です．立上り時間は，図8.10 の t_r〔s〕で定義されています．実際には，**図8.11** のように測定した信号の立上り時間はオシロスコープ自身の立上り時間の影響を受け，本来の立上りより少し遅く観測されます．信号の真の立上り時間を T_p，オシロスコープの立上り時間を T_s とすると，観測される立上り時間 T は，次式で表されます．

$$T = \sqrt{T_p{}^2 + T_s{}^2} \text{〔s〕} \tag{8.14}$$

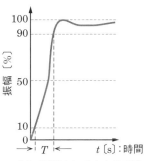

■図8.11 パルス波形の立上り時間

T〔s〕：観測される立上り時間

(2) 時定数の測定

図8.12 (a) にオシロスコープによる積分回路の時定数を測定するための構成例を示します．

被測定積分回路に方形波信号を加え，その出力をオシロスコープで観測すると，図8.12 (b) のように立ち上がりが緩やかなパルス波形となります．このとき，パルスの立ち上がり電圧が定常状態の $(1 - e^{-1}) \fallingdotseq 0.63$ 倍（$0.63V$〔V〕）となる時間 T〔s〕を測定すると，T が積分回路の時定数を表します．

積分回路の高域遮断周波数 f_c〔Hz〕は，次式によって求めることができます．

$$f_c = \frac{1}{2\pi T} \text{〔Hz〕} \tag{8.15}$$

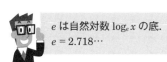

e は自然対数 $\log_e x$ の底．
$e = 2.718\cdots$

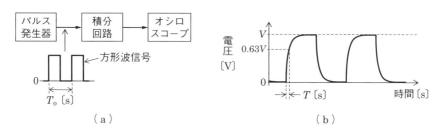

（a）　　　　　　　　　　　　　　　　　（b）

■図**8.12**　高域遮断周波数の測定

問題 1 ★★　　　　　　　　　　　　　　　　　　　　　　　➡8.1.1

　直接カウント方式およびレシプロカルカウント方式による周波数計の測定原理等に関する次の記述のうち，誤っているものを下の番号から選べ.

1　直接カウント方式による周波数計の±1カウント誤差による周波数測定値の誤差は，ゲート時間が 0.1〔s〕のとき 10〔Hz〕の桁に生ずる.

2　直接カウント方式による周波数計の±1カウント誤差は，ゲートに入力されるパルス（被測定信号）とゲート信号の位相関係が一定でないために生ずる.

3　直接カウント方式による周波数計の±1カウント誤差による分解能は，ゲート時間が長く，測定する入力信号（被測定信号）の周波数が高いほど良くなる.

4　レシプロカルカウント方式による周波数計は，入力信号（被測定信号）の周期を測定し，その逆数から周波数を求めるものである.

5　測定時間が一定の場合，レシプロカルカウント方式は，周波数計のクロック（基準信号）の周波数を低くすれば，±1カウント誤差による分解能を向上させることができる.

解説　誤っている選択肢は次のようになります.

5　測定時間が一定の場合，レシプロカルカウント方式は，周波数計のクロック（基準信号）の周波数を**高く**すれば，±1カウント誤差による分解能を向上させることができる.

　±1カウント誤差による誤差は入力信号とゲート波形の相互の位相関係により発生します. レシプロカルカウント方式は，入力信号によるゲート周期によって周波数計のクロックパルスを計数するので，周波数を高くしてパルス数を増やせば誤差による分解能を向上させることができます.

答え▶▶▶ 5

→ 8.1.2

問題 2 ★★★

次の記述は,**図 8.13** に示す帰還形パルス幅変調方式を用いたデジタル電圧計の原理的な動作等について述べたものである. ◯◯◯内に入れるべき字句を下の番号から選べ. ただし,入力電圧を $+E_i$ 〔V〕,周期 T〔s〕の方形波クロック電圧を $\pm E_C$〔V〕,基準電圧を $+E_S$, $-E_S$〔V〕,積分器出力電圧(比較器入力電圧)を E_o〔V〕とする. また,R_1 の抵抗値は R_2 の抵抗値と等しいものとし,回路は理想的に動作するものとする. なお,同じ記号の ◯◯◯内には,同じ字句が入るものとする.

(1) $+E_i$, $\pm E_C$ および比較器出力により交互に切り換えられる $+E_S$, $-E_S$ は,共に積分器に加えられる. 比較器は,積分器出力 E_o を零レベルと比較し,$E_o > 0$ のときには $+E_S$,$E_o < 0$ のときには $-E_S$ が,それぞれ積分器に負帰還されるようにスイッチ(SW)を駆動する.

(2) SW が $+E_S$ 側または $-E_S$ 側に接している期間は,◯ア◯電圧の大きさによって変化し,その 1 周期にわたる平均値が,ちょうど◯ア◯電圧と打ち消しあうところで平衡状態になる. すなわち,SW を開閉するパルスが◯ア◯電圧によってパルス幅変調を受けたことになる. SW が $+E_S$ 側に接している期間を**図 8.14** に示す◯イ◯〔s〕,$-E_S$ 側に接している期間を図 8.14 に示す◯ウ◯〔s〕とすれば,平衡状態では,次式が成り立つ.

$$T \times E_i = (T_2 - T_1) \times \boxed{\text{エ}} \quad\cdots\cdots\cdots\cdots\cdots\cdots【1】$$

(3) 式【1】で,E_i は,$(T_2 - T_1)$ に比例するので,例えば,$(T_2 - T_1)$ の時間を計数回路でカウントすれば,E_i をデジタル的に表示できる. この方式の確度を決める最も重要な要素は,原理的に $+E_S$,$-E_S$ と◯オ◯である.

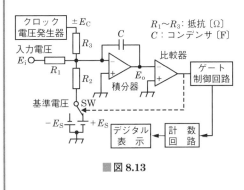

図 8.13

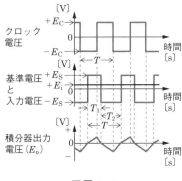

図 8.14

8章

1	クロック	2	T_1	3	T_2	4	E_C	5	C
6	入力	7	$2T_1$	8	$2T_2$	9	E_S	10	R_1, R_2

解説 入力電圧 $E_i = 0$ 〔V〕 のときに $T_1 = T_2$ となり，系は平衡します．入力電圧が

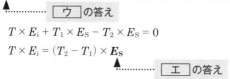

……… ア の答え …………… イ の答え

$+E_i$ となると図 8.14 より，SW が $+E_S$ に接している期間が T_1，$-E_S$ に接している期間が T_2 となります．このとき平衡がとれていれば次式の関係が成り立ちます．

……… ウ の答え

$$T \times E_i + T_1 \times E_S - T_2 \times E_S = 0$$
$$T \times E_i = (T_2 - T_1) \times E_S$$

……… エ の答え

答え▶▶▶アー 6，イー 2，ウー 3，エー 9，オー 10

問題 3 ★★★ →8.1.2

次の記述は，**図 8.15**，**図 8.16** に示す二重積分方式（デュアルスロープ形）デジタル電圧計の原理的な構成例について述べたものである．□□□内に入れるべき字句の正しい組合せを下の番号から選べ．ただし，回路は理想的に動作するものとする．

(1) スイッチ SW を 1 に入れ，正の入力直流電圧 E_i をミラー積分回路に加えると，その出力電圧が零から負方向に直線的に変化し，同時に比較器が動作する．制御回路は，比較器が動作を始めた時刻 t_0 からクロックパルスをカウンタに送り，計数値が一定数 N_1 になった時刻 t_1 に SW を 2 に切替え，E_i と逆極性の負の基

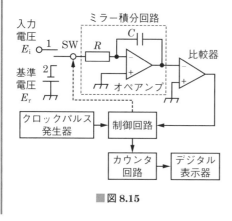

■図 8.15

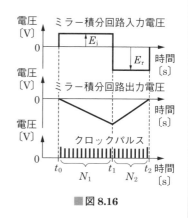

■図 8.16

準電圧 E_r を加える．ミラー積分回路の出力電圧は，t_1 から正方向に直線的に変化し，時刻 t_2 で零になる．t_1 から t_2 までの計数値が N_2 のとき，近似的に $E_i =$ ▢A▢ で表すことができる．

(2) 積分を 2 回行う本方式の測定精度は，原理的に積分回路を構成するコンデンサ C および抵抗 R の素子値の精度に依存 ▢B▢．また，周期性の雑音が入力電圧に加わったとき，E_i の積分期間を雑音周期の ▢C▢ にすることにより影響を打ち消すことができる．

	A	B	C
1	$E_r N_2 / N_1$	する	整数倍
2	$E_r N_2 / N_1$	しない	整数倍
3	$E_r N_2 / N_1$	する	整数分の一
4	$E_r N_1 / N_2$	しない	整数分の一
5	$E_r N_1 / N_2$	する	整数倍

解説 スイッチ SW を 1 に入れて入力直流電圧 E_i が抵抗 R に加わると，オペアンプの入力端子間の電圧は零なので，$i-E_i/R$ の電流が流れてコンデンサ C を充電します．このとき，蓄積される電荷が i と時間 $(t_1 - t_0)$ の積で表されるが，これは，t_1 のときのオペアンプの出力電圧 $-E_0$ と C の積と等しいので，次式が成り立ちます．

$$i(t_1 - t_0) = -V_0 C$$

よって，$i = E_i/R$ を代入して，E_0 を求めると次式のようになります．

$$V_0 = -\frac{i(t_1 - t_0)}{C} = -\frac{t_1 - t_0}{CR} E_i \tag{①}$$

次に，SW を 2 に入れて基準電圧 E_r が加わると V_0 は次式で表されます．

$$V_0 = -\frac{t_1 - t_0}{CR} E_i + \frac{t_2 - t_1}{CR} E_r \tag{②}$$

時刻 t_2 で $V_0 = 0$ となるので，式②に代入すると E_i は次式で表されます．

$$E_i = \frac{t_2 - t_1}{t_1 - t_0} E_r \tag{③}$$

クロックパルスの計数値は $(t_1 - t_0)$ のとき N_1，$(t_2 - t_1)$ のとき N_2 なので，式③は次式のようになります．

$$E_i = \frac{E_r N_2}{N_1} \quad \longleftarrow \cdots\cdots \boxed{A} \text{ の答え} \tag{④}$$

式④には CR の値が含まれていないので，素子値の精度に**依存しません**．

$\blacktriangle \cdots\cdots \boxed{B}$ の答え

277

周期性の雑音の影響を除くため，雑音が打ち消し合うように入力直流電圧の積分期間を雑音周期の**整数倍**にします．微小な電圧の測定では，特に電源周波数による周期性の
▲‥‥‥‥‥‥ C の答え
雑音の影響を受けることがあります．図8.16の積分期間 $T = t_2 - t_0$ を電源周波数の周期あるいはその整数倍に設定すれば，入力に重畳して混入する電源周波数成分の雑音は，期間 T の間の平均値が零となるので，入力電圧の検出に誤差が生じません．

答え▶▶▶ 2

問題 4 ★★   ➡ 8.1.3

　デジタルオシロスコープのサンプリング方式に関する次の記述のうち，誤っているものを下の番号から選べ．

1　実時間サンプリング方式は，単発性のパルスなど周期性のない波形の観測に適している．

2　等価時間サンプリング方式は，繰返し波形の観測に適している．

3　等価時間サンプリング方式の一つであるランダムサンプリング方式は，トリガ時点と波形記録データが非同期であるため，トリガ時点以前の入力信号の波形を観測するプリトリガ操作が容易である．

4　等価時間サンプリング方式の一つであるランダムサンプリング方式は，トリガ時点を基準にして入力信号の波形のサンプリング位置を一定時間ずつ遅らせてサンプリングを行う．

5　実時間サンプリング方式で発生する可能性のあるエイリアシング（折返し）は，等価時間サンプリング方式では発生しない．

解説　誤っている選択肢は次のようになります．

4　等価時間サンプリング方式の一つである**シーケンシャルサンプリング方式**は，トリガ時点を基準にして入力信号の波形のサンプリング位置を一定時間ずつ遅らせてサンプリングを行う．

答え▶▶▶ 4

問題 5 ★★★ → 8.1.3

次の記述は，図 **8.17** に示す等価回路で表される信号源およびオシロスコープの入力部との間に接続するプローブの周波数特性の補正について述べたものである．
□□□内に入れるべき字句を下の番号から選べ．ただし，オシロスコープの入力部は，抵抗 R_i〔Ω〕および静電容量 C_i〔F〕で構成され，また，プローブは，抵抗 R〔Ω〕，可変静電容量 C_T〔F〕およびケーブルの静電容量 C〔F〕で構成されるものとする．

(1) 図 **8.18** の (a) に示す方形波 e_i〔V〕を入力して，プローブの出力信号 e_o〔V〕の波形が，e_i と相似な方形波になるように C_T を調整する．この時 C_T の値は □ ア □ の関係を満たしており，原理的に e_o/e_i は，周波数に関係しない一定値 □ イ □ に等しくなり，e_o/e_i の周波数特性は平坦になる．

(2) 静電容量による分圧比と抵抗による分圧比を比較すると，(1) の状態から，C_T の値を小さくすると，静電容量による分圧比の方が □ ウ □ なり，周波数特性として高域レベルが □ エ □ ため，e_o の波形は，図 8.18 の □ オ □ のようになる．

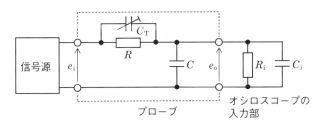

■図 8.17

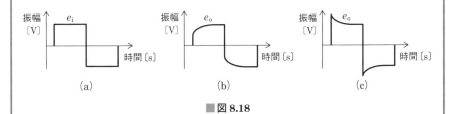

■図 8.18

1 R_i/R	2 $R_i/(R+R_i)$	3 小さく	4 持ち上がる
5 落ちる	6 $(C+C_i)R=C_T R_i$	7 $(C+C_i)R_i=C_T R$	8 大きく
9 (b)	10 (c)		

解説 オシロスコープの入力部に並列接続された C, C_i 〔F〕, R_i 〔Ω〕の並列回路のインピーダンス $\dot{Z}_i$ 〔Ω〕は次式で表されます.

$$\dot{Z}_i = \frac{R_i \times \dfrac{1}{j\omega\,(C + C_i)}}{R_i + \dfrac{1}{j\omega\,(C + C_i)}} = \frac{R_i}{1 + j\omega\,(C + C_i)\,R_i} \quad 〔Ω〕 \qquad ①$$

C_T 〔F〕, R 〔Ω〕の並列回路のインピーダンス Z_T 〔Ω〕は次式で表されます.

$$\dot{Z}_T = \frac{R}{1 + j\omega\,C_T R} \quad 〔Ω〕 \qquad ②$$

電圧比 e_o/e_i はインピーダンスの比で表されるので,次式が成り立ちます.

$$\frac{e_o}{e_i} = \frac{\dot{Z}_i}{\dot{Z}_T + \dot{Z}_i} \qquad ③$$

式③に式①,②を代入すると次式で表されます.

$$\frac{e_o}{e_i} = \frac{\dfrac{R_i}{1 + j\omega\,(C + C_i)\,R_i}}{\dfrac{R}{1 + j\omega\,C_T R} + \dfrac{R_i}{1 + j\omega\,(C + C_i)\,R_i}} = \frac{R_i}{R \times \dfrac{1 + j\omega\,(C + C_i)\,R_i}{1 + j\omega\,C_T R} + R_i} \qquad ④$$

式④の e_o/e_i が ω と無関係になるには,分母の虚数項が同じ値になればよいので,次式の関係が成り立ちます.

$$(C + C_i)\,R_i = C_T R \quad \blacktriangleleft\cdots\cdots \boxed{\text{ア}}\ \text{の答え} \qquad ⑤$$

式⑤の条件を式④に代入すると

$$\frac{e_o}{e_i} = \frac{R_i}{R + R_i} \quad \blacktriangleleft\cdots\cdots\cdots \boxed{\text{イ}}\ \text{の答え} \qquad ⑥$$

となるので,周波数に関係しない一定値となります.

C_T の値が式⑤の条件より小さい値になると

$$(C + C_i)\,R_i > C_T R \qquad \boxed{\text{ウ}}\ \text{の答え} \qquad ⑦$$

となって,静電容量による分圧比の方が**小さく**なり,回路は積分回路として動作するので高域レベルが**落ちる**ため,入力方形波は図8.18 **(b)** のようになります.

$\boxed{\text{エ}}\ \text{の答え}\cdots\cdots\quad\quad\quad\boxed{\text{オ}}\ \text{の答え}\cdots\cdots$

答え▶▶▶ア－7,イ－2,ウ－3,エ－5,オ－9

出題傾向 下線の部分を穴埋めの字句とした問題も出題されています.

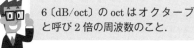

問題 6 ★★ → 8.1.5

図 8.19 に示すように被測定積分回路に方形波信号を加え，その出力をオシロスコープで観測したところ，図 8.20 に示すような測定結果が得られた．この被測定積分回路の高域遮断周波数の値として，正しいものを下の番号から選べ．ただし，入力波形は理想的な方形波とし，オシロスコープ固有の立ち上がり時間の関係による測定誤差はないものとする．また，被測定積分回路の遮断領域では，6〔dB/oct〕で減衰するものとする．

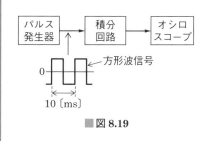

■図 8.19

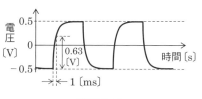

■図 8.20

1 $\dfrac{100}{\pi}$〔Hz〕   2 $\dfrac{200}{\pi}$〔Hz〕   3 $\dfrac{300}{\pi}$〔Hz〕

4 $\dfrac{400}{\pi}$〔Hz〕   5 $\dfrac{500}{\pi}$〔Hz〕

解説　方形波などのパルスの立ち上がり時間の時定数は，自然対数の底を $e \fallingdotseq 2.718$ とすると，定常状態の $(1 - e^{-1}) \fallingdotseq 0.63$ の値となる時間 T〔s〕で示されます．

被測定積分回路の入出力電圧比が $1/\sqrt{2}$ となる周波数を遮断周波数といいます．図 8.20 のパルス応答の時定数 $T = 1$〔ms〕$= 1 \times 10^{-3}$〔s〕より，遮断周波数 f_c〔Hz〕は次式で表されます．

$$f_c = \frac{1}{2\pi T} = \frac{1}{2\pi \times 1 \times 10^{-3}}$$

$$= \frac{1}{2\pi} \times 10^3 = \frac{500}{\pi} \text{〔Hz〕}$$

6〔dB/oct〕の oct はオクターブと呼び 2 倍の周波数のこと．

8 章

答え ▶▶▶ 5

281

問題 7 ★★★　　　　　　　　　　　　　　　　　　　　　　➡8.1.5

　立上がり時間が6〔ns〕のオシロスコープを用いて，パルス波形の立上がり時間を測定したところ，10〔ns〕が得られた．このパルス波形の真の立上がり時間の値として，最も近いものを下の番号から選べ．

1　7〔ns〕　　　2　8〔ns〕　　　3　9〔ns〕　　　4　10〔ns〕　　　5　12〔ns〕

解説　真の立上がり時間 T_p〔ns〕のパルス波形を立上がり時間 T_s〔ns〕のオシロスコープで観測するときは，オシロスコープ内の回路の遅延によって，T_s〔ns〕の遅れが合成されて観測されます．このとき，パルス波形の立上がり時間 T〔ns〕は次式で表されます．

$$T = \sqrt{T_p^2 + T_s^2}$$
$$10 = \sqrt{T_p^2 + 6^2}$$

T_p を求めると

$$T_p^2 = 10^2 - 6^2 = 64$$

よって　$T_p = \mathbf{8}$ **〔ns〕** となります．

直角三角形の比
$3:4:5 = 6:8:10$
を覚えておくと計算が楽．

答え▶▶▶2

8.2 無線設備の測定用機器

- スペクトルアナライザと FFT アナライザは周波数軸表示，オシロスコープは時間軸表示
- アナログ処理のスペクトルアナライザは周波数成分の振幅を表示，FFT アナライザは周波数成分の振幅と位相を表示
- スカラネットワークアナライザは 4 端子回路網の振幅特性を測定，ベクトルネットワークアナライザは振幅と位相特性を測定

8.2.1 無線設備を測定する機器の種類

（1）送信機の測定機器

① 周波数カウンタ：送信周波数などの測定

② スペクトルアナライザ：スプリアス，占有周波数帯幅などの測定

③ 高周波電力計：送信電力の測定

④ 通過形電力計：送信機からアンテナなどの負荷に供給する進行波電力と反射波電力の測定

周波数偏移計，FM 直線検波器，低周波発振器，減衰器，レベル計，フィルタなどの測定機器も用いられます．

（2）受信機の測定用機器

① 標準信号発生器（SG）：感度，選択度特性などの測定

② 雑音ひずみ率計：SINAD 感度の測定

低周波発振器，減衰器，レベル計，フィルタなどの測定機器も用いられます．

受信機の妨害となる受信点の妨害波を測定するには雑音電界強度測定器が用いられる．

8章

8.2.2 スペクトルアナライザ

スペクトルアナライザは入力信号が持っている個々の周波数成分に分離し，横軸は周波数，縦軸は振幅を表示する測定器で，アナログ処理によるスーパヘテロダイン方式のスペクトルアナライザの基本構成を**図 8.21** に示します．

入力信号は，周波数混合器で局部発振周波数と混合して中間周波数に変換されます．周波数掃引中に入力信号のそれぞれの周波数成分が中間周波数に変換さ

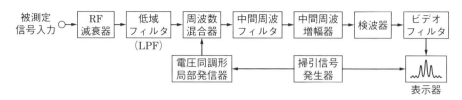

■図 8.21 スペクトルアナライザの構成

ビデオフィルタは，遮断周波数を変化することができる低域フィルタが用いられ，雑音の影響を低減することができる.

れ，中間周波フィルタの選択周波数と一致したとき，その周波数成分の振幅が表示器の垂直軸上に現れます．周波数分解能は中間周波フィルタの通過帯域幅によって決まるので，周波数分解能を高くすると中間周波フィルタの通過帯域幅は狭くなります．通過帯域幅が狭いと雑音レベルが下がって，微弱な信号を測定することができるようになりますが，信号の応答時間が遅くなるので，掃引時間を長くしないと正しく信号を表示することができません.

　図 8.22 はオシロスコープとスペクトルアナライザの測定表示を表しています．横軸は，オシロスコープは時間軸表示，スペクトルアナライザは周波数軸表示です．図 8.22 (a) の v_0 の周期波形は，周期が T_1〔s〕の基本波 v_1 と周期が $T_2 = T_1/2$ の 2 倍の高調波 v_2，周期が $T_3 = T_1/3$ の 3 倍の高調波 v_3 の合成されたひずみ波です．これをスペクトルアナライザで測定すると，図 8.22 (b) のように，これらの周波数成分を測定することができます．オシロスコープは入力信号のひ

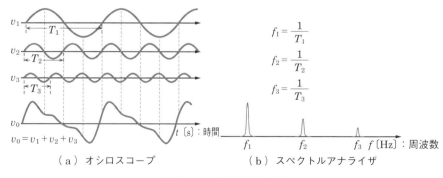

■図 8.22　測定波形の表示

ずみ波に含まれる周波数成分として表される個々の正弦波の振幅を測定すること
はできません.

8.2.3 FFT アナライザ

FFT（Fast Fourier Transform：高速フーリエ変換）アナライザの基本構成を
図 8.23 に示します．スペクトルアナライザと同様に入力信号の周波数成分を表
示する測定器です．被測定アナログ信号は，低域フィルタを通過させた後にA–D
変換器でデジタルデータに置き換えられます．このデータは，FFT演算器で演
算処理されて，周波数領域のデータに変換され，表示器の画面に表示されます．
低域フィルタはサンプリングのときの折返し雑音（エイリアシング誤差）の発生
を防ぐために用いられます．被測定信号を
忠実に表示するためには，理論的に，A–D
変換器のサンプリング周波数を被測定信号
成分の最高周波数の2倍以上のナイキス
ト周波数とします．

エイリアシング誤差が生じ
ないためには，入力信号の
周波数は標本化周波数の
1/2 より低くする.

■図 8.23　FFT アナライザ

アナログ方式のスペクトルアナライザでは，瞬時の情報である位相情報は得ら
れませんが，FFT アナライザは演算によって周波数領域のデータを得るので，
各周波数成分ごとの位相情報を得ることができます.

8.2.4 ネットワークアナライザ

ネットワークアナライザは電子部品や電子回路のインピーダンスと減衰量を測
定する装置です．電気回路網を記述するパラメータには，インピーダンスで表す
Z パラメータ，アドミタンスで表す Y パラメータや h パラメータ等があります
が，ネットワークアナライザでは S パラメータを用います.

Sパラメータとは，被測定回路網の伝送および反射特性のこと．

（1）スカラネットワークアナライザ

図8.24 に示す**スカラネットワークアナライザ**は，Sパラメータの振幅のみを測定し，これにより伝送利得（損失）や反射減衰量，SWRなどの測定を行うことができます．

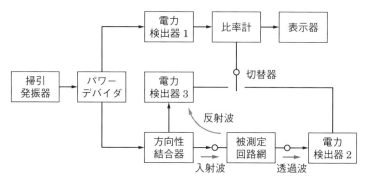

■図8.24　スカラネットワークアナライザの構成

掃引発振器の出力はパワーデバイダで分岐され，電力検出器1で入射波電力として測定され比率計に送られます．被測定回路に送られた電力のうち，回路を通過する透過波電力は電力検出器2で測定され，反射波電力は方向性結合器で分岐され電力検出器3で測定されます．これらを自動的に切り替えて比率計に送り，表示器の画面に表示します．

（2）ベクトルネットワークアナライザ

回路網の入力信号，反射信号および伝送信号の振幅と位相をそれぞれ測定し，Sパラメータを求める装置です．二つの測定端子には，それぞれのポートの入射波，反射波，透過波を測定するために方向性結合器を設けて，それらの値の絶対値と位相差を測定することができます．測定する回路網の入力信号として，通常，正弦波が用いられています．回路網のhパラメータ，ZパラメータおよびYパラメータは，Sパラメータから導出して得られます．

回路網と測定器を接続するケーブルなどの接続回路による測定誤差は，測定前の校正によって補正することができる．

(3) S パラメータ

図 **8.25** のようなポート 1 とポート 2 の二つのポートを持つネットワークアナライザに接続した 4 端子回路網において，ポート 1 の入射波を a_1，その反射波を b_1，ポート 2 への透過波を b_2 として，ポート 2 の入射波を a_2，その反射波を b_2，ポート 1 への透過波を b_1 とすると，次式が成り立ちます．

$$b_1 = S_{11}a_1 + S_{12}a_2 \tag{8.16}$$
$$b_2 = S_{21}a_1 + S_{22}a_2 \tag{8.17}$$

マトリクスで表すと，次式のように表されます．

$$\begin{bmatrix} b_1 \\ b_2 \end{bmatrix} = \begin{bmatrix} S_{11} & S_{12} \\ S_{21} & S_{22} \end{bmatrix} \begin{bmatrix} a_1 \\ a_2 \end{bmatrix} \tag{8.18}$$

式（8.17）の S_{11}, S_{12}, S_{21}, S_{22} は回路網の複素量で表される定数で，S パラメータといいます．各パラメータは次式で表されます．

$$S_{11} = \frac{b_1}{a_1} \bigg|_{a_2 = 0} \tag{8.19}$$

$$S_{12} = \frac{b_1}{a_2} \bigg|_{a_1 = 0} \tag{8.20}$$

$$S_{21} = \frac{b_2}{a_1} \bigg|_{a_2 = 0} \tag{8.21}$$

$$S_{22} = \frac{b_2}{a_2} \bigg|_{a_1 = 0} \tag{8.22}$$

8章

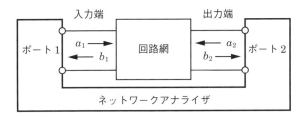

■図 8.25　ネットワークアナライザの入出力ポート

これらの S パラメータをネットワークアナライザで測定すると，スカラネットワークアナライザでは実数量を測定することができ，ベクトルネットワークアナライザは複素量を測定することができます．ベクトルネットワークアナライザの画面表示において，複素量を表すには，スミス・チャートなどが用いられます．

(4) スミス・チャート

図 8.26 (b) にスミス・チャートを示します．図 8.26 (a) の直交座標上で表したインピーダンス $\dot{Z} = R + jX$〔Ω〕を給電線などの特性インピーダンス Z_0〔Ω〕などで正規化して図 8.26 (b) のような曲線の座標系のスミス・チャート上に表します．図 8.26 (b) の実軸の直線において，左端が 0，右端が∞となって，正規化インピーダンスが 0 〜無限大の値を表すことができます．また，反射係数 Γ は，図 8.26 (b) の $1+j0$ を中心とした円で表され，反射係数の値が 0.5 のときの円を図に示します．

インピーダンス $\dot{Z} = 25 + j25$〔Ω〕を特性インピーダンス $Z_0 = 50$〔Ω〕で正規化したインピーダンスを $z = r + jx$ とすると

$$z = r + jx = \frac{\dot{Z}}{Z_0} = \frac{25 + j25}{50} = 0.5 + j0.5 \text{〔Ω〕} \tag{8.23}$$

で表され，図 8.26 (b) の点 a で表すことができます．

図 8.26 (b) は上半面がインダクティブ，下半面がキャパシティブの領域を表すインピーダンス・チャートの簡略図です．インピーダンスの逆数で表すアドミタンス・チャートを用いることもあります．

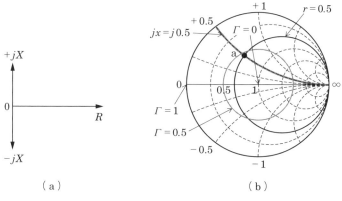

(a) (b)

■図 8.26　スミス・チャート図

8.2.5　標準信号発生器

標準信号発生器は，正確な周波数の一定なレベルの電圧を出力することができる装置で，受信機の測定などに用いられます．

標準信号発生器の基本構成を**図 8.27** に示します．主発振器には一般に PLL 周波数シンセサイザ方式の発振器が用いられます．

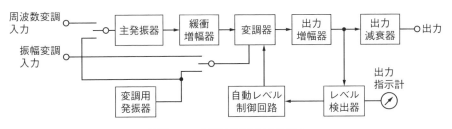

■図 8.27　標準信号発生器の構成

変調器によって変調された主発振器出力は，出力増幅器で増幅されレベル検出を行います．レベル検出の結果を自動レベル制御部に加え，負帰還ループが形成されているので安定度の高い出力レベルが得られます．

受信機の測定に用いられる標準変調の周波数（例えば 1〔kHz〕）の信号波のときは，内部の変調用発振器を用いることができます．信号波の周波数を変化させて測定する場合などは，変調入力端子に低周波発振器の出力を接続します．

8.2.6　PLL 周波数シンセサイザ

(1) PLL

PLL（Phase Locked Loop：位相同期ループ）は，入力周波数と出力周波数の位相が一定になるように，帰還をかけている回路のことをいいます．

PLL の構成を**図 8.28** に示します．位相比較器は二つの周波数の位相差を検出します．低域フィルタは，位相比較器からの出力の雑音成分や高周波成分を取り除き，直流信号に変換します．また，PLL のループ制御の応答特性が決定されます．電圧制御発振器は，入力電圧に応じた周波数を発振します．

8章

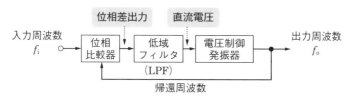

■図8.28　PLLの構成

(2) PLL周波数シンセサイザ

　周波数シンセサイザは，高精度の出力周波数をある一定の周波数間隔で得ることができるので，通信機器の局部発振器などに用いられています．PLL周波数シンセサイザの基本構成を**図8.29**に示します．

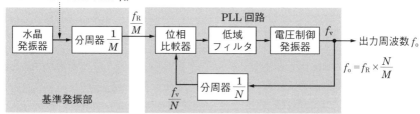

■図8.29　PLL周波数シンセサイザの構成

　周波数シンセサイザの基準信号には，一般に水晶発振器が用いられます．水晶発振器の出力周波数は数〔MHz〕のため，分周器$1/M$で必要な周波数ステップに設定します．

　出力周波数f_oを設定すると分周器$1/N$の設定値が決まります．電圧制御発振器の出力周波数をf_vとすると，分周器$1/N$で分周され，f_v/Nとして位相比較器に加わります．

　水晶発振器の出力周波数f_Rは分周器$1/M$で分周され，基準周波数f_R/Mとして位相比較器に加えられます．

　位相比較器ではf_R/Mとf_v/Nが比較されて，位相差に応じた直流電圧が出力されます．

　低域フィルタでは位相比較器からの雑音や高周波成分を取り除くとともにPLL

の応答特性が決定されます．低域フィルタから出力された直流電圧は，f_R/M と f_v/N の周波数差を少なくするよう電圧制御発振器の発振周波数を変化させます．この帰還は，電圧制御発振器の出力周波数 f_v が出力周波数 f_o と等しくなるまで行われます．それらの二つの周波数が等しくなった状態を，**フェーズロック状態** といいます．

（3）フラクショナル N 型 PLL 周波数シンセサイザ

図8.29 に示す構成の PLL 周波数シンセサイザにおいて，発振周波数の周波数の設定を細かくするためには，分周器 $1/M$ のステップ数を増やすとともに，出力周波数に合わせるために分周器 $1/N$ のステップ数を増やす必要があります．

 分周器のステップ数を大きく取ると PLL の応答性の低下や位相雑音特性の悪化などが生じる．

PLL には，図8.29 のような整数（Integer）分周型と小数（Fractional）分周型があります．フラクショナル（Fractional）型は入力する周波数の小数倍の出力周波数を作り出すことができるので，事実上任意に周波数を選択できることになります．**図8.30** にフラクショナル型の構成を示します．図8.30 において，$f_{ref}=$ 10〔MHz〕，$N=5$ とします．分周器は二つの分周比 $1/N$ と $1/(N+1)$ を切り替えて分周します．このとき，$1/N=1/5$ に分周する期間が T_N，$1/(N+1)=1/6$

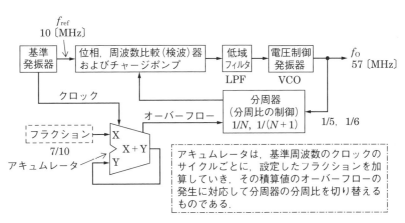

■**図8.30** フラクショナル N 型 PLL 周波数シンセサイザ

に分周する期間が T_{N+1} とします．これらの非整数による分周比によって，平均の出力周波数 f_{o}〔Hz〕は次式で表されます．

$$f_{\mathrm{o}} = \left(N + \frac{T_{N+1}}{T_N + T_{N+1}} \right) f_{\mathrm{ref}} \tag{8.24}$$

ここで，$T_{N+1}/(T_N + T_{N+1})$ をフラクションと呼び，フラクションの設定値を $7/10$ とすると，基準発振器からの連続したクロック 10 サイクル中における分周器の動作は，T_{N+1} が 7 サイクル分，$T_N + T_{N+1} = 10$ より T_N が $10 - 7 = 3$ サイクル分となるように制御されます．式 (8.24) より出力周波数 f_{o} を求めると次式で表されます．

$$f_{\mathrm{o}} = \left(5 + \frac{7}{10} \right) \times 10 = 57 \ \text{〔MHz〕} \tag{8.25}$$

フラクションの設定において，式 (8.25) の分子を 1 ステップずつ変化させると，f_{o} を 1〔MHz〕ずつ変化させることができます．整数（Integer）分周型では周波数ステップは $f_{\mathrm{ref}} = 10$〔MHz〕となるので，小数（Fractional）分周型の方が周波数ステップを小さく設定することができます．

8.2.7 電界強度測定器

電界強度測定器は受信電波の測定や雑音電波の測定に用いられます．**図 8.31** のように受信機と比較発振器で構成されています．測定用アンテナは電界強度と誘起電圧の換算が容易なアンテナが用いられ，30〔MHz〕以下の周波数帯ではループアンテナが，30〔MHz〕を超える周波数帯では半波長ダイポールアンテナが用いられます．

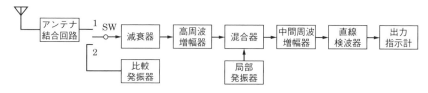

■図 8.31　電界強度測定器

受信電波の電界強度を測定するときは，SW を 1 に入れ受信機を調整して受信電波の周波数に同調をとりながら，アンテナを最高感度の方向に向けます．受信機の減衰器を調整して，出力指示計が適当な指示 V_M〔dB〕となるようにします．次に SW を 2 に入れて比較発振器を動作させ，その発振周波数を被測定電波の周波数として，比較発振器の出力を調整して，出力指示計の指示が前と同じ値 V_M〔dB〕になるようにします．このときの比較発振器の出力から換算することによって電界強度を求めます．

　雑音電界強度を測定するときも同様な測定手順で測定しますが，人工雑音などの高周波雑音の多くはパルス性雑音なので，その高周波成分が広い周波数範囲に分布しているため，受信電波の搬送波を測定するときに比較して出力指示計の指示値が異なるので，雑音電界強度を測定するときの規格が定められています．

　雑音電界強度の測定では，直線検波器の平滑回路を特定の充電および放電時定数を持つ回路を用いて測定します．これにより雑音の準尖頭値を測定することができます．

　パルス性雑音の尖頭値は，出力指示計の指示値に比べて大きいことが多いので，測定器入力端子から直線検波器までの回路の直線動作範囲を十分広くする必要があります．このため，過負荷係数が定義されています．図 8.32 において，直線検波器の検波出力電圧が直線性から 1〔dB〕離れるときのパルス入力電圧 V_p〔V〕と，出力指示計を最大目盛りまで振らせるときのパルス入力電圧 V_m〔V〕の比 V_p/V_m によって過負荷係数が定義され，雑音電界強度測定器の過負荷係数の値が規定されています．

8章

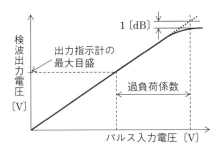

■図 8.32　パルス入力電圧に対する検波出力電圧

→8.2.2

問題 8 ★★

次の記述は，**図8.33**に示すスーパヘテロダイン方式によるアナログ型のスペクトルアナライザの原理的な構成例について述べたものである．このうち正しいものを 1，誤っているものを 2 として解答せよ．

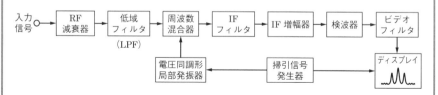

■図8.33

ア　周波数分解能は，分解能帯域幅（RBW）と呼ばれる IF（中間周波）フィルタの通過帯域幅によって決まる．

イ　ディスプレイ上に表示される雑音のレベルは，雑音の分布が一様分布のとき周波数分解能が高いほど高くなる．

ウ　周波数掃引時間は，周波数分解能が高いほど短くする必要がある．

エ　ビデオフィルタは，カットオフ周波数可変の高域フィルタ（HPF）で，雑音レベルに近い微弱な信号を浮き立たせる効果がある．

オ　入力信号に含まれる個々の正弦波の相対位相を測定することができない．

解説　誤っている選択肢は次のようになる．

イ　ディスプレイ上に表示される雑音のレベルは，雑音の分布が一様分布のとき周波数分解能が高いほど**低く**なる．

ウ　周波数掃引時間は，周波数分解能が高いほど**長く**する必要がある．

エ　ビデオフィルタは，カットオフ周波数可変の**低域フィルタ（LPF）**で，雑音レベルに近い微弱な信号を浮き立たせる効果がある．

答え▶▶▶アー 1，イー 2，ウー 2，エー 2，オー 1

問題 9 ★★★

→8.2.3

次の記述は，FFT アナライザについて述べたものである．□内に入れるべき字句を下の番号から選べ．

(1) 入力信号の各周波数成分ごとの□ア□の情報が得られる．

(2) 解析可能な周波数の上限は，□イ□の標本化周波数 f_s〔Hz〕で決まる．

(3) 移動通信で用いられるバースト状の信号など，限られた時間内の信号を解析 ウ ．

(4) 被測定信号を再生して表示するには， エ 変換を用いる．

(5) エイリアシングによる誤差が生じないようにするには，原理的に入力信号の周波数を標本化周波数 f_s 〔Hz〕の オ 制限する必要がある．

1	振幅のみ	2	A–D 変換器	3	できる	4	逆フーリエ
5	2倍より低く	6	振幅および位相	7	D–A 変換器	8	できない
9	ラプラス	10	1/2 より低く				

解説 FFT アナライザは，入力アナログ信号を A–D 変換器でデジタルデータに置き換えて，このデータを FFT 演算器で演算処理して時系列の入力信号を周波数領域のデータとして画面表示部で表示する測定器です．A–D 変換するときに入力信号の周波数を標本化周波数 f_s の **1/2 より低く** に制限しない場合，折返し雑音（エイリアシング）

⬆ オ の答え

による誤差が生じます．ここで標本化周波数の 1/2 の周波数をナイキスト周波数といいます．

答え ▶▶▶ アー6，イー2，ウー3，エー4，オー10

問題 ⑩ ★★★　　　　　　　　　　　　　　　　⬆ 8.2.2 ⬆ 8.2.3

次の記述は，FFT アナライザ，オシロスコープおよびスーパヘテロダイン方式スペクトルアナライザ（スペクトルアナライザ）の各測定器に，周期性の方形波など，複数の正弦波の和で表される信号を入力したときに測定できる項目について述べたものである．このうち誤っているものを下の番号から選べ．ただし，オシロスコープおよびスペクトルアナライザはアナログ方式とする．

1 FFT アナライザは，入力信号に含まれる個々の正弦波の相対位相を測定することができる．

2 オシロスコープは，入力信号に含まれる個々の正弦波の振幅を測定することができる．

3 スペクトルアナライザは，入力信号の振幅の時間に対する変化を，時間軸上の波形として観測することができない．

4 スペクトルアナライザおよび FFT アナライザは，入力信号に含まれる個々の正弦波の振幅を測定することができる．

5 スペクトルアナライザおよび FFT アナライザは，入力信号に含まれる個々の正弦波の周波数を測定することができる．

解説 誤っている選択肢は次のように
なります.

2 オシロスコープは,入力信号に含ま
れる個々の正弦波の振幅を測定するこ
とができない.

周期関数で表すことのできるひず
み波は,基本波と整数倍の周波数
の成分に展開することができ,展
開にはフーリエ級数を用いる.

答え▶▶▶ 2

問題 11 ★　　　　　　　　　　　　　　　　　→ 8.2.2　→ 8.2.3

次の記述は,スーパヘテロダイン方式スペクトルアナライザ(スペクトルアナラ
イザ)およびFFTアナライザの各測定器に,入力信号として周期性の方形波を入
力したときに測定できる項目について述べたものである. ⬚ 内に入れるべき
字句の正しい組合せを下の番号から選べ. ただし,入力信号である方形波は,複数
の正弦波の和で表されるものである.

(1) スペクトルアナライザおよびFFTアナライザは,入力信号に含まれる個々の
正弦波の周波数を測定することが A .

(2) スペクトルアナライザおよびFFTアナライザは,入力信号に含まれる個々の
正弦波の振幅を測定することが B .

(3) FFTアナライザは,入力信号に含まれる個々の正弦波の相対位相を測定する
ことが C .

(4) スペクトルアナライザは,入力信号の振幅の時間に対する変化を,時間軸上の
波形として観測することが D .

	A	B	C	D
1	できる	できない	できない	できる
2	できる	できる	できる	できる
3	できる	できる	できる	できない
4	できない	できる	できる	できない
5	できない	できない	できない	できる

解説 FFT(高速フーリエ変換)アナライザは,入力アナログ信号をA-D変換器で
デジタルデータに置き換えて,このデータをFFT演算器で演算処理して時系列の入力
信号を周波数領域のデータとして画面表示部で表示する測定器です. アナログ方式のス
ペクトルアナライザと異なり,演算によって周波数領域のデータを得るので,入力信号
の周波数成分ごとの振幅および位相の情報が得られ,バースト状の信号の解析ができま
す.

答え▶▶▶ 3

問題 12 ★　　　　　　　　　　　　　　　　　　　　　　　　　　→ 8.2.4

　次の記述は，**図 8.34** に示すスカラーネットワークアナライザを用いた線形増幅回路の入力インピーダンスの測定について述べたものである．□□□内に入れるべき字句の正しい組合せを下の番号から選べ．

(1) 線形増幅回路の電圧入射波 A_1〔V〕および A_2〔V〕と電圧反射波 B_1〔V〕および B_2〔V〕との関係が，S パラメータを用いて次式で表されるとき，入力端の反射係数は，□ A □で表される．

$$\begin{pmatrix} B_1 \\ B_2 \end{pmatrix} = \begin{pmatrix} S_{11} & S_{12} \\ S_{21} & S_{22} \end{pmatrix} \begin{pmatrix} A_1 \\ A_2 \end{pmatrix}$$

(2) 線形増幅回路の入力端からスカラーネットワークアナライザを見たときのインピーダンスを R_1〔Ω〕，線形増幅回路の入力インピーダンスを Z_i〔Ω〕とすると，S_{11} は次式で定義される．

$$S_{11} = \boxed{\text{ B }}$$

　R_1 が 50〔Ω〕のスカラーネットワークアナライザで測定した S_{11} の値が 0.2 のとき，Z_i の値は□ C □〔Ω〕である．

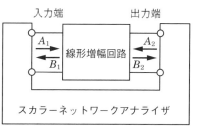

	A	B	C
1	$1/S_{11}$	$(Z_i - R_1)/(Z_i + R_1)$	75
2	$1/S_{11}$	$(Z_i + R_1)/(Z_i - R_1)$	61
3	S_{11}	$(Z_i + R_1)/(Z_i - R_1)$	75
4	S_{11}	$2(Z_i - R_1)/(Z_i + R_1)$	61
5	S_{11}	$(Z_i - R_1)/(Z_i + R_1)$	75

入力端　　　　　　　出力端

線形増幅回路

スカラーネットワークアナライザ

■図 8.34

解説　線形増幅回路の入力インピーダンス Z_i〔Ω〕，ネットワークアナライザの入力端のインピーダンス R_1〔Ω〕より，**S_{11}** は入力端の反射係数を表すので，次式で表されます．

……………… □ A □ の答え

$$S_{11} = \frac{Z_i - R_1}{Z_i + R_1} \quad \longleftarrow \cdots \boxed{\text{ B } \text{ の答え}}$$　　　　①

式①に問題で与えられた数値を代入すると次式で表されます．

$$0.2 = \frac{Z_i - 50}{Z_i + 50} \qquad 0.2 Z_i + 10 = Z_i - 50 \qquad Z_i = \frac{60}{0.8} = \mathbf{75}〔Ω〕$$

……………… □ C □ の答え

答え ▶▶▶ 5

➡ 8.2.4

問題 13 ★★★

次の記述は，回路網の特性を測定するためのベクトルネットワークアナライザの基本的な機能等について述べたものである．このうち正しいものを 1，誤っているものを 2 として解答せよ．

ア　回路網の h パラメータ，Z パラメータおよび Y パラメータは，S パラメータから導出して得られる．

イ　回路網の入力信号，反射信号および伝送信号の振幅と位相をそれぞれ測定し，S パラメータを求める装置である．

ウ　回路網の入力信号の周波数を掃引し，各種パラメータの周波数特性を測定できる．

エ　回路網と測定器を接続するケーブルなどの接続回路による測定誤差は，測定前の校正によっても補正することはできない．

オ　回路網の入力信号と反射信号の分離には，2 抵抗型のパワー・スプリッタが用いられる．

解説　誤っている選択肢を正すと次のようになります．

エ　回路網と測定器を接続するケーブルなどの接続回路による測定誤差は，測定前の校正によって補正することが**できる**．

オ　回路網の入力信号と反射信号の分離には，**方向性結合器**が用いられる．

答え▶▶▶アー 1，イー 1，ウー 1，エー 2，オー 2

➡ 8.2.4

問題 14 ★

次の記述は，**図 8.35** に示すベクトルネットワークアナライザ（VNA）を用いた増幅回路のリターン・ロス R_L〔dB〕および利得 G〔dB〕の測定の原理について述べたものである．　　　内に入れるべき字句の正しい組合せを下の番号から選べ．

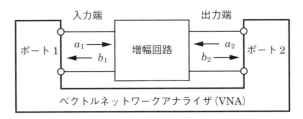

■図 8.35

(1) 図 8.35 に示す VNA のポート 1 から増幅回路の入力端へおよびポート 2 から出力端へ入る信号をそれぞれ a_1 および a_2 とし，入力端からポート 1 へおよび出力端からポート 2 へ出る信号をそれぞれ b_1 および b_2 とすると，これらの信号の関係は，S パラメータを用いて次式で表される．

$$\begin{bmatrix} b_1 \\ b_2 \end{bmatrix} = \begin{bmatrix} S_{11} & S_{12} \\ S_{21} & S_{22} \end{bmatrix} \begin{bmatrix} a_1 \\ a_2 \end{bmatrix}$$ ……………………………………………… 【1】

(2) 式【1】から $a_2 = 0$ のとき $S_{11} = \boxed{\quad A \quad}$ である．VNA で測定した S_{11}（複素数表示）が $S_{11} = u + jv$ で表されるとき，R_L〔dB〕は，次式で表される．

$$R_L = -20 \log_{10} \sqrt{u^2 + v^2} \text{〔dB〕}$$

R_L の値は，a_1 の大きさに対して b_1 の大きさが小さくなるほど $\boxed{\quad B \quad}$ なる．

(3) 式【1】から $a_2 = 0$ のとき $S_{21} = \boxed{\quad C \quad}$ である．VNA で測定した S_{21}（複素数表示）が $S_{21} = u + jv$ で表されるとき，G〔dB〕は，次式で表される．

$$G = 20 \log_{10} \sqrt{u^2 + v^2} \text{〔dB〕}$$

	A	B	C
1	b_1/a_1	大きく	b_2/a_1
2	b_1/a_1	小さく	b_2/a_1
3	a_1/b_1	大きく	b_2/a_1
4	a_1/b_1	小さく	a_1/b_2
5	a_1/b_1	大きく	a_1/b_2

解説 マトリクスで表された問題の式【1】より，次式が成り立ちます．

$$b_1 = S_{11}a_1 + S_{12}a_2$$
$$b_2 = S_{21}a_1 + S_{22}a_2$$

S_{11}，S_{12}，S_{21}，S_{22} は 4 端子回路網を表す定数で a_1 と a_2 を 0 とすることにより，次式で表されます．

$$\boldsymbol{S_{11} = \frac{b_1}{a_1}} \quad (a_2 = 0) \blacktriangleleft \cdots\cdots \boxed{\quad A \quad} \text{の答え}$$

$$S_{12} = \frac{b_1}{a_2} \quad (a_1 = 0)$$

$$\boldsymbol{S_{21} = \frac{b_2}{a_1}} \quad (a_2 = 0) \blacktriangleleft \cdots\cdots \boxed{\quad C \quad} \text{の答え}$$

$$S_{22} = \frac{b_2}{a_2} \quad (a_1 = 0)$$

8章

S_{11} は入力端の反射係数を表すので，増幅回路のリターンロスの大きさを dB で表した R_L〔dB〕は

$$R_L = -20 \log_{10} \sqrt{u^2 + v^2}$$

$$= -20 \log_{10}(|S_{11}|) = 20 \log_{10} \frac{1}{|S_{11}|} \text{〔dB〕}$$

の式で表されます．$|b_1| < |a_1|$ なので $|S_{11}| < 1$ となるので，R_L の値は入力信号 a_1 の大きさに対し反射信号 b_1 の大きさが小さくなって $|S_{11}|$ が小さくなるほど**大きくな**ります．

　　　　　　　　　　　　　　　　　　　　　　　　　　　B の答え ·························

答え▶▶▶ 1

問題15 ★★★　　　　　　　　　　　　　　　　　　　➡ 8.2.6

　次の記述は，図 8.36 に示す原理的構成例のフラクショナル N 型 PLL 周波数シンセサイザの動作原理について述べたものである．□□□内に入れるべき字句を下の番号から選べ．ただし，N は正の整数とし，T_N は N 分周する期間を，T_{N+1} は $(N+1)$ 分周する期間とする．なお，同じ記号の□□□内には，同じ字句が入るものとする．

(1) この PLL 周波数シンセサイザは，基準周波数 f_{ref}〔Hz〕よりも細かい周波数分解能（周波数ステップ）を得ることができる．また，周期的に二つの整数値の分周比を切り替えることで，非整数による分周比を実現しており，平均の VCO の周波数 f_0〔Hz〕は，$f_0 = \{N + \boxed{ア}\}f_{ref}$〔Hz〕で表される．ここで $\boxed{ア}$ は，フラクションと呼ぶ．

(2) 例えば，$f_{ref} = 10$〔MHz〕，$N = 5$ およびフラクションの設定値を 7/10 としたとき，連続したクロック 10 サイクル中における分周器の動作は，分周比 1/5 が

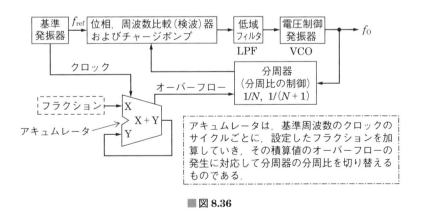

■図 8.36

合計 イ サイクル分，分周比 1/6 が合計 ウ サイクル分となるように制御され，見かけ上，非整数による分周比となる．また，このときの f_0 は， エ 〔MHz〕であり，分数表示のフラクションの分子を 1 ステップずつ変化させると，f_0 は オ 〔MHz〕ステップずつ変化する．

1 1	2 2	3 3	4 4	5 $\dfrac{T_{N+1}}{T_N + T_{N+1}}$
6 6	7 7	8 67	9 57	10 $\dfrac{T_N}{T_N + T_{N+1}}$

解説 一般の PLL 周波数シンセサイザでは，出力周波数 f_0〔Hz〕，分周器の分周比 N のとき，基準周波数 f_{ref}〔Hz〕は次式で表されます．

$$f_{\mathrm{ref}} = \frac{f_0}{N} \qquad f_0 = N f_{\mathrm{ref}} \text{〔Hz〕} \tag{①}$$

フラクショナル N 型では分周比が N と $N+1$ の間に細かいステップを持たせるので，これらの間の分周期間 T_N と T_{N+1} から次式の関係があります．

$$f_0 = \left(N + \frac{T_{N+1}}{T_N + T_{N+1}} \right) f_{\mathrm{ref}} \text{〔Hz〕} \tag{②}$$

▲··········· ア の答え

$N = 5$ なので，T_N は 1/5 分周する期間，T_{N+1} を 1/6 分周する期間として，フラクションの設定値が

$$\frac{T_{N+1}}{T_N + T_{N+1}} = \frac{7}{10} \tag{③}$$

と与えられているので，連続したクロック 10 サイクル中における T_N の 1/5 分周器と T_{N+1} が 1/6 の分周器の動作は，分周比 1/5 が 10 − 7 の合計 **3** サイクル分，分周比 1/6 が合計 **7** サイクル分となるように制御されます．

▲··········· ウ の答え   ▲··········· イ の答え

$f_{\mathrm{ref}} = 10$〔MHz〕のとき式②から f_0〔MHz〕を求めると

$$f_0 = \left(5 + \frac{7}{10} \right) \times 10 = \mathbf{57} \text{〔MHz〕} \cdots \tag{④}$$

······ エ の答え

となります．式③のフラクションの設定値において，分子を 1 ステップずつ変化させると，f_0 は式④より **1**〔MHz〕ステップずつ変化します．

▲··········· オ の答え

答え ▶▶▶ アー 5，イー 3，ウー 7，エー 9，オー 1

8 章

問題 16 ★★★　　　　　　　　　　　　　　　　　　　　　→ 8.2.7

　次の記述は，**図 8.37** に示す雑音電界強度測定器（妨害波測定器）について述べたものである．　　　　内に入れるべき字句の正しい組合せを下の番号から選べ．なお，同じ記号の　　　　内には，同じ字句が入るものとする．

(1) 人工雑音などの高周波雑音の多くはパルス性雑音であり，その高周波成分が広い周波数範囲に分布しているため，同じ雑音でも測定器の　A　，直線性，検波回路の時定数等によって出力の雑音の波形が変化し，出力指示計の指示値が異なる．このため，雑音電界強度を測定するときの規格が定められている．

(2) 準尖頭値は，規定の　B　を持つ直線検波器で測定された見掛け上の尖頭値であり，パルス性雑音を検波したときの出力指示計の指示値と無線通信に対する妨害度とを対応させるために用いる．

(3) パルス性雑音の尖頭値は，出力指示計の指示値に比べて大きいことが多いので，測定器入力端子から直線検波器までの回路の直線動作範囲を十分広くする必要がある．このため，**図 8.38** において，直線検波器の検波出力電圧が直線性から　C　〔dB〕離れるときのパルス入力電圧と，出力指示計を最大目盛まで振らせるときのパルス入力電圧の比で過負荷係数が定義され，その値が規定されている．

■図 8.37

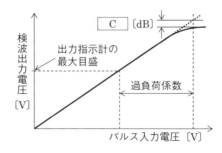

■図 8.38　パルス入力電圧に対する検波出力電圧

	A	B	C
1	通過帯域幅	充電および放電時定数	3
2	通過帯域幅	充電および放電時定数	1
3	利得	共振周波数および Q	1
4	利得	充電および放電時定数	3
5	利得	共振周波数および Q	3

解説　過負荷係数は，回路の実用的直線動作範囲に相当する入力レベルと指示計器の最大目盛に相当する入力レベルの比です．実用的直線動作範囲とは，その回路の定常状態応答が理想的な直線性から **1**〔dB〕以上離れない最大のレベルとして定義されます．

━━━━━━━━━━━━━ C の答え

答え ▶ ▶ ▶ 2

8章

8.3 送信機に関する測定

!要点
- 占有周波数帯幅は，発射電波の全電力の99〔%〕を含む周波数帯域
- スプリアス発射や占有周波数帯幅の測定にはスペクトルアナライザが用いられる
- FMの最大周波数偏移は，ベッセル関数を用いて搬送波零法によって求めることができる

8.3.1 変調度の測定

（1）オシロスコープによる測定

AM（A3E）送信機の変調度を求めるために，被変調波の波形をオシロスコープに表示させる方法です．

図8.39に示す表示波形の最大振幅A，最小振幅Bより，変調度m〔%〕は次式で表されます．

$$m = \frac{A - B}{A + B} \times 100 \; \text{〔%〕} \tag{8.26}$$

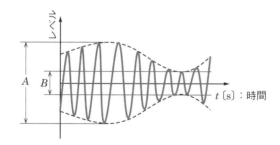

■図8.39 振幅変調波の被変調波形

（2）スペクトルアナライザによる測定

スペクトルアナライザにAM（A3E）送信機の被変調波を入力して，**図8.40**のような周波数スペクトルを表示させます．図では送信機に入力する変調周波数を1 000〔Hz〕として，横軸のスパン（frequency span）は20〔kHz〕に設定してあります．周波数軸上の搬送波，上側波，下側波の周波数成分の振幅をそれぞれV_c，V_u，V_l〔V〕，変調度の真数をmとすると，次式が成り立ちます．

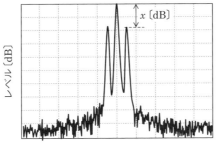

■図 8.40　振幅変調波の周波数スペクトル

$$V_\mathrm{u} = V_\mathrm{l} = \frac{m}{2} V_\mathrm{c} \,[\mathrm{V}] \tag{8.27}$$

　スペクトルアナライザは一般にレベルを dB 値で測定するので，図 8.40 のように搬送波と上側波あるいは下側波のレベル差を測定した値が $x\,[\mathrm{dB}]$ とすると

$$x = -20 \log_{10} \frac{V_\mathrm{l}}{V_\mathrm{c}} = -20 \log_{10} \frac{m}{2}$$

なので，変調度 $m\,[\%]$ は次式で求めることができます．

$$m = 2 \times 10^{-(x/20)} \times 100 \,[\%] \tag{8.28}$$

 スペクトルアナライザの測定レベルが $[\mathrm{dBm}]$ の電力表示であっても，式 (8.28) によって電圧比の真数に変換することができる．

(3) SSB 送信機の搬送波電力の測定

　SSB 方式は，振幅変調で発生する側波帯のうち片側の側波帯のみを伝送する通信方式です．搬送波のレベルによって，**図 8.41** (a) の全搬送波による単側波帯 (H3E)，図 8.41 (b) の抑圧搬送波による単側波帯 (J3E)，図 8.41 (c) の低減搬送波による単側波帯 (R3E) の方式があり，無線設備規則第 56 条に規定する条件として，「一の変調周波数によって飽和レベルで変調したときの平均電力より，J3E 電波の場合においては 40 [dB] 低い値，R3E 電波の場合においては 18 [dB] ± 2 [dB] 低い値」と規定されています．

　図 8.42 に SSB (J3E) 送信機の搬送波電力を測定するための構成例を示します．

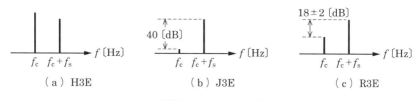

f_c：搬送波の周波数
f_s：信号波の周波数（1 400〔Hz〕）

（a）H3E　　　　　　（b）J3E　　　　　　（c）R3E

■図 8.41　SSB 方式

■図 8.42　SSB（J3E）送信機の搬送波電力の測定

搬送波電力の測定は次のように行います．

① 低周波発振器の発振周波数を割当周波数となる 1 400〔Hz〕の正弦波として SSB（J3E）送信機に加えて高周波電力計によって，送信電力を測定します．低周波発振器の出力を増加させて送信電力が飽和するようにします．このとき測定した電力が飽和レベルで変調したときの平均電力となります．

② スペクトルアナライザで側波帯の電力と搬送波の電力の比を測定するために，スペクトルアナライザの中心周波数は，搬送波周波 f_c + 700〔Hz〕とし，周波数スパンは約 5〔kHz〕，分解能帯域幅は 30〔Hz〕程度に設定します．

③ スペクトルアナライザの表示画面より，搬送波電力 P_c〔dBm〕と側波帯の電力 P_s〔dBm〕を測定します．

④ 測定結果として，$P_c - P_s$〔dB〕を求め，40〔dB〕以上あることを確認します．

8.3.2　スプリアス発射の測定

スプリアス発射とは，送信機から発射される不要波のことで，高調波発射，低調波発射，寄生発射，相互変調積が含まれます．

図 **8.43** にスプリアス発射のスペクトルの例を示します．図 8.43 において情報を伝達するのに必要な帯域が必要周波数帯 B_N〔Hz〕です．それを超えた周波数領域の発射を**不要発射**といいます．不要発射にはスプリアス発射および帯域外発射があります．不要発射の周波数領域は，中心周波数 f_c〔Hz〕から必要周波数帯幅 B_N〔Hz〕の ±250〔％〕離れた周波数（±2.5B_N）を境界として，その内側を**帯域外領域**，その外側を**スプリアス領域**といいます．

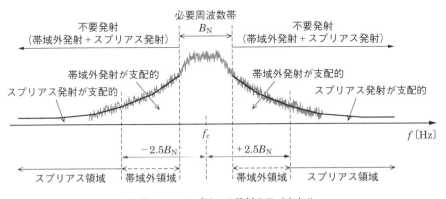

■**図 8.43　スプリアス発射のスペクトル**

　帯域外発射は，必要周波数帯に近接する周波数の電波の発射で情報の伝達のための変調の過程において生じるものをいいます．

　スプリアス発射は，必要周波数帯の外に生じ，かつ情報の伝送に影響を及ぼすことなく低減し得る不要発射のことをいいます．スプリアス発射には高調波発射，低調波発射，寄生発射および相互変調積を含み，帯域外発射は含みません．

　帯域外領域におけるスプリアス発射の強度の測定は，無変調状態において，帯域外領域におけるスプリアス発射の強度を測定し，その測定値が許容値内であることを確認します．

　スプリアス領域における不要発射の強度の測定は，変調状態において，中心周波数 f_c〔Hz〕から必要周波数帯幅 B_N〔Hz〕の ±250〔％〕離れた周波数を境界としたスプリアス領域における不要発射の強度を測定し，その測定値が許容値内であることを確認します．この測定では，変調状態において，不要発射が周波数軸上に広がって出てくる可能性があることから，許容値を規定するための参照帯

域幅の範囲内に含まれる不要発射の電力を積分した値を測定することとされています.

スプリアス発射の測定の構成例を**図 8.44** に示します.

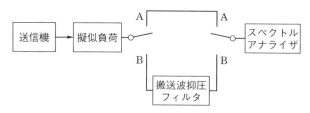

■**図 8.44　スプリアス発射の測定**

測定方法は，まず A 側に接続しスペクトルアナライザで搬送波電力を測定します．次に B 側に接続し搬送波抑圧フィルタを通してスプリアス電力を測定します．また，フィルタを使用せずに測定することもできます.

8.3.3　占有周波数帯幅の測定

占有周波数帯幅とは，**図 8.45** に示す放射電力の周波数分布において，全電力の 99 〔%〕を含む周波数帯域のことをいいます.

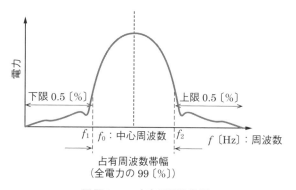

■**図 8.45　占有周波数帯幅**

FM（F3E）送信機の占有周波数帯幅の測定の構成例を**図 8.46** に示します．測定方法は，擬似音声発生器から擬似音声信号を送信機に加えて，規定の変調度に

変調された変調波を擬似負荷に出力します．この信号をスペクトルアナライザで測定し，すべての電力の測定値をコンピュータに取り込みます．取り込んだデータを下側の周波数から積算していき，その値が全電力の 0.5〔%〕となる周波数 f_1〔Hz〕を求めます．同様に上側の周波数から積算し，その値が全電力の 0.5〔%〕となる周波数 f_2〔Hz〕を求めます．このときの占有周波数帯幅は，$f_2 - f_1$〔Hz〕によって求めることができます．

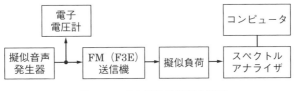

■図 8.46　占有周波数帯幅の測定

8.3.4　周波数偏移の測定（搬送波零位法）

FM 変調波の変調指数 m_f と周波数偏移 f_d〔Hz〕との関係は，変調周波数を f_m〔Hz〕とすると，次式で表すことができます．

$$f_d = m_f f_m \text{〔Hz〕} \tag{8.29}$$

図 8.47 はベッセル関数のグラフで，m_f を変化させたときの搬送波の振幅 J_0 と第 1 側波の振幅 J_1 を表します．また，表 8.2 に搬送波および第 1 側帯波の振幅が零となるときの m_f の値を示します．図 8.48 に示す構成例において，低周波発振器から低域フィルタを通して変調周波数 f_m の単一正弦波を入力し，周波数変調された FM（F3E）送信機の出力をスペクトルアナライザによって表示し

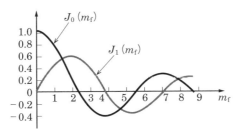

■図 8.47　ベッセル関数

■表8.2 $J_n(m_f)=0$ となる m_f の値

$J_0(x)=0$ （搬送波の振幅が零）	$J_1(x)=0$ （第1側帯波の振幅が零）
2.405	3.832
5.520	7.016
8.654	10.173
⋮	⋮

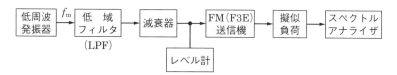

■図8.48 周波数偏移の測定

ます．減衰器を調節して単一正弦波のレベルを0から次第に大きくしていくと，搬送波および各側帯波のスペクトルの振幅がそれぞれ変化を繰り返します．あるレベルで搬送波の振幅が零になるので，そのときの m_f の値に対する入力信号電圧をレベル計で測定します．入力レベルを0から増加させていくと，搬送波のレベルが低下して0になり，そこから増加します．0になったときの m_f は図8.47および表8.2より $m_f=2.4$ となります． m_f の値から周波数偏移 f_d は式（8.29）によって求めることができるので，入力レベルと m_f の値から入力レベル対周波数偏移の特性を求めることができます．また，これらの測定を繰り返してグラフを作成すれば，途中のレベルでも周波数偏移を知ることができます．

8.3.5 信号対雑音比の測定

信号対雑音比は，送信出力に含まれる信号成分を S，雑音成分を N としたとき，S/N で表すことができます．

FM（F3E）送信機の信号対雑音比を測定するときの構成例を**図8.49**に示します．

信号対雑音比の測定は次のように行います．

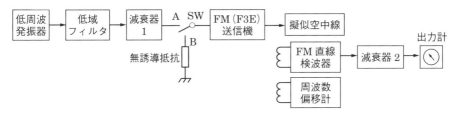

■図 8.49　信号対雑音比の測定

① スイッチ SW を B 側に接続して送信機の入力端子を無誘導抵抗に接続し，送信機から無変調波を出力します．FM 直線検波器の出力を出力計の指示値が V〔V〕となるように減衰器 2 を調整し，このときの減衰器 2 の読みを D_1〔dB〕（$D_1 > 0$）とします．

② 次に SW を A 側に接続し，低周波発振器から規定の変調信号（たとえば 1〔kHz〕）を低域フィルタおよび減衰器 1 を通して送信機に加え，周波数偏移計の値が規定の周波数偏移になるように減衰器 1 を調整します．

③ FM 直線検波器の出力が①と同じ V〔V〕となるように減衰器 2 を調整し，このときの減衰器 2 の読みを D_2〔dB〕（$D_2 > 0$）とすれば，$D_2 > D_1$ になり，信号対雑音比 S/N は $D_2 - D_1$ で求められます．

8.3.6　プレエンファシス特性の測定

FM 通信方式は信号周波数が高くなるにつれ，S/N が悪くなります．そのため，高い周波数ほど変調信号レベルを大きくすることによって，S/N を改善します．このことを**プレエンファシス**といいます．

プレエンファシス特性の測定は，図 8.49 に示す信号対雑音比の測定の構成例と同じ構成で測定することができます．低周波発振器は FM（F3E）送信機の規定の入力レベルに設定し，低周波発振器の周波数を変えながら FM 直線検波器の出力を出力計で測定します．低域の周波数を基準としたレベル差を**図 8.50** に示すようなグラフとすれば，プレエンファシス特性曲線を得ることができます．FM 放送では理想的なプレエンファシス特性の時定数は 50〔μs〕と規定されています．

8 章

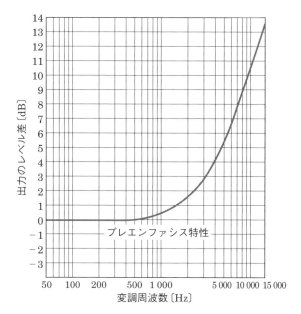

■図8.50　FM放送用送信機のプレエンファシス特性

受信側で送信と逆の高域が低下する周波数特性の回路を用いることによって，周波数特性を平坦にすることをディエンファシスという．

8.3.7　WiMAX 基地局無線設備の空中線電力の偏差の測定

　WiMAX（直交周波数分割多元接続方式広帯域移動無線システム）基地局無線設備（試験機器）の空中線電力の偏差を測定するための構成例を図8.51に示します．

■図8.51　WiMAX基地局無線設備の空中線電力の偏差の測定

　電力計は，熱電対もしくはサーミスタによる熱電変換型またはこれらと同等の性能を有するものを用います．

<機器の設定>

① 試験周波数に設定し，バースト送信状態とします．（送信バーストが可変する場合は，送信バースト時間が**最も長い時間**になるように試験機器を設定します．）

② 電力が**最大出力**となる電力制御の設定を行い，**最大出力**状態となる変調状態とします．

<測定方法>

① 電力計の零点調整を行い，試験機器を送信状態にします．

② 繰返しバースト波電力 P_B〔W〕を十分長い時間にわたり，電力計で測定します．

③ バースト区間内の**平均電力** P_A〔W〕を次式により算出します．

$$P_A = \frac{P_B T}{B} \text{〔W〕} \tag{8.30}$$

T〔s〕：バースト繰返し周期

B〔s〕：バースト長（電波を発射している時間）

問題 17 ★★★ ➡ 8.3.1

次の記述は，スペクトルアナライザを用いた AM（A3E）送信機の変調度測定の一例について述べたものである．_____内に入れるべき字句の正しい組合せを下の番号から選べ．ただし，搬送波振幅を A〔V〕，搬送波周波数を f_c〔Hz〕，変調信号周波数を f_m〔Hz〕，変調度を $m_a \times 100$〔%〕および $\log_{10} 2 = 0.3$ とする．

(1) 正弦波の変調信号で振幅変調された電波の周波数スペクトルは，原理的に図 **8.52** に示すように周波数軸上に搬送波と上側帯波および下側帯波の周波数成分となる．この振幅変調された電波 E_{AM}〔V〕は，次式で示される．

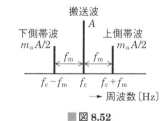

搬送波

下側帯波　A　上側帯波
$m_a A/2$　　　　　$m_a A/2$

f_m　f_m

$f_c - f_m$　f_c　$f_c + f_m$

→ 周波数〔Hz〕

■図 **8.52**

$$E_{AM} = A \cos(2\pi f_c t) + (m_a A/2) \cos\{2\pi (f_c + f_m)t\} + (m_a A/2) \cos\{2\pi (f_c - f_m)t\} \text{〔V〕}$$

(2) 上下側帯波の振幅 $m_a A/2$〔V〕を S〔V〕とすると m_a は，次式で示される．

$$m_a = \boxed{\text{A}}$$

(3) よって，例えば，**図 8.53** の測定例の画面上
の搬送波と上下側帯波の振幅の差が，26〔dB〕
の時の変調度は，［　B　］〔%〕となる．

(4) 測定誤差要因として注意することは，変調信
号に大きなひずみがある場合，上下側帯波の振
幅が［　C　］すること，また，周波数変調が重
複していると，上下側帯波振幅に差が生ずるこ
となどである．

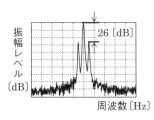

■図 8.53

	A	B	C
1	S/A	50	減少
2	S/A	10	増加
3	S/A	50	増加
4	$2S/A$	10	減少
5	$2S/A$	50	減少

解説 問題で与えられた式より

$$S = \frac{m_a A}{2} \quad \text{よって} \quad m_a = \frac{2S}{A} \quad \Longleftarrow \cdots\cdots \boxed{A} \text{の答え} \qquad ①$$

測定値は $A_{dB} - S_{dB} = 26$〔dB〕なので，電圧比の真数に直すと

$$A_{dB} - S_{dB} = 26 = 20 \log_{10} \frac{A}{S}$$

$$\frac{26}{20} = 1.3 = 1 + 0.3 = \log_{10} 10 + \log_{10} 2 = \log_{10} 20 = \log_{10} \frac{A}{S} \quad \text{よって} \quad \frac{A}{S} = 20$$

式①に代入すると

$$m_a = \frac{2S}{A} = \frac{2}{20} = \frac{1}{10} = 0.1 \quad \text{よって} \quad m_a = \mathbf{10} \text{〔%〕}$$

$ \uparrow \cdots\cdots \boxed{B} \text{の答え}$

となります．

答え ▶▶▶ 4

問題 18 ★★★　　　　　　　　　　　　　　　　　　　　　→ 8.3.1

　次の記述は，**図8.54** に示す構成例を用いた SSB（J3E）送信機の搬送波電力（本来抑圧されるべきもの）の測定において，SSB（J3E）送信機の変調条件および測定器の条件などについて述べたものである．このうち正しいものを下の番号から選べ．ただし，搬送波電力は，法令等に基づく送信装置の条件として「一の変調周波数によって飽和レベルで変調したときの平均電力より，40〔dB〕以上低い値」であることが定められているものとする．また，割当周波数は，搬送波周波数から1 400〔Hz〕高い周波数であることおよび測定手順としては，スペクトルアナライザの画面に上側波帯と搬送波を表示して，それぞれの電力〔dBm〕を測定するものとする．

■図 8.54

1　SSB（J3E）送信機の変調条件の一つとして，変調周波数は規定の周波数の三角波とする．

2　スペクトルアナライザの中心周波数は，「変調周波数 + 700〔Hz〕」に設定する．

3　スペクトルアナライザの分解能帯域幅（resolution bandwidth）は，「3〔kHz〕程度」に設定する．

4　スペクトルアナライザの周波数スパン（frequency span）は，「約 30〔Hz〕」に設定する．

5　測定結果として，測定した上側波帯電力と搬送波電力の差を求め，その差が「40〔dB〕以上」あることを確認する．

解説　誤っている選択肢は次のようになります．

1　SSB（J3E）送信機の変調条件の一つとして，変調周波数は規定の周波数の**正弦波**とする．

2　スペクトルアナライザの中心周波数は，「**搬送波周波数** + 700〔Hz〕」に設定する．

3　スペクトルアナライザの分解能帯域幅（resolution bandwidth）は，「**30〔Hz〕程度**」に設定する．

4　スペクトルアナライザの周波数スパン（frequency span）は，「約 **5〔kHz〕**」に設定する．

答え▶▶▶ 5

問題 **19** ★★★　　　　　　　　　　　　　　　　　　　　➡8.3.2

　次の記述は，法令等に基づく無線局の送信設備の「スプリアス発射の強度」および「不要発射の強度」の測定について，**図 8.55** を基にして述べたものである．□□□内に入れるべき字句を下の番号から選べ．ただし，不要発射とはスプリアス発射および帯域外発射をいう．また，帯域外発射とは，必要周波数帯に近接する周波数の電波の発射で情報の伝送のための変調の過程において生ずるものをいう．なお，同じ記号の□□□内には，同じ字句が入るものとする．

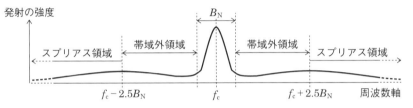

発射の強度

B_N

スプリアス領域　　帯域外領域　　　　　　帯域外領域　　スプリアス領域

$f_c - 2.5B_N$　　　　　　f_c　　　　　$f_c + 2.5B_N$　　周波数軸

■ **図 8.55　必要周波数帯域幅 B_N およびスプリアス領域と帯域外領域の境界（イメージ図）**

(1)「　ア　におけるスプリアス発射の強度」の測定は，無変調状態において，　ア　におけるスプリアス発射の強度を測定し，その測定値が許容値内であることを確認する．

(2)「　イ　における不要発射の強度」の測定は，　ウ　状態において，中心周波数 f_c〔Hz〕から必要周波数帯幅 B_N〔Hz〕の ±250〔%〕離れた周波数を境界とした　イ　における不要発射の強度を測定し，その測定値が許容値内であることを確認する．

　　この測定では，　ウ　状態において，不要発射が周波数軸上に広がって出てくる可能性が　エ　ことから，許容値を規定するための参照帯域幅の範囲内に含まれる不要発射の　オ　値を測定することとされている．

1　帯域外領域　　　　　　　2　スプリアス領域　　　3　変調　　　4　無変調
5　中で電力が最大の　　　　6　B_N　　　　　　　　7　f_c　　　　8　ない
9　ある　　　　　　　　　　10　電力を積分した

解説　法令（電波法施行規則第 2 条，無線設備規則第 7 条）には，次のように定義されています．

　「**スプリアス発射**」とは，必要周波数帯外における 1 または 2 以上の周波数の電波の発射であって，そのレベルを情報の伝送に影響を与えないで低減することができるものをいい，高調波発射，低調波発射，寄生発射および相互変調積を含み，帯域外発射を含

まないものとする.

「**スプリアス発射の強度の許容値**」とは，無変調時において給電線に供給される周波数ごとのスプリアス発射の平均電力により規定される許容値をいう.

「**帯域外領域**」とは，必要周波数帯の外側の帯域外発射が支配的な周波数帯をいう.

「**帯域外発射**」とは，必要周波数帯に近接する周波数の電波の発射で情報の伝達のための変調の過程において生じるものをいう.

「**スプリアス領域**」とは，帯域外領域の外側のスプリアス発射が支配的な周波数帯をいう.

「**不要発射**」とは，スプリアス発射および帯域外発射をいう.

答え▶▶▶アー1，イー2，ウー3，エー9，オー10

問題 20 ★★★　　　　　　　　　　　　　　　　　　　　**➡ 8.3.3**

　次の記述は，**図8.56**に示す構成例を用いたFM（F3E）送信機の占有周波数帯幅の測定法について述べたものである．　□□□内に入れるべき字句の正しい組合せを下の番号から選べ．なお，同じ記号の□□□内には，同じ字句が入るものとする．

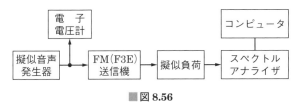

■図8.56

(1) 送信機の占有周波数帯幅は，全輻射電力の　A　〔%〕が含まれる周波数帯幅で表される．擬似音声発生器から規定のスペクトルを持つ擬似音声信号を送信機に加え，規定の変調度に変調された周波数変調波を擬似負荷に出力する.

(2) スペクトルアナライザを規定の動作条件とし，規定の占有周波数帯幅の2～3.5倍程度の帯域を，スペクトルアナライザの狭帯域フィルタで掃引しながらサンプリングし，測定したすべての電力値をコンピュータに取り込む．これらの値の総和から全電力が求まる.

(3) 取り込んだデータを，下側の周波数から積算し，その値が全電力の　B　〔%〕となる周波数 f_1〔Hz〕を求める．同様に上側の周波数から積算し，その値が全電力の　B　〔%〕となる周波数 f_2〔Hz〕を求める．このときの占有周波数帯幅は，　C　〔Hz〕となる.

	A	B	C
1	99	0.5	$(f_2 - f_1)$
2	99	0.5	$(f_2 + f_1)/2$
3	99	1.0	$(f_2 - f_1)$
4	90	10.0	$(f_2 - f_1)$
5	90	5.0	$(f_2 + f_1)/2$

解説 　占有周波数帯幅は，その上限の周波数を超えて輻射され，およびその下限の周波数未満において輻射される平均電力が，それぞれ与えられた発射によって輻射される全平均電力の 0.5〔%〕に等しい上限および下限の周波数帯幅として定められています．占有周波数帯幅は，全輻射電力の **99**〔%〕が含まれる周波数帯幅で表されます．

▲·············· [A] の答え

　スペクトルアナライザの電力測定値をコンピュータに取り込み，取り込んだデータを下側の周波数から積算し，その値が全電力の **0.5**〔%〕となる周波数 f_1〔Hz〕が下限の

▲·············· [B] の答え

周波数となります．同様に上側の周波数から積算し，その値が全電力の 0.5〔%〕となる周波数 f_2〔Hz〕が上限の周波数となります．占有周波数帯幅 B〔Hz〕は全平均電力の 0.5〔%〕に等しい上限および下限の周波数帯幅として定められているので，次式で表されます．

$$B = f_2 - f_1 \,〔\text{Hz}〕 ◄········· [C] の答え$$

答え▶▶▶ 1

問題 21 ★★★　　　　　　　　　　　　　　　　　　　　　➡ 8.3.4

　次の記述は，搬送波零位法による周波数変調（FM）波の周波数偏移の測定方法について述べたものである．□□□内に入れるべき字句を下の番号から選べ．ただし，同じ記号の□□□内には，同じ字句が入るものとする．

(1) FM 波の搬送波および各側波帯の振幅は，周波数変調指数 m_f を変数（偏角）とするベッセル関数を用いて表され，このうち [ア] の振幅は，零次のベッセル関数 $J_0(m_f)$ の大きさに比例する．$J_0(m_f)$ は，m_f に対して**図 8.57** の [イ] に示すような特性を持つ．

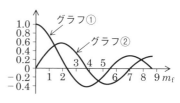

■図 8.57

(2) **図 8.58** に示す構成例において，周波数 f_m 〔Hz〕の単一正弦波で周波数変調した FM（F3E）送信機の出力の一部をスペクトルアナライザに入力し，FM 波のスペクトルを表示する．単一正弦波の振幅を零から次第に大きくしていくと，搬送波および各側波帯のスペクトル振幅がそれぞれ消長を繰り返しながら，徐々に FM 波の占有周波数帯幅は ウ ．

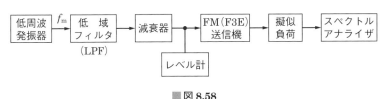

■図 8.58

(3) 搬送波の振幅が エ になる度に，m_f の値に対するレベル計の値（入力信号電圧）を測定する．周波数偏移 f_d は，m_f および f_m の値を用いて，$f_d =$ オ であるので，測定値から入力信号電圧対周波数偏移の特性を求めることができ，搬送波の振幅が エ となるときだけでなく，途中の振幅でも周波数偏移を知ることができる．

1 狭まる	2 搬送波	3 零	4 $m_f f_m$	5 グラフ②
6 側波帯	7 広がる	8 f_m/m_f	9 最大	10 グラフ①

解説 図 8.57 において，周波数変調指数 $m_f = 0$ のとき 1.0 となる**グラフ①**がベッセ

イ の答え

ル関数 $J_0(m_f)$ の値であり，搬送波の振幅を表します．図 8.57 より m_f を変化させて最初に $J_0(m_f) = 0$ となるのは，$m_f = 2.4$ のときです．

変調周波数が f_m のとき周波数偏移は次式によって求めることができます．

$$f_d = m_f f_m$$ ◀ オ の答え

答え ▶▶▶ ア－ 2，イ－ 10，ウ－ 7，エ－ 3，オ－ 4

8 章

問題 22 ★★★ ➡ 8.3.7

次の記述は，**図 8.59** の測定系による WiMAX（直交周波数分割多元接続方式広帯域移動無線アクセスシステム）基地局無線設備（試験機器）の「空中線電力の偏差」の測定について述べたものである． 内に入れるべき字句を下の

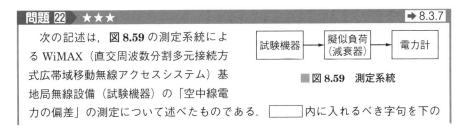

■図 8.59 測定系統

番号から選べ．ただし，試験機器の空中線端子の数は1とし，「送信バースト繰り返し周期」を T〔s〕，「送信バースト長（電波を発射している時間）」を B〔s〕とする．また，電力計の条件として，型式は，熱電対もしくはサーミスタによる熱電変換型またはこれらと同等の性能を有するものとする．なお，同じ記号の □ 内には，同じ字句が入るものとする．

(1) 試験機器は，試験周波数に設定し，バースト送信状態とする．ただし，送信バーストが可変する場合は，送信バースト時間が ア になるように試験機器を設定すること．また，電力が イ なる電力制御の設定を行い，イ なる変調状態とする．

(2) 測定操作手順は，電力計の零点調整を行い，試験機器を送信状態にする．次に，「繰り返しバースト波電力」P_B〔W〕を十分長い時間にわたり，電力計で測定し，次式により「バースト区間内の ウ 電力」である P〔W〕を算出する．

$$P = P_B \times (\boxed{\text{エ}})\text{〔W〕}$$

P〔W〕を算出することができるのは，送信バーストのデューティ比が一定で，あらかじめ分かっており，電力計のセンサまたは指示部の時定数が送信バースト繰り返し周期 T〔s〕に対して十分 オ ので，送信バーストのデューティ比に比例した P_B〔W〕が得られることによるものである．測定結果として，空中線電力の絶対値を〔W〕単位で，工事設計書に記載される空中線電力に対する偏差を〔%〕単位で＋または－の符号を付けて記載する．

1 最も短い時間	2 最小出力と	3 小さい	4 大きい
5 T/B	6 最も長い時間	7 最大出力と	8 平均
9 せん頭	10 B/T		

解説 送信バーストの繰り返し周期 T〔s〕，送信バースト長 B〔s〕より，デューティ比 D は次式で表されます．

$$D = \frac{B}{T}$$

繰り返しバースト波電力が P_B〔W〕なので，バースト区間内の**平均**電力 P〔W〕は次式で表されます．　　　　　　　　　　　　　　　　　　 ┄┄┄ ウ の答え

$$P = P_B \times \frac{T}{B} \text{〔W〕}$$

　　　　　　　　　 エ の答え

答え▶▶▶ア－6，イ－7，ウ－8，エ－5，オ－4

8.4 受信機に関する測定

!要点
- FM 受信機の感度測定は NQ 法と SINAD 法が用いられる
- 近接周波数選択度特性は中間周波増幅器の BPF の特性により決まる
- 実効選択度の測定は,感度抑圧,相互変調,混変調特性が用いられる

8.4.1 受信機の特性測定の基本構成

　受信機は送信機の電波を受信し信号波で変調された搬送波から信号を取り出します.図 **8.60** に受信機の特性測定の基本構成を示します.標準信号発生器は,受信周波数の高周波を内部の変調用発振器あるいは外部に接続した低周波発振器の低周波信号で振幅変調や周波数変調することができます.また,高周波出力を正確な周波数とレベルに設定することができます.

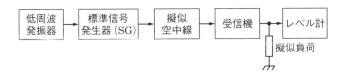

■図 **8.60**　受信機の特性測定の基本構成

 擬似空中線回路は,測定方法に規格があれば抵抗とリアクタンスで構成された回路を使用するが,一般的には,標準信号発生器の出力を受信機に直接接続する.

関連知識 **標準信号発生器**
　標準信号発生器（SG）は正確な周波数や電圧の搬送波や被変調波を出力する機器のことをいいます.

8.4.2 AM 受信機の感度測定

(1) 雑音制限感度

　雑音制限感度は,所定（20〔dB〕）の S/N で規定の出力（50〔mW〕）を得るために必要な受信機の最小入力電圧のことをいいます.

　測定は次のように行います.

8章

① 標準信号発生器の周波数を受信機の受信周波数とし，標準変調（たとえば 1〔kHz〕，30〔%〕）の振幅変調波を受信機に加え，受信機が規定の出力レベルとなるように，標準信号発生器の出力レベルを調整します．

② 標準信号発生器を無変調にして，受信機の雑音出力が規定の出力レベルから S/N の既定値（20〔dB〕）となるように，受信機の出力を調整します．

③ 標準信号発生器を標準変調として，受信機が規定の出力レベルとなったときの標準信号発生器の出力レベルが受信機の雑音制限感度となります．

関連知識 AGC（Automatic Gain Control）

受信機の自動利得制御のことで，受信機入力が変動しても出力を一定に保つ回路です．受信機の出力特性に影響を与えるので，断（OFF）の状態で測定を行います．

(2) 利得制限感度

利得制限感度は，受信機出力側で利得を最大にした状態で，規定の信号出力を得るために必要な受信機の最小入力電圧のことをいいます．

一般には，雑音制限感度が用いられる．利得制限感度は，利得の低い受信機用．

8.4.3 FM 受信機の感度測定

FM 受信機の感度測定としては，NQ 法（雑音抑圧感度）と SINAD 法があります．

(1) NQ 法（20〔dB〕雑音抑圧感度の測定）

FM 受信機は信号入力がないときに大きな雑音が現れます．この雑音を規定値（20〔dB〕）だけ抑圧するのに必要な無変調の受信機入力レベルが雑音抑圧感度となります．

図 **8.61** に FM（F3E）受信機の雑音抑圧感度を測定するときの構成例を示します．

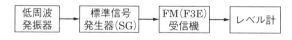

■図 **8.61** FM（F3E）受信機の雑音抑圧感度の測定

測定は次のように行います.

① 受信機のスケルチを断（OFF）とし，標準信号発生器（SG）を試験周波数に設定し，標準変調（1 000〔Hz〕の正弦波により最大周波数偏移の許容値の 70〔%〕の変調）状態で，受信機に 20〔dBmV〕以上の受信機入力電圧を加え，受信機の復調出力が規定の復調出力（定格出力の 1/2）となるように受信機出力レベルを調整します.

② 標準信号発生器を断（OFF）にし，受信機の復調出力（雑音）レベルを測定します.

③ 標準信号発生器を接（ON）にし，その周波数を変えずに無変調で，その出力を受信機に加え，標準信号発生器の出力レベルを調整して受信機の復調出力（雑音）レベルが②で求めた値（定格出力の 1/2）より 20〔dB〕低い値とします.このときの標準信号発生器の出力レベルから受信機入力電圧を求めます.この値が求める雑音抑圧感度となります.

 受信機入力電圧は，信号源の開放端電圧で規定されているため，標準信号発生器の出力が終端電圧表示となっている場合には，測定値は 6〔dB〕異なる.

（2）SINAD 法

SINAD 法とは，受信機出力の信号（signal），雑音（noise），ひずみ（distortion）で評価する方法のことをいいます.SINAD は次のように定義されています.

$$\mathrm{SINAD} = \frac{信号（S）+雑音（N）+ひずみ（D）}{雑音（N）+ひずみ（D）} \tag{8.31}$$

dB で表すと

$$10 \log_{10}(\mathrm{SINAD})〔\mathrm{dB}〕 \tag{8.32}$$

図 8.62 に SINAD 法による FM（F3E）受信機の感度を測定するときの構成例を示します.

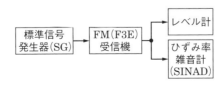

■**図 8.62 SINAD 法による FM（F3E）受信機の感度の測定**

8章

測定は次のように行います.

① 標準信号発生器（SG）を試験周波数に設定し，標準変調（1 000〔Hz〕の正弦波により最大周波数偏移の許容値の 60〔%〕の変調）状態とします.

② 標準信号発生器から受信機に 60〔dBμV〕以上の受信機入力電圧を加え，受信機の規定の復調出力（定格出力の 1/2）が得られるように受信機の出力レベルを調整します.

③ ②の状態で標準信号発生器の出力を調整し，レベル計の測定値から信号（S）の値を測定し，ひずみ率雑音計の測定値から雑音（N）＋ひずみ（D）の値を測定して，受信機の復調信号の SINAD が 12〔dB〕となる標準信号発生器の出力レベルから受信機入力電圧を求めます. この値が求める SINAD 感度となります.

雑音とひずみを分離することが難しいので，ひずみ率雑音計では，雑音（N）＋ひずみ（D）を測定する.

8.4.4 AM 受信機の近接周波数選択度特性の測定

近接周波数選択度特性とは，受信しようとする周波数（希望の周波数）に近い周波数（妨害波の周波数）に対する選択度特性のことをいいます. 主として**中間周波増幅器**のフィルタ特性（帯域幅）により決まります.

測定は次のように行います.

① 図 8.60 の受信機の特性測定の基本構成とし，標準信号発生器から規定の出力レベル，変調周波数，変調度の振幅変調波を受信機に加えて，受信機が規定の出力レベルとなるように設定します.

② 標準信号発生器の出力周波数を受信機の同調周波数の上下に変化させ，受信機の出力レベルが規定値となるように，標準信号発生器の出力を調整します. このときの標準信号発生器の出力レベル V_x〔dBμV〕を同調周波数の標準信号発生器の出力レベル V_0〔dBμV〕を引いた相対値 $V_x - V_0$〔dB〕より，縦軸を減衰量とした**図 8.63** のような選択度特性曲線を得ることができます.

③ 選択度特性曲線の同調周波数の減衰量から一定値（6〔dB〕）だけ大きい減衰量の二つの周波数の幅から通過帯域幅を求めます.

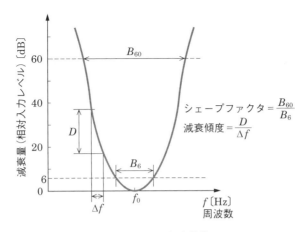

■図 8.63　選択度特性

　60〔dB〕の減衰量のときの帯域幅 B_{60} と 6〔dB〕の減衰量のときの通過帯域幅 B_6 の比 B_{60}/B_6 を**シェープファクタ**といいます．理想的なフィルタ特性の場合は 1 となります．選択度特性曲線の減衰量の傾斜から，二つの周波数差 Δf のときの減衰量の差を D〔dB〕とすると，$D/\Delta f$ を**減衰傾度**といいます．

 簡易な AM 受信機の測定では，標準信号発生器の出力を規定レベルとし，周波数を変化させたときの受信機の出力レベルを測定して選択度特性を求める方法も用いられる．

8.4.5　スプリアスレスポンス

　スーパヘテロダイン受信機の局部発振器に高調波または低調波成分があった場合，この周波数と妨害波の周波数の和または差の周波数が中間周波数と一致するとき，妨害波が中間周波数に変換されるため，妨害が発生します．

　測定は標準信号発生器の周波数を広範囲に変化させ，あるいは計算により必要とする周波数を設定し，近接周波数選択度特性の測定と同様に行います．測定結果は同調周波数の標準信号発生器の出力レベルを基準とした相対減衰量で表します．

8章

8.4.6 実効選択度の測定

実効選択度の測定は，**図 8.64** に示す基本構成のように 2 台の標準信号発生器の出力を結合器により合成し，受信機の入力とします．このとき，標準信号発生器の SG1 を希望波の周波数として，SG2 を妨害波の周波数に設定します．実効選択度は入力に 2 信号を用いるので 2 信号選択度とも呼びます．一般に結合器は，整合損失が 6〔dB〕の抵抗結合器が用いられます．結合器によって，2 台の標準信号発生器と受信機のインピーダンスを整合させることができます．

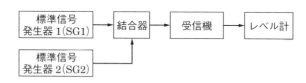

■図 8.64　実効選択度の測定

 標準信号発生器の変調を標準変調とする場合は，内部の変調用発振器が用いられるが，外部に低周波発振器を接続することもある．

（1）FM 受信機の感度抑圧効果の測定

感度抑圧効果とは，受信する希望波の近傍の周波数で大きな妨害信号が加わったとき，高周波増幅器，周波数混合器，中間周波増幅器が飽和状態になり，希望波に対する感度が低下する現象のことをいいます．

感度抑圧効果の影響を軽減させるためには，高周波増幅器や中間周波増幅器の選択度特性を向上させるなどの対策が必要となります．

（2）FM 受信機の相互変調特性の測定

相互変調とは，受信機の帯域外にある二つ以上の妨害波が受信機の高周波増幅回路や周波数混合回路に入ると，増幅回路の非直線性により相互変調積が発生し，これが希望波に一致したときに生じる混信現象のことをいいます．

相互変調積のうち，奇数次の変調積

 感度抑圧効果は，希望波に近接している妨害波の影響で，受信機感度が低下したようになる現象．
相互変調は，二つ以上の妨害波の周波数が特定の関係のとき妨害が発生する現象．
混変調は，強い妨害波により希望波が妨害波と同じ変調を受ける現象．

が問題になることが多く，測定は次の周波数で行います．希望波の周波数を f_d〔H〕，妨害波を f_{u1}〔Hz〕および f_{u2}〔Hz〕，周波数間隔を Δf〔Hz〕とすると，次式で表されます．

$$f_d = 2f_{u1} - f_{u2} \ \text{〔Hz〕} \tag{8.33}$$

$f_{u1} = f_d + \Delta f$〔Hz〕，$f_{u2} = f_d + 2\Delta f$〔Hz〕 または

$f_{u1} = f_d - \Delta f$〔Hz〕，$f_{u2} = f_d - 2\Delta f$〔Hz〕

図 **8.65** に FM（F3E）受信機の相互変調特性を測定するときの構成例を示します．

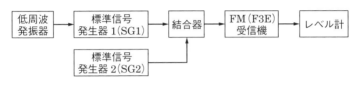

■図 **8.65** FM（F3E）受信機の相互変調特性の測定

測定は次のように行います．

① 標準信号発生器 2（SG2）の出力を断（OFF）とし，標準信号発生器 1（SG1）の出力周波数を希望波周波数（試験周波数）に設定し，規定の変調状態とします．この状態で，受信機に 20〔dBμV〕以上の受信機入力電圧を加え，受信機の規定の復調出力が得られるように受信機の出力レベルを調整後，標準信号発生器 1 の出力を断（OFF）とし，このときの受信機の復調出力（雑音）レベルを測定します．

② 標準信号発生器 1 および標準信号発生器 2 を妨害波として接（ON）とし，標準信号発生器 1 の出力周波数を試験周波数より Δf〔Hz〕（規定の周波数割当間隔）高い値に，標準信号発生器 2 の出力周波数を試験周波数より $2\Delta f$〔Hz〕高い値に設定します．

③ 標準信号発生器 1 および標準信号発生器 2 を無変調とし，各々の出力電圧を等しい値に保ちながら変化させ，受信機の復調出力（雑音）が①で測定した値より 20〔dB〕低い値となるときの妨害波の受信機入力電圧を求めます．

④ 標準信号発生器 1 の出力周波数を試験周波数より Δf〔Hz〕低い値に，標準信号発生器 2 の出力周波数を試験周波数より $2\Delta f$〔Hz〕低い値に設定し，③と同様の測定を行います．試験結果として上，下妨害波のそれぞれの受信

8章

機入力電圧を〔mV〕単位で記載し，規定値の 1.78〔mV〕以上であること
を確認します．

(3) AM 受信機の混変調特性の測定

希望波を受信しているときに，その近くで強い妨害波が受信機に入ると高周波
増幅回路や周波数混合回路が非直線動作になり，妨害波の信号波成分により希望
波が変調され混信が発生します．この現象を**混変調**といいます．AM 受信機にお
いて，混変調が起こりやすい箇所は周波数変換部です．希望波および妨害波の関
係は，希望波の搬送波周波数を f_d〔Hz〕，妨害波の搬送波周波数を f_u〔Hz〕，妨
害波の変調信号周波数を f_m〔Hz〕とすると，次のように表すことができます．

$$f_d + f_u - (f_u + f_m) = f_d - f_m \text{〔Hz〕} \tag{8.34}$$

$$f_d - f_u + (f_u + f_m) = f_d + f_m \text{〔Hz〕} \tag{8.35}$$

測定は相互変調特性の測定と同じ構成により行います．

問題 23 ★★　　　　　　　　　　　　　　　　　　　　**➡ 8.4.3**

次の記述は，図 **8.66** に示す構成例を用いた FM（F3E）受信機の雑音抑圧感度の
測定について述べたものである．□□□□内に入れるべき字句を下の番号から選べ．
ただし，雑音抑圧感度は，入力のないときの受信機の復調出力（雑音）を，20〔dB〕
だけ抑圧するのに必要な入力レベルで表すものとする．

(1) 受信機のスケルチを 〔 ア 〕，標準信号発生器（SG）を試験周波数に設定し，
1 000〔Hz〕の正弦波により最大周波数偏移の許容値の 70〔％〕の変調状態で，
受信機に 20〔dBμV〕以上の受信機入力電圧を加え，受信機の復調出力が定格出
力の 1/2 となるように 〔 イ 〕出力レベルを調整する．

(2) SG を断（OFF）にし，受信機の復調出力（雑音）レベルを測定する．

(3) SG を接（ON）にし，その周波数を変えずに 〔 ウ 〕で，その出力を受信機に
加え，SG の出力レベルを調整して受信機の復調出力（雑音）レベルが (2) で
求めた値より 20〔dB〕〔 エ 〕とする．このときの SG の出力レベルから受信機
入力電圧を求める．この値が求める雑音抑圧感度である．なお，受信機入力電圧
は，信号源の開放端電圧で規定されているため，SG の出力が終端電圧表示となっ
ている場合には，測定値が 〔 オ 〕〔dB〕異なる．

■図 8.66

| 1 | 接（ON） | 2 | 低周波発振器 | 3 | 変調状態 | 4 | 低い値 | 5 | 6 |
| 6 | 断（OFF） | 7 | 受信機 | | | 8 | 無変調 | 9 | 高い値 | 10 | 3 |

解説 FM 受信機では受信機の入力がなくなると出力に大きな雑音が出るので，スケルチ回路は低周波増幅器の動作を止めて雑音を消す回路です．受信機の測定においてはスケルチ回路を**断（OFF）**とします．

↑ ············· ア の答え

SG の出力が終端電圧表示となっている場合は，出力電圧は信号源の開放端電圧の 1/2 となるので

$$20 \log_{10} 2 \fallingdotseq 6 \text{〔dB〕}$$

異なります． ↑ ············· オ の答え

答え▶▶▶ ア－6，イ－7，ウ－8，エ－4，オ－5

問題 24 ★★★ ➡ 8.4.3

次の記述は，**図 8.67** に示す測定系統図を用いた SINAD 法による FM（F3E）受信機の基準感度の測定手順について，その概要を述べたものである． 内に入れるべき字句を下の番号から選べ．

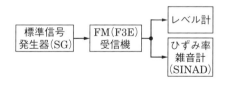

■**図 8.67** 測定系統図

(1) 標準信号発生器（SG）を試験周波数に設定し，1 000〔Hz〕の ア 信号により 60〔%〕変調状態（周波数偏移が許容値の 60〔%〕となる変調入力を加えた状態）とする．

(2) (1) の状態で SG から受信機に 60〔dBμV〕 イ の受信機入力電圧を加え，受信機の規定の復調出力（定格出力の 1/2）が得られるように受信機の ウ を調整する．

(3) (2) の状態で SG の出力を調整し，受信機の復調信号の SINAD 即ち $10 \log_{10}$ エ が 12〔dB〕となる SG の出力レベルから受信機入力電圧を求める．この値を基準感度という．ここで，S は信号，N は雑音，D は オ とする．

1	正弦波	6	出力レベル
2	矩形波	7	$\{(S+N+D)/(N+D)\}$
3	以下	8	$\{(S+N+D)/(S+N)\}$
4	以上	9	ひずみ成分
5	スケルチレベル	10	低調波成分

解説 (1) 標準信号発生器は，1 000〔Hz〕，変調率 60〔%〕の**正弦波**で変調します.

(3) SINAD 法は次のように定義されています. ⋯⋯ ア の答え

$$\text{SINAD} = \frac{信号\ (S)+雑音\ (N)+ひずみ\ (D)}{雑音\ (N)+ひずみ\ (D)} \longleftarrow ⋯⋯⋯ \boxed{エ}\ の答え$$

答え▶▶▶ア－1，イ－4，ウ－6，エ－7，オ－9

問題 25 ★ ➡ 8.4.6

次の記述は，FM（F3E）受信機の相互変調特性の測定法について述べたものである. 内に入れるべき字句の正しい組合せを下の番号から選べ. ただし，法令等で，希望波信号のない状態で相互変調を生ずる関係にある各妨害波を入力電圧 1.78〔mV〕で加えた場合において，雑音抑圧が 20〔dB〕以下および周波数割当間隔を Δf〔Hz〕として規定されているものとする. なお，同じ記号の 内には，同じ字句が入るものとする.

(1) 図 **8.68** に示す構成例において，SG2 の出力を A とし，SG1 の出力周波数を希望波周波数（試験周波数）に設定し，規定の変調状態とする. この状態で，受信機に 20〔dBμV〕以上の受信機入力電圧を加え，受信機の規定の復調出力が得られるように受信機の出力レベルを調整後，SG1 の出力を断（OFF）とし，このときの受信機の復調出力（雑音）レベルを測定する.

(2) SG1 および SG2 を妨害波として接（ON）とし，SG1 の出力周波数を試験周波数より Δf〔Hz〕（規定の周波数割当間隔）高い値に，SG2 の出力周波数を試験周波数より B 〔Hz〕高い値に設定する.

(3) SG1 および SG2 を無変調とし，各々の出力電圧を等しい値に保ちながら変化させ，受信機の復調出力（雑音）が（1）で測定した値より 20〔dB〕低い値となるときの妨害波の受信機入力電圧を求める.

(4) SG1 の出力周波数を試験周波数より Δf〔Hz〕低い値に，SG2 の出力周波数を試験周波数より B 〔Hz〕低い値に設定し，（3）と同様の測定を行う. 試験結果として上，下妨害波のそれぞれの受信機入力電圧を〔mV〕単位で記載し，1.78〔mV〕 C であることを確認する.

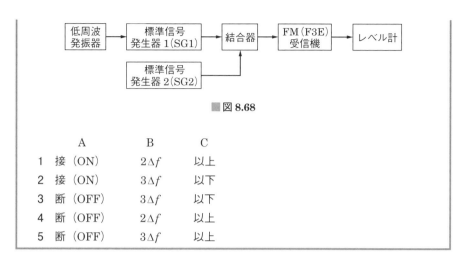

■図 8.68

	A	B	C
1	接 (ON)	$2\Delta f$	以上
2	接 (ON)	$3\Delta f$	以下
3	断 (OFF)	$3\Delta f$	以下
4	断 (OFF)	$2\Delta f$	以上
5	断 (OFF)	$3\Delta f$	以上

答え ▶ ▶ ▶ 4

問題 26 ★★　　　　　　　　　　　　　　　　　　➡ 8.4.3

図 **8.69** に示す構成による受信機の感度測定において，信号源として，出力が電力表示（単位：dBm）の標準信号発生器（SG）を用いて測定した結果，SG の出力が −101〔dBm〕であった．このときの「受信機入力電圧」の値として，正しいものを下の番号から選べ．ただし，このときの「受信機入力電圧」とは，受信機の入力端における信号源の開放電圧とする．また，SG と受信機間の接続損失は無視するものとし，SG の出力インピーダンスおよび受信機の入力インピーダンスをそれぞれ 50〔Ω〕，$\log_{10} 2 = 0.3$ とする．

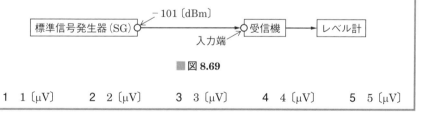

■図 8.69

1　1〔μV〕　　2　2〔μV〕　　3　3〔μV〕　　4　4〔μV〕　　5　5〔μV〕

解説 SGの出力電力を $P_{dB} = -101$ 〔dBm〕$= -131$ 〔dBW〕，その真数を P〔W〕とすると次式が成り立ちます.

$$P_{dB} = 10 \log_{10} P$$
$$-131 = -140 + 9$$
$$= 10 \log_{10} 10^{-14} + 3 \times 10 \log_{10} 2$$
$$= 10 \log_{10} 10^{-14} + 10 \log_{10} 2^3 = 10 \log_{10} (2^3 \times 10^{-14})$$

101〔dB〕は真数にするのが難しいので，dBの計算を工夫する.

よって $P = 8 \times 10^{-14}$〔W〕

SGの出力インピーダンスおよび受信機の入力インピーダンスを Z〔Ω〕とすると，受信機と接続しているときのSGの出力電圧 V〔V〕は次式で表されます.

$$V = \sqrt{PZ} = \sqrt{8 \times 10^{-14} \times 50} = \sqrt{4 \times 10^{-12}}$$
$$= 2 \times 10^{-6}\,〔V〕= 2\,〔\mu V〕$$

SGの開放電圧は，SGの出力インピーダンスが整合状態のときの出力電圧の2倍となるので，信号源の開放電圧として定義される受信機入力電圧 V_0〔V〕は，$V_0 = 2V = $ **4〔μV〕** となります.

答え▶▶▶4

8.5 マイクロ波帯の測定機器

● サーミスタ電力計は 10 mW 程度までのマイクロ波電力の測定に用いられる

8.5.1 可変リアクタンス減衰器・抵抗減衰器・空洞周波数計

(1) 誘導形可変リアクタンス減衰器

円形導波管を用いた誘導形可変リアクタンス減衰器の構造を**図 8.70** に示します．結合用ループの一方は固定し，もう一方をピストン軸方向に動かして，二つのループ間の距離 L〔m〕を変化させると結合用ループの相互インダクタンスが変化します．整合用抵抗体は，減衰器の入力および出力側の

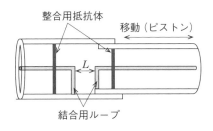

■図 8.70 誘導形可変リアクタンス減衰器

インピーダンスの整合をとるために取り付けられており，これにより減衰器の直線性およびインピーダンス整合は良くなりますが，定常的な挿入損失が生じる欠点があります．

(2) 容量形可変リアクタンス減衰器

円形導波管を用いた容量形可変リアクタンス減衰器の構造を**図 8.71** に示します．結合用円板の一方は固定し，もう一方をピストン軸方向に動かして，二つの円板間の距離 L〔m〕を変化させることにより結合容量を調節します．また，減衰器の入力および出力側にインピーダンスの整合をとるため

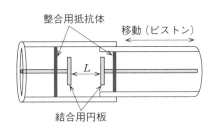

■図 8.71 容量形可変リアクタンス減衰器

の整合用抵抗体を取り付けています．これにより減衰器の直線性とインピーダンス整合は良くなりますが，挿入損失が生じる欠点があります．

円形導波管の直径は遮断波長以下で小さいため，電磁波は管内を伝搬しません．減衰量の周波数特性は非常に良く，数〔GHz〕まで使用することができます．

8 章

（3）抵抗減衰器

図 8.72（a）に同軸形抵抗減衰器の構造を示します．図 8.72（a）の T 形抵抗減衰器の等価回路を図 8.72（b）に，π 形抵抗減衰器の等価回路を図 8.72（c）に示します．

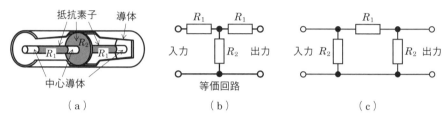

■図 8.72　抵抗減衰器

同軸形抵抗減衰器の入出力インピーダンスは，同軸ケーブルの特性インピーダンスと整合を取ることができ，所要の減衰量が得られるように抵抗 R_1，R_2〔Ω〕の値を等価回路から計算により求めます．

リアクタンス減衰器は電力損失が発生しませんが，抵抗減衰器は減衰量に応じた電力損失が発生します．

（4）空洞周波数計

図 8.73 に構造図を示します．図の空洞に設けた可変短絡板をマイクロメータと連結した駆動機構によって駆動します．空洞の軸長 L〔m〕を変えると，L および空洞周波数計に入力した被測定信号の波長が特定の条件のとき共振し，指示計の指示値が最大になります．

したがって，L と共振周波数との関係をあらかじめ校正しておく

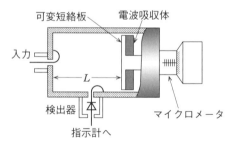

■図 8.73　空洞周波数計

 マイクロメータは 1〔μm〕（10^{-6}〔m〕）の単位で長さを測定することができる．周波数の測定には校正表を用いる．

ことにより，共振時の軸長をマイクロメータで読み取って周波数を測定することができます．

8.5.2 ボロメータ電力計

ボロメータ電力計は電力検出部にサーミスタやバレッタなどのボロメータを用いて，温度が変化すると抵抗値が変化する特性を利用した測定器です．$10\,[\mathrm{mW}]$ 以下のマイクロ波電力の測定に用いられます．電力検出部でマイクロ波電力を吸収させ，発熱によって生じる抵抗値の変化をブリッジ回路で検出し，直流電力に置き換えて測定します．

図 8.74 に示す測定原理図において，$R_1,\ R_2,\ R_3,\ R_4\,[\Omega]$ で構成された抵抗のブリッジが平衡すると，検流計Ⓖを流れる電流が零となり次式が成り立ちます．

$$\frac{R_1}{R_2} = \frac{R_3}{R_4}$$

$$\text{よって}\quad R_1 = \frac{R_2 R_3}{R_4}\,[\Omega] \tag{8.36}$$

となります．サーミスタの抵抗 R_1 は，R_1 に流れる電流によって発熱するので抵抗値が変化します．R_5 を調整して R_1 に流れる電流を変化させて R_1 の抵抗値を式 (8.36) とすることによって，ブリッジを平衡させることができます．

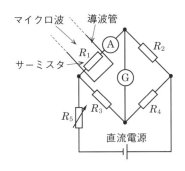

R_1：サーミスタの抵抗値〔Ω〕
$R_2,\ R_3,\ R_4$：抵抗〔Ω〕
R_5：可変抵抗〔Ω〕
Ⓐ：直流電流計
Ⓖ：検流計

■図 8.74　サーミスタ電力計の測定原理図

まず，マイクロ波を加えないときに，R_1 を流れる電流 $I_1\,[\mathrm{A}]$ を直流電流計Ⓐで測定します．このとき R_1 で消費される電力は $P_1 = I_1^2 R_1\,[\mathrm{W}]$ です．

次にマイクロ波を加えると R_1 の温度が上昇するので抵抗値が変化します．ここで R_5 を調整して R_1 に流れる電流を変化させてブリッジが平衡したときの R_1 を流れる電流の測定値を I_2 とすると，R_1 で消費される電力は $P_2 = I_2^2 R_1\,[\mathrm{W}]$

となります．これらの電力の差が R_1 で消費されるマイクロ電力 P〔W〕を表すので，次式で表されます．

$$P = P_1 - P_2 = (I_1{}^2 - I_2{}^2) R_1$$

$$= (I_1{}^2 - I_2{}^2) \frac{R_2 R_3}{R_4} \text{〔W〕} \tag{8.37}$$

関連知識　ボロメータ

抵抗体（または導体）の抵抗値が温度によって変化する性質を利用した素子のことをいいます．半導体や金属酸化物を用いて，抵抗の温度変化率が大きく負の温度係数を持つ素子をサーミスタと呼びます．

問題 27 ★★　　　　　　　　　　　　　　→ 8.5.1

図 **8.75** の回路に示す抵抗素子 R_1〔Ω〕および R_2〔Ω〕で構成される抵抗減衰器において，減衰量を 14〔dB〕にするための抵抗素子 R_2 の値を表す式として，正しいものを下の番号から選べ．ただし，抵抗減衰器の入力端には出力インピーダンスが Z_0〔Ω〕の信号源，出力端には Z_0〔Ω〕の負荷が接続され，いずれも整合しているものとする．また，Z_0 は純抵抗とし，$\log_{10} 2 = 0.3$ とする．

1　$3Z_0/2$〔Ω〕

2　$7Z_0/4$〔Ω〕

3　$9Z_0/4$〔Ω〕

4　$12Z_0/5$〔Ω〕

5　$14Z_0/5$〔Ω〕

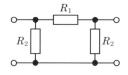

■図 **8.75**　抵抗減衰器

解説　出力に Z_0〔Ω〕の負荷を接続すると図 **8.76** のようになるので，R_2〔Ω〕と Z_0 の並列合成インピーダンス Z_{20}〔Ω〕は次式で表されます．

$$Z_{20} = \frac{R_2 Z_0}{R_2 + Z_0} \text{〔Ω〕} \qquad ①$$

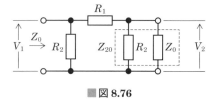

■図 **8.76**

抵抗減衰器を入力側から見たインピーダンスと入力インピーダンスが整合している条件より，次式が成り立ちます．

$$\frac{1}{Z_0} = \frac{1}{R_2} + \frac{1}{R_1 + Z_{20}} \qquad ②$$

電圧の減衰量 n_{dB} の真数を n とすると次式が成り立ちます.

$$n_{dB} = -14 = 20 \log_{10} n$$

$$-\frac{14}{20} = \log_{10} n$$

$$-0.7 = -1 + 0.3 = \log_{10} 10^{-1} + \log_{10} 2$$

$$= \log_{10} \frac{2}{10} \quad よって \quad n = \frac{1}{5} \quad となります.$$

解説図の抵抗に加わる電圧の比と減衰量は同じ値になるので,抵抗の比より次式が成り立ちます.

$$\frac{V_2}{V_1} = \frac{1}{5} = \frac{Z_{20}}{R_1 + Z_{20}}$$

未知数が R_1 と R_2 の二つなので,連立方程式を作って解く.

$$5 \times Z_{20} = R_1 + Z_{20}$$

$$R_1 = 4Z_{20} \qquad ③$$

式②に式③を代入すると次式のようになります.

$$\frac{1}{Z_0} = \frac{1}{R_2} + \frac{1}{4Z_{20} + Z_{20}} = \frac{1}{R_2} + \frac{1}{5Z_{20}} \qquad ④$$

式④に式①を代入すると次式のようになります.

$$\frac{1}{Z_0} = \frac{1}{R_2} + \frac{R_2 + Z_0}{5R_2 Z_0}$$

$$5R_2 = 5Z_0 + R_2 + Z_0$$

$$4R_2 = 6Z_0 \quad よって \quad R_2 = \frac{6Z_0}{4} = \frac{3Z_0}{2} \ [\Omega] \quad となります.$$

答え ▶ ▶ ▶ 1

問題 28 ★★★　　　　　➡ 8.5.1

　図 8.77 に示す抵抗素子 R_1〔Ω〕および R_2〔Ω〕で構成される同軸形抵抗減衰器において,減衰量を 14〔dB〕にするための抵抗素子 R_2 の値を表す式として,正しいものを下の番号から選べ.ただし,同軸形抵抗減衰器の入力端には出力インピーダンスが Z_0〔Ω〕の信号源,出力端には Z_0〔Ω〕の負荷が接続され,いずれも整合しているものとする.また,Z_0 は純抵抗とし,$\log_{10} 2 = 0.3$ とする.

8章

1 $2Z_0/3$ 〔Ω〕

2 $4Z_0/7$ 〔Ω〕

3 $4Z_0/9$ 〔Ω〕

4 $5Z_0/14$ 〔Ω〕

5 $5Z_0/12$ 〔Ω〕

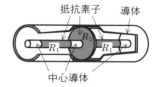

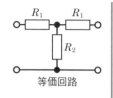

等価回路

■図8.77

解説　抵抗減衰器を入力側から見たインピーダンスと入力インピーダンスが整合しているので，次式で表されます．

$$Z_0 = R_1 + \frac{R_2 \times (R_1 + Z_0)}{R_2 + (R_1 + Z_0)} \text{〔Ω〕} \qquad ①$$

 未知数が R_1 と R_2 の二つなので，連立方程式を作って解く．

電圧の減衰量 n_{dB} の真数を n とすると次式が成り立ちます．

$$n_{dB} = -14 = 20 \log_{10} n$$

$$-\frac{14}{20} = \log_{10} n$$

$$-0.7 = -1 + 0.3 = \log_{10} 10^{-1} + \log_{10} 2$$

$$= \log_{10} \frac{2}{10} \quad よって \quad n = \frac{1}{5}$$

入出力インピーダンスが同じなので，**図8.78** のように電流の減衰量も同じ値になります．よって，電流比より次式が成り立ちます．

$$\frac{I_2}{I_1} = \frac{1}{5} = \frac{R_2}{R_2 + R_1 + Z_0} \qquad ②$$

$$R_2 + R_1 + Z_0 = 5R_2$$

よって　$R_1 = 4R_2 - Z_0$　　　　③

入力側の R_1 を流れる電流と出力電流の比は，出力側の $R_2 + (R_1 + Z_0)$ と R_2 の比で求められる．

式①に式③を代入すると次式が成り立ちます．

$$Z_0 = 4R_2 - Z_0 + \frac{R_2 \times (4R_2 - Z_0 + Z_0)}{R_2 + (4R_2 - Z_0 + Z_0)} \text{〔Ω〕}$$

$$\qquad ④$$

$$2Z_0 = 4R_2 + \frac{R_2 \times 4R_2}{5R_2} = 4R_2 + \frac{4R_2}{5} = \frac{24R_2}{5}$$

よって　$R_2 = \dfrac{\boldsymbol{5Z_0}}{\boldsymbol{12}}$ 〔Ω〕 となります．

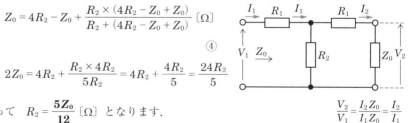

$$\frac{V_2}{V_1} = \frac{I_2 Z_0}{I_1 Z_0} = \frac{I_2}{I_1}$$

答え▶▶▶5

■図8.78

➡ 8.5.2

問題 ㉙ ★★★

次の記述は，**図 8.79** に示すマイクロ波用サーミスタ電力計の動作原理について述べたものである． -----内に入れるべき字句を下の番号から選べ．ただし，サーミスタのマイクロ波における表皮効果の影響および直流電流計の内部抵抗は無視できるものとし，導波管回路は整合がとれているものとする．

(1) サーミスタ電力計は，-----ア-----程度までの電力の測定に適している．

(2) 導波管に取り付けられ，直流ブリッジ回路の一辺を構成しているサーミスタの抵抗 R_1〔Ω〕は，サーミスタに加わったマイクロ波電力に応じて変化する．マイクロ波が加わらないときの R_1 の値は，可変抵抗器 V_R〔Ω〕を調整してブリッジ回路の平衡をとり，平衡条件から求めることができる．このときの直流電流計の指示を I_1〔A〕とすると，R_1 で消費される直流電力 P_1 は，次式で表される．

$$P_1 = \boxed{\text{イ}} \text{〔W〕} \cdots\cdots\cdots\cdots\cdots\cdots\cdots\cdots\cdots\cdots\cdots 【1】$$

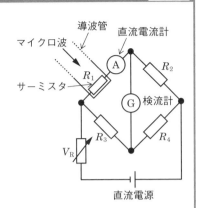

■図 8.79

(3) マイクロ波を加えると，その電力に応じて R_1 の値が変化し，ブリッジの平衡がくずれるので，V_R を調整して再びブリッジ回路の平衡をとると，同様に R_1 の値が求められる．このときの直流電流計の指示を I_2〔A〕とすると，R_1 で消費される直流電力 P_2 は，次式で表される．

$$P_2 = \boxed{\text{ウ}} \text{〔W〕} \cdots\cdots\cdots\cdots\cdots\cdots\cdots\cdots\cdots\cdots\cdots 【2】$$

(4) 式【1】および【2】より，マイクロ波電力 P_m は，次式で求められる．

$$P_m = P_1 - P_2 = \boxed{\text{エ}} \text{〔W〕} \cdots\cdots\cdots\cdots\cdots\cdots\cdots\cdots\cdots 【3】$$

(5) サーミスタは，周囲温度の影響を受けやすいので，適当な温度補償が必要である．また，サーミスタと導波管系との結合などに不整合があると，-----オ-----による測定誤差を生ずる．

1	10〔mW〕	2	$I_1^2 R_2 R_3 / R_4$	3	$I_2^2 R_2 R_4 / R_3$
4	$(I_1^2 - I_2^2) R_2 R_4 / R_3$	5	透過	6	10〔W〕
7	$I_1^2 R_2 R_4 / R_3$	8	$I_2^2 R_2 R_3 / R_4$	9	$(I_1^2 - I_2^2) R_2 R_3 / R_4$
10	反射				

8 章

解説 (1) サーミスタ電力計は，サーミスタの許容電力が小さいため **10〔mW〕** 程度までのマイクロ波電力の測定に適しています． ア の答え ‥‥‥‥

(2) マイクロ波を加えない状態で，可変抵抗器 V_R を変化させると回路を流れる電流が変化します．サーミスタの抵抗 R_1 を流れる電流による電力消費により，サーミスタは発熱し，抵抗値が変化します．各抵抗値が次式で表されるときにブリッジは平衡して，検流計の指示値は 0 になります．

$$\frac{R_1}{R_2} = \frac{R_3}{R_4} \qquad\qquad ①$$

式①の R_1 について変形すると，次式のようになります．

サーミスタが電力を吸収して発熱で生じる抵抗変化を抵抗ブリッジ回路で検出し，直流電力に置き換えて測定する．

$$R_1 = \frac{R_2 R_3}{R_4} \ 〔\Omega〕 \qquad\qquad ②$$

このとき，R_1〔Ω〕を流れる電流を直流電流計で測定した値 I_1〔A〕より，R_1〔Ω〕で消費される電力 P_1〔W〕は次式で表されます．

$$P_1 = I_1{}^2 R_1 = \boldsymbol{I_1{}^2 \frac{R_2 R_3}{R_4}} \ 〔W〕 \ \blacktriangleleft\text{‥‥‥‥‥‥‥} \boxed{\ \text{イ}\ } \text{の答え} \qquad ③$$

(3) マイクロ波を加えるとサーミスタの温度が上昇し，R_1 の抵抗値が減少し，ブリッジの平衡がくずれます．そのため V_R を調整し，ブリッジの平衡をとると式②の値となります．このとき，R_1 に流れる直流電流計の指示値を I_2〔A〕とすると，それによる電力 P_2〔W〕とマイクロ波電力 P_m〔W〕の和が，直流電流のみを加えたときの電力 P_1〔W〕と等しくなるので次式が成り立ちます．

$$P_1 = P_2 + P_m \ 〔W〕 \qquad\qquad ④$$

式③と同様に P_2〔W〕は次式で表すことができます．

$$P_2 = I_2{}^2 R_1 = \boldsymbol{I_2{}^2 \frac{R_2 R_3}{R_4}} \ 〔W〕 \ \blacktriangleleft\text{‥‥‥‥‥‥} \boxed{\ \text{ウ}\ } \text{の答え} \qquad ⑤$$

式③〜⑤よりマイクロ波電力 P_m〔W〕は次式で表すことができます．

$$P_m = P_1 - P_2 = \boldsymbol{(I_1{}^2 - I_2{}^2) \frac{R_2 R_3}{R_4}} \ 〔W〕 \ \blacktriangleleft\text{‥‥‥} \boxed{\ \text{エ}\ } \text{の答え} \qquad ⑥$$

答え▶▶▶ア− 1，イ− 2，ウ− 8，エ− 9，オ− 10

索引

▶ タ 行 ◀

〈著者略歴〉

松井章典（まつい　あきのり）

学　歴　埼玉大学大学院博士後期課程修了
　　　　博士（学術）
現　在　埼玉工業大学工学部教授

吉川忠久（よしかわ　ただひさ）

学　歴　東京理科大学物理学科卒業
職　歴　郵政省関東電気通信監理局
　　　　日本工学院八王子専門学校
　　　　中央大学理工学部兼任講師
　　　　明星大学理工学部非常勤講師

第一級陸上無線技術士試験
やさしく学ぶ　無線工学A（改訂3版）

2012 年 10 月 25 日　　第 1 版第 1 刷発行
2017 年 9 月 25 日　　改訂 2 版第 1 刷発行
2022 年 4 月 25 日　　改訂 3 版第 1 刷発行
2023 年 3 月 10 日　　改訂 3 版第 2 刷発行

著　　者　松井章典・吉川忠久
発 行 者　村上和夫
発 行 所　株式会社　オーム社
　　　　　郵便番号　101-8460
　　　　　東京都千代田区神田錦町 3-1
　　　　　電話　03(3233)0641(代表)
　　　　　URL　https://www.ohmsha.co.jp/

© 松井章典・吉川忠久 2022

組版　新生社　印刷・製本　平河工業社
ISBN978-4-274-22850-6　Printed in Japan

本書の感想募集 https://www.ohmsha.co.jp/kansou/
本書をお読みになった感想を上記サイトまでお寄せください．
お寄せいただいた方には，抽選でプレゼントを差し上げます．